国家出版基金项目
NATIONAL PUBLICATION FOUNDATION

"十三五"国家重点出版物出版规划项目

中国东北药用植物资源

图志 ⑧

周繇 编著 肖培根 主审

Atlas of Medicinal Plant Resource in the Northeast of China

黑龙江科学技术出版社
HEILONGJIANG SCIENCE AND TECHNOLOGY PRESS

图书在版编目（CIP）数据

中国东北药用植物资源图志 / 周繇编著. -- 哈尔滨:
黑龙江科学技术出版社,2021.12
　ISBN 978-7-5719-0825-6

　Ⅰ．①中⋯　Ⅱ．①周⋯　Ⅲ．①药用植物－植物资源－
东北地区－图集　Ⅳ．①S567.019.23-64

　中国版本图书馆 CIP 数据核字(2020)第 262753 号

中国东北药用植物资源图志

ZHONGGUO DONGBEI YAOYONG ZHIWU ZIYUAN TUZHI

周繇 编著　肖培根 主审

出品人	侯　擘　薛方闻						
项目总监	朱佳新						
策划编辑	薛方闻　项力福　梁祥崇　闫海波						
责任编辑	侯　擘	朱佳新	回　博	宋秋颖	刘　杨	孔　璐	许俊鹏　王　研
	王　姝	罗　琳	王化丽	张云艳	马远洋	刘松岩	周静梅　张东君
	赵雪莹	沈福威	陈裕衡	徐　洋	孙　雯	赵　萍	刘　路　梁祥崇
	闫海波	焦　琰	项力福				
封面设计	孔　璐						
版式设计	关　虹						
出　　版	黑龙江科学技术出版社						
	地址：哈尔滨市南岗区公安街 70-2 号　邮编：150007						
	电话：（0451）53642106　传真：（0451）53642143						
	网址：www.lkcbs.cn						
发　　行	全国新华书店						
印　　刷	哈尔滨市石桥印务有限公司						
开　　本	889 mm×1 194 mm　1/16						
印　　张	350						
字　　数	5 500 千字						
版　　次	2021 年 12 月第 1 版						
印　　次	2021 年 12 月第 1 次印刷						
书　　号	ISBN 978-7-5719-0825-6						
定　　价	4 800.00 元（全 9 册）						

▲ 白花蒲公英花序

蒲公英属 *Taraxacum* F. H. Wigg.

白花蒲公英 *Taraxacum pseudo-albidum* Kitag.

俗　　名　婆婆丁

药用部位　菊科白花蒲公英的全草。

原 植 物　多年生草本,高达15 cm,含白色乳汁。主根圆锥形,单一或分枝,外皮深褐色。叶基生,排列成莲座状,叶倒披针形或线状披针形,连柄长10～20 cm,大头羽裂或倒向羽状深裂,顶裂片三角形或三角状戟形,先端尖,侧裂片三角形或狭三角形,疏生或密生或裂片间夹生小裂片,开展或稍向下,先端渐尖或稍钝,边缘疏具尖齿。花梗稍超过叶或短于叶;头状花序下密被蛛丝状绵毛;总苞广钟形,外、中层披针形或卵状披针形,先端背部具明显角状突起;内层狭披针形,先端渐尖,背部具角状突起;舌状花白色,具淡紫色条纹,长1.5～3.0 cm,先端5齿裂。花期4—5月,果期5—6月。

生　　境　生于山坡、林缘及向阳地等处。

分　　布　黑龙江哈尔滨。吉林磐石、珲春、安图、通化等地。辽宁沈阳、鞍山、丹东市区、凤城、庄河、瓦房店、大连市区、抚顺、新宾、清原、西丰、

▲ 市场上的白花蒲公英根（干）

▼ 白花蒲公英花序（侧）

▲ 白花蒲公英植株

▼ 白花蒲公英花序（背）

北镇、建昌等地。内蒙古满洲里、新巴尔虎右旗等地。朝鲜。

采　制　春季花初开时采挖全草，洗净，鲜用或晒干。

性味功效　味苦、甘，性寒。有清热解毒、消肿散结、利尿催乳的功效。

主治用法　用于急性乳痈、目赤、胃炎、肝炎、胆囊炎、淋巴腺炎、扁桃体炎、腮腺炎、咽喉肿痛、支气管炎、感冒发热、便秘、尿路感染、肾盂肾炎、阑尾炎、骨髓炎、盆腔炎、十二指肠溃疡、小便淋痛、瘰疬、痤疮、疔疮、蛇虫咬伤。外用鲜品捣烂敷患处。

用　量　9 ~ 15 g。外用适量。

附　注　本品为《中华人民共和国药典》（2020 年版）收录的药材。

◎参考文献◎

［1］钱信忠.中国本草彩色图鉴（第二卷）[M].北京：人民卫生出版社，
　　　2003:209−210.

［2］《全国中草药汇编》编写组.全国中草药汇编（上册）[M].北京：
　　　人民卫生出版社，1975:871−873.

［3］中国药材公司.中国中药资源志要[M].北京：科学出版社，
　　　1994:1349.

朝鲜蒲公英 *Taraxacum coreanum* Nakai

俗　　名	婆婆丁
药用部位	菊科朝鲜蒲公英的全草。

原 植 物　多年生草本，高达15cm，含白色乳汁。主根圆锥形，单一或分枝，外皮深褐色。叶基生，排列成莲座状，叶倒披针形或线状披针形，连柄长10～20cm，大头羽裂或倒向羽状深裂，顶裂片三角形或三角状戟形，先端尖，侧裂片三角形或狭三角形，疏生或密生或裂片间夹生小裂片，开展或稍向下，先端渐尖或稍钝，边缘疏具尖齿。花梗稍超过叶或短于叶；头状花序下密被蛛丝状绵毛；总苞广钟形，外、中层披针形或卵状披针形，先端背部具明显角状突起；内层狭披针形，先端渐尖，背部具角状突起；舌状花白色，具淡紫色条纹，长1.5～3.0cm，先端5齿裂。花期4—5月，果期5—6月。

生　　境　生于山坡、林缘及向阳地等处。

分　　布　吉林白山、通化、梅河口、集安、安图、柳河、辉南、抚松、靖宇、长白等地。辽宁大连市区、长海、丹东、绥中等地。河北。朝鲜、俄罗斯（西伯利亚中东部）。

采　　制　春季花初开时采挖全草，洗净，鲜用或晒干。

性味功效　味苦、甘，性寒。有清热解毒、消肿散结、利尿催乳的功效。

主治用法　用于急性乳痈、目赤、胃炎、肝炎、胆囊炎、淋巴腺炎、扁桃体炎、腮腺炎、咽喉肿痛、支气管炎、感冒发热、便秘、尿路感染、肾盂肾炎、阑尾炎、骨髓炎、盆腔炎、十二指肠溃疡、小便淋痛、瘰疬、痤疮、疔疮、蛇虫咬伤。外用鲜品捣烂敷患处。

用　　量　9～15g。外用适量。

附　　注　本品为《中华人民共和国药典》（2020年版）收录的药材。

◎参考文献◎

［1］钱信忠.中国本草彩色图鉴（第二卷）[M].北京：人民卫生出版社，2003:209-210.

［2］《全国中草药汇编》编写组.全国中草药汇编（上册）[M].北京：人民卫生出版社，1975:871-873.

［3］江纪武.药用植物辞典[M].天津：天津科学技术出版社，2005:795.

▲ 朝鲜蒲公英花序

▼ 朝鲜蒲公英花序（侧）

▲ 朝鲜蒲公英植株

▲ 蒲公英群落

▼ 市场上的蒲公英根

蒲公英 *Taraxacum mongolicum* Hand-Mazz.

别　　名　蒙古蒲公英　黄狗头　黄花地丁　黄花郎

俗　　名　婆婆丁　婆婆英　孛孛丁

药用部位　菊科蒲公英的全草。

原植物　多年生草本。叶倒卵状披针形或长圆状披针形，长 4～20 cm，宽 1～5 cm，边缘有时具波状齿或羽状深裂，有时倒向羽状深裂或大头羽状深裂，顶端裂片较大，三角状戟形，每侧裂片 3～5，裂片三角形或三角状披针形，通常具齿，裂片间常夹生小齿。花葶 1 至数个，与叶等长或稍长，高 10～25 cm；头状花序直径 30～40 mm；总苞钟状，长 12～14 mm，淡绿色；总苞片 2～3 层，外层总苞片卵状披针形或披针形，边缘宽膜质；内层总苞片线状披针形，先端紫红色；舌状花黄色，

舌片长约8 mm，宽约1.5 mm，边缘花舌片背面具紫红色条纹，花药和柱头暗绿色。花期4—9月，果期5—10月。

▼市场上的蒲公英根（切碎，干）

生　境　生于田间、路旁、山野、撂荒地等处，常聚集成片生长。

分　布　东北地区。河北、河南、山东、江苏、安徽、浙江、福建、台湾、山西、陕西、湖北、湖南、广东、四川、贵州、甘肃、青海、云南。朝鲜、俄罗斯（西伯利亚中东部）、蒙古。

采　制　春至秋季花初开时采收全草，洗净，除去杂质，鲜用或晒干。

性味功效　味苦、甘，性寒。有清热解毒、消肿散结、利尿催乳的功效。

主治用法　用于急性乳腺炎、目赤、结膜炎、胃炎、肝炎、胆囊炎、淋巴腺炎、扁桃体炎、腮腺炎、咽喉肿痛、支气管炎、感冒发热、便秘、尿路感染、肾盂肾炎、阑尾炎、骨髓炎、盆腔炎、

▲ 蒲公英花序

▲ 蒲公英根

▼ 蒲公英瘦果

十二指肠溃疡、小便淋痛、淋巴结结核、痤疮、疔疮及蛇虫咬伤等。水煎服，捣汁或入散。外用鲜品捣烂敷患处。

用　　量　15～50g（大剂量100g）。外用适量。

附　　方

（1）治流行性腮腺炎：鲜蒲公英适量。洗净，捣烂敷患处。又方：蒲公英25g。水煎服。

（2）治急性乳腺炎（早期未化脓）：鲜蒲公英100g（干品50g）。每日1～2剂，水煎服的同时，用鲜蒲公英适量，洗净，加白矾少许，捣烂敷患处。又方：蒲公英100g，香附50g。每日1剂，煎服2次。或用蒲公英50g，中度白酒250ml，浸泡7d后过滤，每次服浸液20～30ml，每日3次。

（3）治慢性胃炎：蒲公英全草25g，酒酿1食匙。水煎2次，混合，分3次饭后服。

（4）治肠炎、痢疾、结膜炎：蒲公英、板蓝根、生石膏各25g，黄连5g，黄檗10g，金银花15g。将板蓝根、生石膏、蒲公英、黄檗水煎3次，过滤，浓缩成浸膏，再将黄连、金银花研细粉，与浸膏混合拌匀，以60℃烘干，研成细粉，过80目筛，分装胶囊，每粒重0.5g，每服4粒，每日4次。

（5）治急、慢性阑尾炎：蒲公英50g，地耳草、半边莲各25g，泽兰、青木香各15g。水煎服。

（6）治急性胆道感染：蒲公英、刺针草各50g，海金沙、连钱草各25g，郁金20g，川楝子10g。水煎2次，浓缩至150ml，每服50ml，每日3次，对胆绞痛严重者配合耳针或小剂量阿托品穴位注射，部分病例佐以补液。

（7）治上呼吸道感染、扁桃体炎：蒲公英25g，牛蒡子15g，马勃、生甘草各5g。水煎服。

（8）治疖疮疔毒、痈疽发背破溃：蒲公英捣烂外敷，并用蒲公英50g，水煎，黄酒为引，

▲ 蒲公英植株

日服 2 次；或捣汁和酒煎服，取汗。

（9）治肝炎：蒲公英干根 30 g，茵陈蒿 20 g，柴胡、生山栀、郁金、茯苓各 15 g。水煎服。或用蒲公英干根、天名精各 50 g。水煎服。

（10）治慢性胃炎、胃溃疡：蒲公英根、地榆根各等量。研末，每服 10 g，每日 3 次，生姜汤送服。

（11）治胃弱、消化不良、慢性胃炎、胃胀痛：蒲公英 50 g，橘皮 30 g，砂仁 15 g。各研细粉，再混合共研。每服 1.0 ~ 1.5 g，每日数次，食后开水送服。

附　　注　本品为《中华人民共和国药典》（2020 年版）收录的药材。

◎参考文献◎

［1］江苏新医学院.中药大辞典（下册）[M].上海：上海科学技术出版社，1977:2459-2462.

［2］朱有昌.东北药用植物[M].哈尔滨：黑龙江科学技术出版社，1989:1225-1227.

［3］《全国中草药汇编》编写组.全国中草药汇编（上册）[M].北京：人民卫生出版社，1975:871-873.

▼ 蒲公英花序（双花）

▼ 市场上的蒲公英花序

芥叶蒲公英 *Taraxacum brassicaefolium* Kitag.

俗　　名　婆婆丁

药用部位　菊科芥叶蒲公英的全草。

原植物　多年生草本。叶宽倒披针形或宽线形，似芥叶，长 10 ~ 35 cm，宽 2.5 ~ 6.0 cm，羽状深裂或大头羽状半裂，基部渐狭成短柄，具翅；侧裂片正三角形或线形，常上倾或稀倒向，全缘或有小齿，裂片间无或有锐尖的小齿；顶端裂片正三角形，极宽，全缘。花葶数个，高 30 ~ 50 cm，较粗壮，疏被蛛丝状柔毛，后光滑，常为紫褐色；头状花序直径达 55 mm；总苞宽钟状，长 22 mm，基部圆形或截圆形，先端具短角状突起；外层总苞片狭卵形或线状披针形；内层总苞片线状披针形，先端带紫色；花序托有小的卵形膜质托片；舌状花黄色，边缘花舌片背面具紫色条纹。花期 4—5 月，果期 5—6 月。

▲芥叶蒲公英幼株

▲芥叶蒲公英植株

生　　境　生于湿草地、林缘、草甸河边、沙质洼地等处。

分　　布　黑龙江呼玛、哈尔滨市区、尚志、伊春、虎林等地。吉林白山市区、通化、梅河口、珲春、集安、辉南、抚松、靖宇、柳河、安图、长白等地。辽宁沈阳、鞍山等地。内蒙古牙克石、额尔古纳、阿尔山、科尔沁右翼前旗、克什克腾旗、宁城等地。河北。朝鲜、俄罗斯（西伯利亚中东部）。

采　　制　春至秋季花初开时采收全草，洗净，除去杂质，鲜用或晒干。

性味功效　味苦、甘，性寒。有清热解毒、消肿散结、利尿催乳的功效。

主治用法　用于急性乳腺炎、目赤、结膜炎、胃炎、肝炎、胆囊炎、淋巴腺炎、扁桃体炎、腮腺炎、咽喉肿痛、支气管炎、感冒发热、便秘、尿路感染、肾盂肾炎、阑尾炎、骨髓炎、盆腔炎、十二指肠溃疡、小便淋痛、淋巴结结核、痤疮、疔疮及蛇虫咬伤等。水煎服，捣汁或入散。外用鲜品捣烂敷患处。

用　　量　15 ~ 50 g（大剂量 100 g）。外用适量。

附　　注　本品为《中华人民共和国药典》（2020 年版）收录的药材。

◎参考文献◎

[1]中国药材公司.中国中药资源志要 [M].北京：科学出版社，1994:1348.

[2]江纪武.药用植物辞典 [M].天津：天津科学技术出版社，2005:794.

▲ 东北蒲公英群落（果期）

▲ 市场上的东北蒲公英幼株

东北蒲公英 *Taraxacum ohwianum* Kitag.

| 俗　　名 | 婆婆丁 |

药用部位　菊科东北蒲公英的全草。

原植物　多年生草本。叶倒披针形，长 10 ～ 30 cm，先端尖或钝，不规则羽状浅裂至深裂，顶端裂片菱状三角形或三角形，每侧裂片 4 ～ 5，稍向后，裂片三角形或长三角形，全缘或边缘疏生齿，两面疏生短柔毛或无毛。花葶多数，高 10 ～ 20 cm，花期超出叶或与叶近等长，微被疏柔毛，近顶端处密被白色蛛丝状毛；头状花序直径 25 ～ 35 mm；总苞长 13 ～ 15 mm；外层总苞片花期贴伏，宽卵形，长 6 ～ 7 mm，宽 4.5 ～ 5.0 mm，暗紫色，具狭窄的白色膜质边缘，边缘疏生缘毛；内层总苞片线状披针形，长于外层总苞片 2.0 ～ 2.5 倍；舌状花黄色，边缘花舌片背面有紫色条纹。花期 4—5 月，果期 5—6 月。

生　境　生于田间、路旁、山野、撂荒地等处，常聚集成片生长。

分　布　黑龙江哈尔滨、安达、齐齐哈尔。吉林长春、集安、白山市区、通化、梅河口、柳河、辉南、抚松、靖宇、长白等地。辽宁沈阳、抚顺、新宾、桓仁、丹东市区、凤城、大连、西丰等地。内蒙古额尔古纳、阿尔山等地。朝鲜、俄罗斯（西伯利亚中东部）。

采　制　春至秋季花初开时采收全草，洗净，除去杂质，鲜用或晒干。

性味功效　味苦、甘，性寒。有清热解毒、消肿散结、利尿催乳的功效。

主治用法　用于急性乳腺炎、目赤、结膜炎、胃炎、肝炎、胆囊炎、淋巴腺炎、扁桃体炎、腮腺炎、咽喉肿痛、支气管炎、感冒发热、便秘、尿路感染、肾盂肾炎、阑尾炎、骨髓炎、盆腔炎、十二指肠溃疡、小便淋痛、淋巴结结核、痤疮、疔疮及蛇虫咬伤等。水煎服，捣汁或入散。外用鲜品捣烂敷患处。

用　量　15 ～ 50 g（大剂量 100 g）。外用适量。

▲东北蒲公英植株

附　注　本品为《中华人民共和国药典》（2020年版）收录的药材。

◎参考文献◎

［1］中国药材公司.中国中药资源志要 [M].北京：科学出版社，1994:1349-1350.
［2］江纪武.药用植物辞典 [M].天津：天津科学技术出版社，2005:796.

▲市场上的东北蒲公英花序

▲东北蒲公英根

▲东北蒲公英花序

▼东北蒲公英果实

▲ 华蒲公英群落

华蒲公英 *Taraxacum borealisinense* Kitam.

别　　名	碱地蒲公英
俗　　名	婆婆丁

▼ 华蒲公英植株

▲ 市场上的华蒲公英花序（干）

药用部位　菊科华蒲公英的全草。

原 植 物　多年生草本。叶倒卵状披针形或狭披针形，长 4 ~ 12 cm，宽 6 ~ 20 mm，边缘叶羽状浅裂或全缘，具波状齿，内层叶倒向羽状深裂，顶裂片较大，长三角形，每侧裂片 3 ~ 7，狭披针形或线状披针形，全缘或具小齿，两面无毛，叶柄和下面叶脉常紫色。花葶 1 至数个，高 5 ~ 20 cm，长于叶，顶端被蛛丝状毛或近无毛；头状花序直径 20 ~ 25 mm；总苞小，长 8 ~ 12 mm，淡绿色；总苞片 3 层，先端淡紫色；外层总苞片卵状披针形，有白色膜质边缘；内层总苞片披针形，长于外层总苞片的 2 倍；舌状花黄色，边缘花舌片背面有紫色条纹，舌片长约 8 mm，宽 1.0 ~ 1.5 mm。花期 5—7 月，果期 7—9 月。

生　　境　生于海边湿地、河边沙质地及山坡路旁等处。

分 布 黑龙江哈尔滨、大庆市区、杜尔伯特、齐齐哈尔、安达等地。吉林白城、前郭、长岭、乾安等地。辽宁沈阳市区、瓦房店、大连市区、长海、凌源、建平、绥中、大连、丹东、桓仁、法库、绥中等地。内蒙古满洲里、额尔古纳、新巴尔虎右旗、科尔沁左翼后旗、科尔沁右翼中旗、扎鲁特旗、扎赉特旗、科尔沁左翼中旗、阿鲁科尔沁旗、巴林左旗、巴林右旗、克什克腾旗、翁牛特旗、东乌珠穆沁旗、西乌珠穆沁旗、阿巴嘎旗、苏尼特左旗、苏尼特右旗、正蓝旗、正镶白旗、镶黄旗等地。河北、山西、陕西、甘肃、青海、河南、四川、云南。朝鲜、蒙古、俄罗斯（西伯利亚中东部）。

采 制 春至秋季花初开时采收全草，洗净，除去杂质，鲜用或晒干。

性味功效 味苦、甘，性寒。有清热解毒、消肿散结、利尿催乳的功效。

主治用法 用于急性乳腺炎、目赤、结膜炎、胃炎、肝炎、胆囊炎、淋巴腺炎、扁桃体炎、腮腺炎、咽喉肿痛、支气管炎、感冒发热、便秘、尿路感染、肾盂肾炎、阑尾炎、骨髓炎、盆腔炎、十二指肠溃疡、小便淋痛、淋巴结结核、痤疮、疔疮及蛇虫咬伤等。水煎服，捣汁或入散。外用鲜品捣烂敷患处。

用 量 15～50 g（大剂量100 g）。外用适量。

附 注 本品为《中华人民共和国药典》（2020年版）收录的药材。

◎参考文献◎

[1] 中国药材公司.中国中药资源志要[M].北京：科学出版社，1994:1350.

[2] 江纪武.药用植物辞典[M].天津：天津科学技术出版社，2005:794.

▲华蒲公英花序

▼华蒲公英花序（背）

白缘蒲公英　*Taraxacum platypecidum* Diels

俗　　名　佛爷草　婆婆丁　饽饽丁

▲ 白缘蒲公英果实

药用部位　菊科白缘蒲公英的全草。

原 植 物　多年生草本。根茎部有黑褐色残存叶柄。叶宽倒披针形或披针状倒披针形，长 10 ~ 30 cm，宽 2 ~ 4 cm，羽状分裂，每侧裂片 5 ~ 8，裂片三角形，全缘或有疏齿，侧裂片较大，三角形，疏被蛛丝状柔毛或几无毛。花葶 1 至数个，高达 45 cm，上部密被白色蛛丝状绵毛；头状花序大型，直径 40 ~ 45 mm；总苞宽钟状，总苞片 3 ~ 4 层，外层总苞片宽卵形，中央有暗绿色宽带，边缘为宽白色膜质；内层总苞片长约为外层总苞片的 2 倍；舌状花黄色，边缘花舌片背面有紫红色条纹，花柱和柱头暗绿色。瘦果淡褐色，长约 4 mm，宽 1.0 ~ 1.4 mm，上部有刺状小瘤，顶端突然缢缩为圆锥至圆柱形的喙基，喙纤细，冠毛白色。花果期 4—6 月。

生　　境　生于林下、林缘及向阳地等处。

分　　布　黑龙江桦南、汤原、桦川等地。吉林长春、安图等地。辽宁本溪、丹东市区、凤城、沈阳、鞍山、大连、北镇、义县等地。

▲白缘蒲公英花序（背）

河北、山西、陕西、河南、湖北、甘肃、四川等地。朝鲜、俄罗斯（西伯利亚中东部）、日本。

附　注　其采制、性味功效、主治用法、用量及附注同蒲公英。

◎参考文献◎

[1]江纪武.药用植物辞典[M].天津：天津科学技术出版社，2005:794.

▲白缘蒲公英花序

▲ 东方婆罗门参幼株

婆罗门参属 *Tragopogon* L.

东方婆罗门参 *Tragopogon orientalis* L.

▲ 东方婆罗门参花序（背）

别　　名	黄花婆罗门参　远东婆罗门参
俗　　名	羊奶子　羊奶菜　羊乳　山大芄　羊犄角　羊角菜　牛奶子
药用部位	菊科东方婆罗门参的根。

原 植 物　二年生草本，高 30 ~ 90 cm。根圆柱状，垂直直伸，根茎被残存的基生叶柄。茎直立，不分枝或分枝，有纵条纹，无毛。基生叶及下部茎叶线形或线状披针形，长 10 ~ 40 cm，宽 3 ~ 24 mm，灰绿色，先端渐尖，全缘或皱波状，基部宽，半抱茎；中部及上部茎叶披针形或线形，长 3 ~ 8 cm，宽 3 ~ 10 mm。头状花序单生茎顶或植株含少数头状花序，生枝端。总苞圆柱状，长 2 ~ 3 cm。总苞片 8 ~ 10，披针形或线状披针形，长 1.5 ~ 3.5 cm，宽 5 ~ 10 mm，先端渐尖，边缘狭膜质，基部棕褐色；舌状小花黄色。瘦果长纺锤形，褐色，稍弯曲，长 1.5 ~ 2.0 cm，有纵肋，沿肋有疣状突起，上部渐狭成细喙，喙长 6 ~ 8 mm，顶端稍增粗，与冠毛连接处有蛛丝状毛环；冠毛淡黄色，长 1.0 ~ 1.5 cm。花期 5—6 月，果期 7—8 月。

生　　境　生于山地草甸、干山坡、林缘及草地等处。

分　　布　辽宁辽阳、沈阳、长海、大连市区等地。内蒙古海拉尔、牙克石等地。新疆。蒙古、俄罗斯（西伯利亚）、哈萨克斯坦。欧洲。

采　　制	春、秋季采挖根，除去杂质，洗净，鲜用或晒干。
性味功效	有补肺降火、养胃生津的功效。
用　　量	适量。

◎参考文献◎

[1] 江纪武.药用植物辞典[M].天津：天津科学技术出
　　版社，2005:816.

▲东方婆罗门参花序

▲东方婆罗门参花序（侧）

▲东方婆罗门参果实

▲东方婆罗门参植株

▲ 细叶黄鹌菜花序

黄鹌菜属 *Youngia* Cass.

细叶黄鹌菜 *Youngia tenuifolia*（Willd.）Babcock et Stebbins

药用部位　菊科细叶黄鹌菜的全草。

原 植 物　多年生草本，高 10 ~ 70 cm。茎直立，分枝斜生。基生叶长 7 ~ 17 cm，宽 2 ~ 5 cm，羽状全裂或深裂，侧裂片 6 ~ 12 对，对生、偏斜对生或互生，长椭圆形、披针形、线形或线状披针形；中上部茎叶向上渐小，与基生同形并等样分裂或线形不裂。头状花序直立、下倾或下垂，中等大小，有 9 ~ 15 枚舌状小花，多数或少数在茎枝顶端排成伞房花序或伞房圆锥花序；总苞圆柱状，长 8 ~ 10 mm；总苞片 4 层，黑绿色，外层及最外层短小，长卵圆形，长达 1.2 mm，宽约 1 mm，顶端急尖，披针形，长 8 ~ 10 mm，顶端急尖，全部总苞片外面被绢毛；舌状小花黄色。花期 7—8 月，果期 8—9 月。

▲ 细叶黄鹌菜花序（背）

生　　境　生于山坡、河滩草甸、水边及沟底砾石地等处。

分　　布　黑龙江呼玛、嫩江等地。内蒙古额尔古纳、根河、陈巴尔虎旗、牙克石、鄂温克旗、扎兰屯、科尔沁右翼前旗、阿鲁科尔沁旗、东乌珠穆沁旗、西乌珠穆沁旗、阿巴嘎旗、苏尼特左旗、苏尼特右旗等地。河北、新疆、西藏。俄罗斯（西伯利亚）、蒙古。

采　　制　春季花初开时采挖全草，洗净，鲜用或晒干。

性味功效　有清热解毒、消肿止痛的功效。

用　　量　适量。

◎参考文献◎

［1］江纪武．药用植物辞典 [M]．天津：天津科学技术出版社，2005:865.

▲ 细叶黄鹌菜植株

▲细茎黄鹌菜群落

▲细茎黄鹌菜花序

▲细茎黄鹌菜花序（背）

细茎黄鹌菜 *Youngia tenuicaulis*（Babc. et Stebb.）Czerep

药用部位 菊科细茎黄鹌菜的全草。

原植物 多年生草本，高 25 cm。根木质，垂直直伸，向上转变成多分枝的茎基。茎基粗厚，被残存的叶柄；茎多数或极多数，自基部向上多级二叉式分枝，分枝粗壮或纤细，全部茎枝绿色。基生叶多数，全形倒披针形或长椭圆形，包括叶柄长 3 ~ 10 cm，羽状全裂，侧裂片 5 ~ 6 对；茎生叶不分裂，线形、线状丝形或与基生叶同形并等样分裂，最上部的茎生叶极小。头状花序 10 ~ 12，多数在茎顶端排列成聚伞圆锥状，梗纤细，总苞圆柱形，外层者 5 ~ 10，卵形或矩圆状披针形，内层者 5 ~ 8，矩圆状条形，先端钝，有缘毛，边缘膜质，舌状花花冠长 11.0 ~ 11.5 mm；冠毛白色，长 4 ~ 6 mm，糙毛状。瘦果黑色，纺锤形，长 4.0 ~ 5.5 mm。花期 7—8 月，果期 8—9 月。

▲ 细茎黄鹌菜植株（侧）

生　　境　生于山坡草地、河滩砾石地及山顶岩石缝隙等处。

分　　布　内蒙古阿鲁科尔沁旗、巴林右旗、西乌珠穆沁旗、正蓝旗、镶黄旗、二连浩特等地。河北、甘肃、新疆。俄罗斯（西伯利亚）、蒙古。

采　　制　夏、秋季采收全草，洗净，晒干。

性味功效　有清热解毒、消肿止痛的功效。

用　　量　适量。

◎参考文献◎

[1] 江纪武. 药用植物辞典 [M]. 天津：天津科学技术出版社，2005.

▲ 细茎黄鹌菜植株

▲内蒙古自治区得耳布尔林业局卡鲁奔湿地秋季景观

▲ 东方泽泻幼株群落

▲ 东方泽泻果实

▼ 东方泽泻幼株

泽泻科 Alismataceae

本科共收录 2 属、3 种、1 变种。

泽泻属 *Alisma* L.

东方泽泻 *Alisma orientale*（Samuel.）Juz.

别　　名　泽泻
俗　　名　水白菜 如意花 车苦菜
药用部位　泽泻科东方泽泻的块茎及叶。
原 植 物　多年生水生或沼生草本。块茎直径 1 ~ 2 cm。叶多数；挺水叶宽披针形、椭圆形，长 3.5 ~ 11.5 cm，宽 1.3 ~ 6.8 cm，先端渐尖，基部近圆形或浅心形，叶脉 5 ~ 7，叶柄长 3.2 ~ 34.0 cm。花葶高 35 ~ 90 cm；花序长 20 ~ 70 cm，具 3 ~ 9 轮分枝，每轮分枝 3 ~ 9；花两性，直径约 6 mm；花梗不等长，0.5 ~ 2.5 cm；外轮花被片卵形，长 2.0 ~ 2.5 mm，宽约 1.5 mm，内轮花被片近圆形，比外轮大，白色、淡红色；心皮排列不整齐，花柱长约0.5 mm，直立；花丝长1.0~1.2 mm，基部宽约0.3 mm，花药黄绿色或黄色，长0.5~0.6 mm，宽0.3~0.4 mm；花托在果期呈凹凸，高约0.4 mm。花期6—7月，果期8—9月。

生境 生于湖泊、水塘、稻田、沟渠及沼泽中，常成单优势的大面积群落。

分布 黑龙江呼玛、黑河市区、孙吴、伊春市区、铁力、勃利、尚志、五常、海林、林口、宁安、东宁、绥芬河、穆棱、木兰、延寿、密山、虎林、饶河、宝清、桦南、汤原、巴彦、通河、方正等地。吉林省各地。辽宁丹东市区、宽甸、东港、本溪、桓仁、铁岭、法库、西丰、昌图、凌源、北票、沈阳市区、盘山、盖州、凤城、庄河、大连市区、瓦房店、彰武等地。内蒙古额尔古纳、根河、牙克石、新巴尔虎左旗、科尔沁右翼前旗、扎赉特旗、科尔沁右翼中旗、扎鲁特旗、突泉、科尔沁左翼后旗、科尔沁左翼中旗、奈曼旗、克什克腾旗、巴林左旗、巴林右旗、喀喇沁旗、翁牛特旗、阿鲁科尔沁旗、宁城、东乌珠穆沁旗、西乌珠穆沁旗、正蓝旗、正镶白旗、太仆寺旗、多伦、镶黄旗等地。河北、山东、江苏、安徽、浙江、江西、福建、河南、山西、陕西、湖北、湖南、广东、广西、四川、贵州、宁夏、甘肃、青海、云南、新疆。朝鲜、俄罗斯、蒙古、日本。

▲东方泽泻花序

▼东方泽泻幼苗

▼东方泽泻球茎

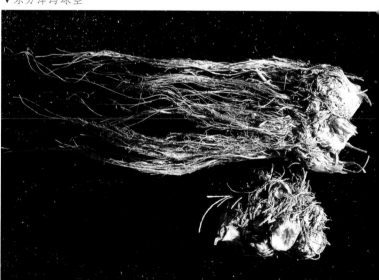

▲东方泽泻植株

采　制　秋季采挖块茎，除去泥土，洗净，用微火烘干，除去须根和粗皮，以水润透切片，晒干。生用、麸炒或盐水炒用。夏、秋季采收叶，洗净，鲜用或晒干。

性味功效　块茎：味甘、淡，性寒。有利水渗湿、泄热的功效。叶：味咸，性平。有止咳、通乳的功效。

主治用法　块茎：用于小便不利、水肿胀满、呕吐、泻痢、痰饮、脚气、淋病及尿血等。水煎服或入丸、散。肾虚精滑者忌服。叶：用于慢性气管炎及乳汁不通等。水煎服。果实：用于风痹、消渴病等。

用　量　块茎：10～20 g。叶：10～15 g。

附　方　治水肿、小便不利：东方泽泻、白术各20 g，车前子15 g，茯苓皮25 g，西瓜皮40 g，水煎服。

附　注　本品为《中华人民共和国药典》（2020年版）收录的药材。

◎参考文献◎

［1］江苏新医学院.中药大辞典(上册)[M].上海:上海科学技术出版社，1977:1461-1463，1465-1466.

［2］《全国中草药汇编》编写组.全国中草药汇编（上册）[M].北京：人民卫生出版社，1975:468-469.

［3］中国药材公司.中国中药资源志要[M].北京：科学出版社，1994:1358.

▼东方泽泻花（背）

▼东方泽泻花

草泽泻 *Alisma gramineum* Lej.

药用部位 泽泻科草泽泻的球茎。

原植物 多年生沼生草本。块茎较小。叶多数，丛生；叶片披针形，长 2.7 ~ 12.4 cm，宽 0.6 ~ 1.9 cm，脉 3 ~ 5，基出；叶柄长 2 ~ 31 cm，基部膨大呈鞘状。花葶高 13 ~ 80 cm；花序长 6 ~ 56 cm，具 2 ~ 5 轮分枝，每轮分枝 2 ~ 9，花两性，花梗长 1.5 ~ 4.5 cm；外轮花被片广卵形，长 2.5 ~ 4.5 mm，宽 1.5 ~ 2.5 mm，脉隆起 5 ~ 7，内轮花被片白色，大于外轮，近圆形，边缘整齐；花药椭圆形，黄色，长约 0.5 mm，花丝长约 0.5 mm，基部宽约 1 mm；心皮轮生，排列整齐，花柱长约 0.4 mm，柱头小，为花柱 1/3 ~ 1/2，向背部反卷；花托平突，高 1 ~ 2 mm。花期 6—7 月，果期 8—9 月。

生　境 生于湖边、水塘、沼泽、沟边及湿地等处。

分　布 黑龙江泰来、大庆、肇东、肇源等地。吉林通榆、镇赉、洮南等地。辽宁康平、铁岭等地。内蒙古扎赉特旗、科尔沁右翼中旗、扎鲁特旗、科尔沁左翼后旗、科尔沁左翼中旗、克什克腾旗、阿鲁科尔沁旗、东乌珠穆沁旗、西乌珠穆沁旗。山西、宁夏、甘肃、青海、新疆。亚洲、欧洲、非洲、北美洲。

采　制 秋季采挖球茎，除去泥土，洗净，用微火烘干，除去须根和粗皮，以水润透切片，晒干。生用、麸炒或盐水炒用。

性味功效 味甘、淡，性寒。有利水渗湿、泄热通淋的功效。

用　量 适量。

◎参考文献◎

［1］中国药材公司. 中国中药资源志要 [M]. 北京：科学出版社，1994:1358.

［2］江纪武. 药用植物辞典 [M]. 天津：天津科学技术出版社，2005:33.

▲草泽泻植株（湿地型）

▼草泽泻果实

▲草泽泻植株（水生型）

▼草泽泻花   ▼草泽泻花（背）

▲野慈姑植株

▲野慈姑雌花

▲野慈姑雄花（背）

▲剪刀草植株

慈姑属 *Sagittaria* L.

野慈姑 *Sagittaria trifolia* L.

别　　名　野慈菇　三裂慈姑

俗　　名　犁头草　鹰爪子　驴耳草　驴耳朵　毛驴子耳朵　夹板子草　大耳夹子草　猪梗豆　地梨子

药用部位　泽泻科野慈姑的球茎及全草（入药称"慈姑"）。

原植物　多年生水生或沼生草本。挺水叶箭形，叶片长短、宽窄变异很大，通常顶裂片短于侧裂片，顶裂片与侧裂片之间缢缩；叶柄基部渐宽，鞘状，边缘膜质，具横脉。花葶直立，挺水，高15～70 cm；花序总状或圆锥状，具分枝1～2，花多轮，每轮具花2～3；苞片3，基部合生，先端尖；花单性；花被片反折，外轮花被片椭圆形或广卵形，长3～5 mm，宽2.5～3.5 mm；内轮花被片白色，长6～10 mm，宽5～7 mm，基部收缩，雌花通常1～3轮，花梗短粗，心皮多数，两侧压扁；雄花多轮，花梗斜举，长0.5～1.5 cm，雄蕊多数，花药黄色，花丝长短不一。花期7—8月，果期8—9月。

▼野慈姑果实

▲ 野慈姑花序

生　境　生于湖泊、沼泽、稻田及沟渠等地，常聚集成片生长。

分　布　东北地区。全国绝大部分地区。朝鲜、日本、俄罗斯（西伯利亚）、印度尼西亚。欧洲（东南部）。

采　制　春、秋季采挖球茎。夏、秋季采收全草，洗净，晒干，药用。

性味功效　球茎：味苦、甘，性凉。有行血通淋的功效。全草：味甘、微苦，性寒。无毒。有消肿、解毒的功效。花：有明目、祛湿的功效。

主治用法　球茎：用于难产、产后血闷、胎衣不下、崩漏带下、淋病、尿路结石、咳嗽、咯血、吐血、小儿丹毒。水煎服，煮食或捣汁。外用捣烂敷患处。全草：用于疮肿、丹毒、恶疮、毒蛇咬伤等。外用捣烂敷患处。花：用于疔疮、痔漏。

用　量　球茎：10～25 g。外用适量。全草：25～50 g。外用适量。

附　方

（1）治无名肿毒、红肿热痛：鲜慈姑球茎捣烂加生姜汁少许搅和，敷于患部，每日更换 2 次。

（2）治瘰疬痱痒：鲜慈姑全草捣烂榨汁，以蛤粉调涂。

（3）治难产及产后胞衣不下：鲜慈姑球茎或茎叶洗净，切碎捣烂绞一小杯汁，以温黄酒半杯和服。

（4）治毒蛇咬伤：鲜慈姑全草（或加薯草）适量，捣烂敷于伤口，2 h 更换一次；并用野慈姑鲜全草 100 g，煎水服。又方：野慈姑球茎烘干研末，用 10～15 g 调水敷患者头顶百会穴，再用适量外敷伤口。

▼ 野慈姑雄花

▼ 野慈姑雌花（背）

▲ 剪刀草群落

▼ 野慈姑幼株

▲ 野慈姑块茎

附　注　在东北尚有 1 变种：
剪刀草 var. *angustifolia*〔Sieb.〕Kitag.，叶裂片狭线状披针形或
披针形。其他与原种同。

◎参考文献◎

［1］江苏新医学院. 中药大辞典（下册）[M]. 上海：上海科
　　　学技术出版社，1977:2513-2514.
［2］朱有昌. 东北药用植物 [M]. 哈尔滨：黑龙江科学技术出
　　　版社，1989:72-74.
［3］中国药材公司. 中国中药资源志要[M]. 北京：科学出版社，
　　　1994:1359.

▲黑龙江三江湿地国家级自然保护区湿地夏季景观

▲ 花蔺群落

▼ 花蔺花

花蔺科 Butomaceae

本科共收录1属、1种。

花蔺属 *Butomus* L.

花蔺 *Butomus umbellatus* L.

别　　名　蒲子莲
俗　　名　猪尾巴菜　帽子草　猫头草
药用部位　花蔺科花蔺的茎叶。
原 植 物　多年生水生草本。有粗壮的横生根状茎。叶基生，上部伸出水面，三棱状条形，长20～100 cm，宽3～8 mm，先端渐尖，基部呈鞘状。花葶圆柱形，与叶近等长，伞形花序顶生，基部有苞片3，卵形，长约2 cm，宽约5 mm；花两性，

花梗长 4 ~ 10 cm；外轮花被片 3，椭圆状披针形，绿色，稍带紫色，长约 7 mm，宿存；内轮花被片 3，椭圆形，长约 1.5 cm，初开时白色，后变成淡红色或粉红色；雄蕊 9，花丝基部稍宽，花药带红色；心皮 6，粉红色，排成 1 轮，基部常连合，柱头纵折状，子房内有多数胚珠。蓇葖果成熟时从腹缝开裂。种子多数，细小，有沟槽。花期 7—8 月，果期 8—9 月。

生　　境　　生于池塘、湖泊浅水或沼泽中。

分　　布　　黑龙江哈尔滨、齐齐哈尔市区、富裕、密山、虎林等地。吉林前郭、松原市区、大安、通榆、镇赉、德惠、农安、长春市区、通化、集安、长白、辉南等地。辽宁康平、法库、铁岭、沈阳市区、辽阳、台安、海城、盖州、瓦房店等地。内蒙古新巴尔虎左旗、新巴尔虎右旗、海拉尔、扎鲁特旗、额尔古纳、牙克石、鄂伦春旗、鄂温克旗、莫力达瓦旗、阿荣旗、科尔沁右翼前旗、扎赉特旗、科尔沁右翼中旗、

▲ 花蔺花（背）

▲ 花蔺花序

▲花蔺花（侧）

▼花蔺幼株

▲花蔺花（花药紫黑色）

突泉、科尔沁左翼后旗、科尔沁左翼中旗、奈曼旗、克什克腾旗、巴林左旗、巴林右旗、喀喇沁旗、翁牛特旗、阿鲁科尔沁旗、宁城、东乌珠穆沁旗、西乌珠穆沁旗、正蓝旗、正镶白旗、太仆寺旗、多伦、镶黄旗等地。山西、江苏、陕西、新疆。澳大利亚。亚洲、欧洲、北美洲。

采　　制　夏、秋季采收茎叶，除去杂质，洗净，晒干。

性味功效　有清热解毒、止咳平喘的功效。

用　　量　适量。

▲花蔺植株

◎参考文献◎

[1] 中国药材公司. 中国中药资源志要 [M]. 北京：科学出版社，1994:1359.

[2] 江纪武. 药用植物辞典 [M]. 天津：天津科学技术出版社，2005:125.

▲黑龙江珍宝岛湿地国家级自然保护区湿地夏季景观

水鳖科 Hydrocharitaceae

本科共收录4属、4种。

黑藻属 *Hydrilla* Rich.

▲黑藻植株

黑藻 *Hydrilla verticillata*（L. f.）Royle

药用部位 水鳖科黑藻的全草。

原 植 物 多年生沉水草本。茎圆柱形。苞叶多数，螺旋状紧密排列，白色或淡黄绿色，狭披针形至披针形；叶3～8轮生，线形或长条形，长7～17 mm，宽1.0～1.8 mm，常具紫红色或黑色小斑点，先端锐尖，边缘锯齿明显，无柄，具腋生小鳞片；主脉1，明显。花单性；雄佛焰苞近球形，绿色，表面具明显的纵棱纹，顶端具刺凸；雄花萼片3，白色，稍反卷，长约2.3 mm，宽约0.7 mm；花瓣3，反折开展，白色或粉红色，长约2 mm；雄蕊3，花丝纤细，花药线形，2～4室；花粉粒球形，雄花成熟后自佛焰苞内放出，漂浮于水面开花；雌佛焰苞管状，绿色；苞内雌花1。花期7—8月，果期8—9月。

生 境 生于湖泊、水田或浅水沟中。

分 布 东北地区。河北、陕西、山东、江苏、安徽、浙江、江西、福建、台湾、河南、湖北、湖南、广东、海南、广西、四川、贵州、云南。欧亚大陆热带至温带地区。

采 制 夏、秋季采收全草，除去杂质，切段，洗净，晒干。

性味功效 味苦、微咸，性凉。有清凉、解毒的功效。

主治用法 用于带下病、疥疮、无名肿毒等。水煎服。外用捣烂或研末敷患处。

用 量 3～9g。外用适量。

▼黑藻花

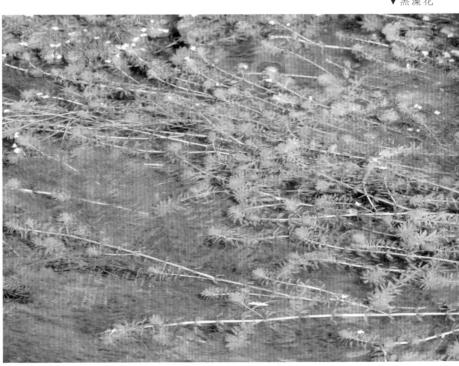

◎参考文献◎

［1］钱信忠.中国本草彩色图鉴（第五卷）[M].北京：人民卫生出版社，2003:153-154.

［2］中国药材公司.中国中药资源志要[M].北京：科学出版社，1994:1360.

［3］江纪武.药用植物辞典[M].天津：天津科学技术出版社，2005:400.

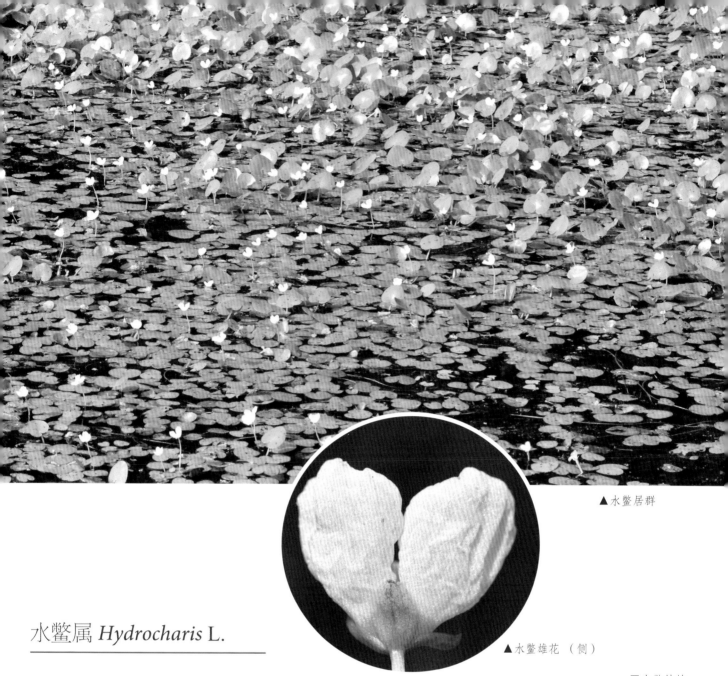

▲ 水鳖居群

▲ 水鳖雄花 （侧）

▼ 水鳖植株

水鳖属 *Hydrocharis* L.

水鳖 *Hydrocharis dubia*（Bl.）Backer

别　　名　马尿花

药用部位　水鳖科水鳖的全草（入药称"马尿花"）。

原植物　浮水草本。匍匐茎发达，节间长 3～15 cm。叶簇生，多漂浮，有时伸出水面；叶片心形或圆形，长 4.5～5.0 cm，宽 5.0～5.5 cm，全缘；叶脉 5。雄花序腋生；佛焰苞 2，膜质，苞内雄花 5～6，每次仅 1 朵开放；萼片 3，离生，长椭圆形；花瓣 3，黄色，与萼片互生，广倒卵形或圆形，长约 1.3 cm，宽约 1.7 cm；雄蕊 12，成

▲水鳖雌花

4轮排列，花药长约1.5 mm；雌佛焰苞小，苞内雌花1；花梗长4.0～8.5 cm；花大，直径约3 cm；萼片3，先端圆；花瓣3，白色，基部黄色，广倒卵形至圆形，长约1.5 cm，宽约1.8 cm；退化雄蕊6；花柱6，每枚2深裂；子房下位。花期8—9月，果期9—10月。

生　　境　生于湖泊及静水池沼中。

分　　布　黑龙江萝北、密山、虎林等地。辽宁新民、铁岭、辽中等地。河北、陕西、山东、江苏、安徽、浙江、江西、福建、台湾、河南、湖北、湖南、广东、海南、广西、四川、云南。大洋洲、亚洲。

采　　制　夏、秋季采收全草，除去杂质，切段，洗净，晒干。

性味功效　味苦、微咸，性微寒。有清热利湿、主湿热带下的功效。

主治用法　用于带下病、崩漏、天疱疮等。水煎服。外用捣烂或研末敷患处。

用　　量　2～4 g。外用适量。

附　　方　治妇人红崩白带: 水鳖为末，熟水牛肉同食。

▲水鳖雌花（侧）

▼水鳖雄花

◎参考文献◎

［1］江苏新医学院.中药大辞典（上册）[M].上海：上海科学技术出版社，1977:288.

［2］朱有昌.东北药用植物[M].哈尔滨：黑龙江科学技术出版社，1989:75.

［3］钱信忠.中国本草彩色图鉴（第一卷）[M].北京：人民卫生出版社，2003:347-348.

▼水鳖果实

▲龙舌草植株

▼龙舌草果实

水车前属 *Ottelia* Pers.

龙舌草 *Ottelia alismoides*（L.）Pers.

別　　名　水车前　龙爪菜
俗　　名　水白菜　瓢羹菜
药用部位　水鳖科龙舌草的全草。
原 植 物　沉水草本。具须根。茎短缩。叶基生，膜质；叶片因生境条件的不同而形态各异，多为广卵形、卵状椭圆形、近圆形或心形，长约 20 cm，宽约 18 cm，或更大，常见叶形有狭长形、披针形至线形，长达 8 ~ 25 cm，宽仅 1.5 ~ 4.0 cm。两性花，偶见单性花，即杂性异株；佛焰苞椭圆形至卵形，长 2.5 ~ 4.0 cm，宽 1.5 ~ 2.5 cm，顶端 2 ~ 3 浅裂，有 3 ~ 6 纵翅，翅有时呈折叠的波状；总花梗长 40 ~ 50 cm；花无梗，单生；花瓣白色、淡紫色或浅蓝色；雄蕊 3 ~ 12，花丝具腺毛，花药条形，黄色，药隔扁平；子房下位，近圆形，心皮 3 ~ 10，侧膜胎座；花柱 2 深裂。花期 7—8 月，果期 8—9 月。
生　　境　生于湖泊、水田或浅水沟中。
分　　布　黑龙江萝北、虎林、宁安、密山等地。吉林集安、珲春、通化、辉南、梅

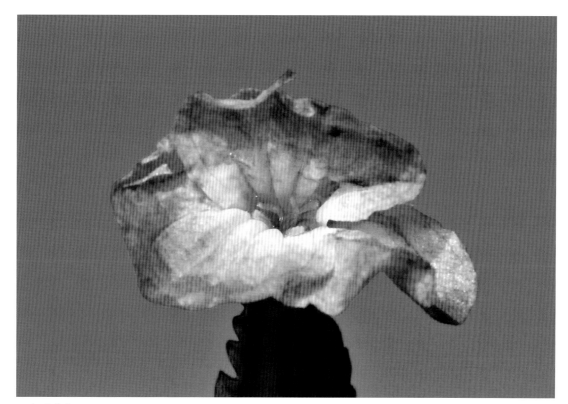

▲龙舌草花

河口等地。河北、河南、江苏、安徽、浙江、江西、福建、台湾、湖北、湖南、广东、海南、广西、四川、贵州、云南。澳大利亚。非洲（东北部）、亚洲（东部及东南部）。

采　　制　夏、秋季采收全草，除去杂质，切段，洗净，晒干。

性味功效　味甘、淡，性微寒。有清热利尿、止咳化痰的功效。

主治用法　用于肺热咳嗽、肺痨、咯血、哮喘、水肿、小便不利、痈肿、烫烧伤等。水煎服。外用捣烂或研末敷患处。

用　　量　15～30 g（鲜品50～100 g）。外用适量。

附　　方

（1）治咯血：龙舌草50 g。水煎服。

（2）治热咳水肿：龙舌草25 g，百部20 g。水煎服。

（3）治肝炎：龙舌草40 g，鸡蛋1个。水煎服。

（4）治烫火伤：龙舌草15 g，冰片5 g。研末，加芝麻油调和，外搽伤处。

（5）治乳痈肿毒：龙舌草、忍冬藤各适量。研碎或捣烂，加蜜调敷。

（6）治子宫突出：龙舌草适量。捣烂，拌菜油敷患处。

◎参考文献◎

［1］江苏新医学院.中药大辞典（上册）[M].上海：上海科学技术出版社，1977:631-632.

［2］朱有昌.东北药用植物 [M].哈尔滨：黑龙江科学技术出版社，1989:75-76.

［3］中国药材公司.中国中药资源志要 [M].北京：科学出版社，1994:1361.

▲苦草植株

苦草属 *Vallisneria* L.

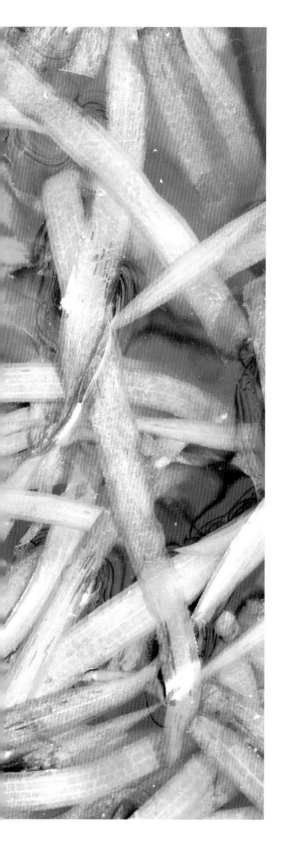

苦草 *Vallisneria natans*（Lour.）Hara.

俗　　名　面条草

药用部位　水鳖科苦草的全草。

原 植 物　沉水草本。具匍匐茎。叶基生，线形或带形，长
20～200 cm，宽0.5～2.0 cm，绿色或略带紫红色，先
端圆钝，边缘全缘或具不明显的细锯齿；叶脉5～9。花单
性；雌雄异株；雄佛焰苞卵状圆锥形，长1.5～2.0 cm，宽
0.5～1.0 cm，每个佛焰苞内含雄花200余朵或更多，成
熟的雄花浮在水面开放；萼片3，大小不等，两片较大，长
0.4～0.6 mm，宽约0.3 mm；雄蕊1，花丝先端不分裂或
部分2裂，基部具毛状凸起和1～2枚膜状体；雌佛焰苞筒状，
先端2裂，绿色或暗紫红色，长1.5～2.0 cm，梗纤细，绿
色或淡红色，长30～50 cm；雌花单生于佛焰苞内，萼片
3，先端钝，绿紫色，质较硬，长2～4 mm，宽约3 mm；
花瓣3，极小，白色，与萼片互生；花柱3，先端2裂；退
化雄蕊3；子房下位，圆柱形；胚珠多数，直立，厚珠心形，
外珠被长于内珠被。果实圆柱形，长5～30 cm，直径约
5 mm。种子倒长卵形。花期7—8月，果期8—9月。

生　　境　生于湖泊、池塘、水田或浅水沟中。

分　　布　吉林敦化。辽宁盘山。河北、陕西、山东、江苏、
安徽、浙江、江西、福建、台湾、湖北、湖南、广东、广西、
四川、贵州、云南。朝鲜、俄罗斯、日本、印度、越南、老挝、
柬埔寨、缅甸、泰国、新加坡、马来西亚和澳大利亚。

采　　制　夏、秋季捞取全草，除去杂质，洗净，晒干。

性味功效　味苦，性温。无毒。有理气活血、清热解暑、凉
血散毒的功效。

主治用法　用于妇女带下病、恶露、癥瘕大热、感冒发热、
疮疡疔毒。水煎服。

用　　量　5～15 g。

◎参考文献◎

［1］江苏新医学院. 中药大辞典（上册）[M]. 上海：上海科
　　　学技术出版社，1977:1285-1286.

［2］朱有昌. 东北药用植物 [M]. 哈尔滨：黑龙江科学技术
　　　出版社，1989:76-77.

［3］中国药材公司. 中国中药资源志要 [M]. 北京：科学出
　　　版社，1994:1361.

▲ 内蒙古辉河国家级自然保护区湿地秋季景观

▲ 水麦冬群落

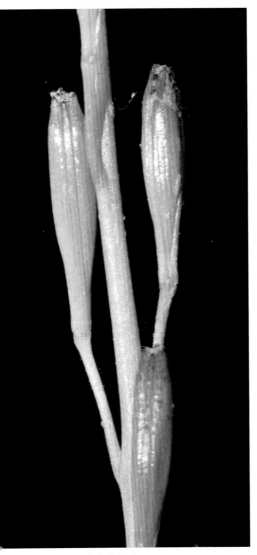

▲ 水麦冬果实

水麦冬科 Juncaginaceae

本科共收录 1 属、2 种。

水麦冬属 *Triglochin* L.

水麦冬 *Triglochin palustre* L.

药用部位 水麦冬科水麦冬的全草及果实。

原 植 物 多年生湿生草本。植株弱小。根茎短，生有多数须根。叶全部基生，条形，长达 20 cm，宽约 1 mm，先端钝，基部具鞘，两侧鞘缘膜质，残存叶鞘纤维状。花葶细长，直立，圆柱形，无毛；总状花序，花排列较疏散，无苞片；花梗长约 2 mm；花被片 6，绿紫色，椭圆形或舟形，长 2.0 ～ 2.5 mm；雄蕊 6，近无花丝，花药卵形，长约 1.5 mm，2 室；雌蕊由 3 个合生心皮组成，柱头毛笔状。蒴果棒状条形，长约 6 mm，直径约 1.5 mm，成熟时自下至上呈 3 瓣开裂，仅顶部联合，果梗直立，长约 5 mm。花期 7—8 月，果期 8—9 月。

生 境 生于河岸湿地及湿草甸子中。

▲水麦冬植株

▲水麦冬花序

分　布　黑龙江哈尔滨、宁安、泰来、呼玛、黑河、漠河等地。吉林镇赉、通榆、洮南、长岭、前郭、大安、长春、安图等地。辽宁康平、建昌、丹东、长海等地。内蒙古额尔古纳、根河、牙克石、科尔沁右翼前旗、科尔沁右翼中旗、扎鲁特旗、突泉、科尔沁左翼后旗、科尔沁左翼中旗、奈曼旗、克什克腾旗、巴林左旗、巴林右旗、喀喇沁旗、翁牛特旗、阿鲁科尔沁旗、宁城、东乌珠穆沁旗、西乌珠穆沁旗、正蓝旗、正镶白旗、太仆寺旗、多伦、镶黄旗等地。华北、西北、西南。朝鲜、俄罗斯（西伯利亚中东部）、日本。

▲水麦冬花

▲水麦冬幼株

▲水麦冬花（子房黄色）

采　制　夏、秋季采收全草，除去杂质，洗净，晒干。秋季采摘果穗，获取果实，除去杂质，晒干。

性味功效　味淡，性平。有清热利湿、消肿止泻的功效。

主治用法　全草：用于腹腔积液、小便不利。水煎服。果实：用于眼痛、腹泻。水煎服。

用　量　全草：5～15 g。果实：5～15 g。外用适量。

◎参考文献◎

［1］钱信忠．中国本草彩色图鉴（第一卷）[M]．北京：人民卫生出版社，2003:669-670．

［2］中国药材公司．中国中药资源志要[M]．北京：科学出版社，1994:1361．

［3］江纪武．药用植物辞典[M]．天津：天津科学技术出版社，2005:822．

▲ 海韭菜幼株

▲ 海韭菜居群

▼ 海韭菜花

海韭菜 *Triglochin maritimum* L.

别　　名　圆果水麦冬

药用部位　水麦冬科海韭菜的全草及果实。

原 植 物　多年生草本。植株稍粗壮。根茎短，着生多数须根，常有棕色叶鞘残留物。叶全部基生，条形，长7～30 cm，宽1～2 mm，基部具鞘，鞘缘膜质，顶端与叶舌相连。花葶直立，较粗壮，圆柱形，光滑，中上部着生多数排列较紧密的花，呈顶生总状花序，无苞片，花梗长约1 mm，开花后长可达2～4 mm；花两性；花被片6，绿色，2轮排列，外轮呈宽卵形，内轮较狭；雄蕊6，分离，无花丝；雌蕊淡绿色，由6枚合生心皮组成，柱头毛笔状。蒴果6棱状椭圆形或卵形，长3～5 mm，直径约2 mm，成熟后呈6瓣开裂。花期6—7月，果期8—9月。

生　　境　生于湿砂地或海边盐滩上。

分　　布　吉林通榆、镇赉、洮南、前郭等地。辽宁大连、彰武等地。内蒙古新巴尔虎左旗、新巴尔虎右旗、科尔沁右翼中旗、扎赉特旗、科尔沁右翼中旗、扎鲁特旗、克什克腾旗、阿鲁科尔沁旗、东乌珠穆沁旗、西乌珠穆沁旗、阿巴嘎旗、苏尼特左旗、苏尼特右旗等地。华北、西北、西南。北半球温带及寒带地区。

采　　制　夏、秋季采收全草，除去杂质，洗净，晒干。秋季采收果实，除去杂质，晒干。

▲ 海韭菜果实

性味功效 全草：味甘，性平。有毒。有清热养阴、生津止渴的功效。果实：味淡，性温。有毒。有滋补、止泻、镇静的功效。

主治用法 全草：用于阴虚潮热、胃热烦渴、口干舌燥等。水煎服。果实：用于眼病、脾虚泄泻等。水煎服。

用　　量 全草：10 ~ 20 g。果实：10 ~ 20 g。

附　　方 治高热伤阴（脱水）、面赤、舌绛、烦躁、肢冷、自汗、脉微欲绝：海韭菜配玉竹、白薇、白芍、牡蛎。煎汤服。

附　　注 该物种为中国植物图谱数据库收录的有毒植物，其毒性为全草有毒。中毒可引起呼吸麻痹，在 1 ~ 10 h 内致死。

▲ 海韭菜花序

▲ 海韭菜植株

◎参考文献◎

[1] 江苏新医学院.中药大辞典（下册）[M].上海：上海科学技术出版
社，1977：1941.

[2] 朱有昌.东北药用植物 [M].哈尔滨：黑龙江科学技术出版社，
1989：71-72.

[3] 中国药材公司.中国中药资源志要 [M].北京：科学出版社，1994：
1361.

▲ 海韭菜果穗

▲吉林圆池国家级自然保护区圆池湿地秋季景观

▲ 眼子菜群落

眼子菜科 Potamogetonaceae

本科共收录 1 属、6 种。

眼子菜属 *Potamogeton* L.

眼子菜 *Potamogeton distinctus* A. Benn

别　　名	鸭子草	
俗　　名	牙齿草　水上漂　漂叶草　压水草	
药用部位	眼子菜科眼子菜的全草及根（入药称"钉耙七"）。	

原 植 物　多年生水生草本。根茎发达，多分枝，常于顶端形成纺锤状休眠芽体，并在节处生有稍密的须根。茎圆柱形，直径 1.5 ~ 2.0 mm，通常不分枝。浮水叶革质，披针形、宽披针形至卵状披针形，长 2 ~ 10 cm，宽 1.0 ~ 4.0 cm，先端尖或钝圆，基部钝圆或有时近楔形，具 5 ~ 20 cm 长的柄；叶脉多条，顶端连接；沉水叶披针形至狭披针形，草质，具柄，常早落；托叶膜质，长 2 ~ 7 cm，顶端尖锐，呈鞘状抱茎。穗状花序顶生，具花多轮，开花时伸出水面，花后沉没水中；花序梗稍膨大，粗于茎，花时直立，花后自基部弯曲，长 3 ~ 10 cm；花小，被片 4，绿色；雌蕊 2。花期 7—8 月，果期 8—9 月。

生　　境　生于沼泽、河流浅水处、稻田、沟渠等处，常聚集成片生长。

分　　布　黑龙江伊春市区、铁力、勃利、富裕、齐齐哈尔市区、依兰、萝北、集贤、哈尔滨市区、密山、虎林、望奎、拜泉、青冈、明水、兰西、肇东、肇源、肇州、绥化市区、绥棱、海伦、林甸、依安、甘南、五大连池、饶河、抚远、同江、汤原、五常、尚志、海林、林口、宁安、东宁、绥芬河、木兰、延寿、宝清、桦南、巴彦、通河、方正等地。吉林长白山各地。辽宁康平、开原、法库、盖州、沈阳市区等地。内蒙古正蓝旗、正镶白旗、太仆寺旗、多伦等地。全国绝大部分地区。朝鲜、日本、俄罗斯。

采　制　夏、秋季采收全草，除去杂质，洗净，鲜用或晒干。春、夏、秋三季采挖根，除去泥土，洗净，晒干。

性味功效　全草：味苦，性寒。有清热解毒、利尿、消肿、止血、驱蛔虫的功效。根：味苦，性寒。有止痛、止血的功效。

主治用法　全草：用于结膜炎、牙痛、痢疾、痔疮、痔血、黄疸、淋病、带下、血崩、蛔虫病、疮疡红肿、小儿疳积等。水煎服。外用捣烂敷患处。根：用于气瘀腹痛、腰痛、痔疮出血。水煎服。

用　量　全草：15～20 g（鲜品50～100 g）。外用适量。根：15～25 g。

附　方

（1）治黄疸：眼子菜鲜全草50 g，煎水内服。

（2）治热淋：眼子菜鲜全草100 g，煎水去渣，煎甜酒服。

（3）治疮疖：眼子菜鲜叶捣烂外敷。

（4）驱蛔虫：眼子菜全草晒干研粉，6～8岁儿童，取25 g加开水调成糊状顿服；或25 g药粉加水150 ml，煮沸半小时，连渣顿服。

（5）治赤白痢疾日久：眼子菜、山楂各等量，砂糖10 g，同煎服。

（6）治常流鼻血：眼子菜50 g，绿壳鸭蛋2个，以眼子菜加水煮汁，汁煮蛋花，1次服用完。

（7）治腰痛：眼子菜根5 g，研粉，白酒冲服。

（8）治痔疮出血：眼子菜根及叶50～100 g，炖猪大肠吃。

▲眼子菜花序

▲眼子菜植株

▼眼子菜果实

▲眼子菜花

◎参考文献◎

［1］江苏新医学院.中药大辞典（上册）[M].上海：上海科学技术出版社，1977:1134，2106-2107.

［2］朱有昌.东北药用植物[M].哈尔滨：黑龙江科学技术出版社，1989:68-69.

［3］《全国中草药汇编》编写组.全国中草药汇编（上册）[M].北京：人民卫生出版社，1975:780.

竹叶眼子菜 *Potamogeton wrightii* Morong

别　　名	箬叶藻　马来眼子菜　竹草眼子菜
俗　　名	水龙草
药用部位	眼子菜科竹叶眼子菜的全草。

原 植 物　多年生沉水草本。茎圆柱形，节间长可达 10 cm。叶条形或条状披针形，具长柄，稀短于 2 cm；叶片长 5 ～ 19 cm，宽 1.0 ～ 2.5 cm，先端钝圆而具小凸尖，基部钝圆或楔形，边缘浅波状，有细微的锯齿；中脉显著，自基部至中部发出 6 至多条与之平行并在顶端连接的次级叶脉，三级叶脉清晰可见；托叶大而明显，近膜质，无色或淡绿色，与叶片离生，鞘状抱茎，长 2.5 ～ 5.0 cm。穗状花序顶生，具花多轮，密集或稍密集；花序梗膨大，稍粗于茎，长 4 ～ 7 cm；花小，被片 4，绿色；雌蕊 4，离生。果实倒卵形，两侧稍扁，背部明显 3 脊，中脊狭翅状，侧脊锐。花期 7—8 月，果期 8—9 月。

生　　境　生于灌渠、池塘、河流等静、流水体，水体多呈微酸性。

分　　布　黑龙江哈尔滨市区、伊春市区、铁力、勃利、尚志、五常、海林、林口、宁安、东宁、绥芬河、穆棱、木兰、延寿、密山、虎林、饶河、宝清、桦南、汤原、巴彦、通河、方正等地。吉林镇赉、通榆、汪清、集安等地。辽宁铁岭、康平、法库、新民、沈阳市区等地。内蒙古喀喇沁旗。全国绝大部分地区。朝鲜、日本、俄罗斯、印度。亚洲（东南部）。

附　　注　其采制、性味功效、主治用法及用量同眼子菜。

▲竹叶眼子菜花序

◎参考文献◎

［1］朱有昌 . 东北药用植物 [M]. 哈尔滨：黑龙江科学技术出版社，1989:68-69.

［2］《全国中草药汇编》编写组 . 全国中草药汇编（上册）[M]. 北京：人民卫生出版社，1975:780.

［3］中国药材公司 . 中国中药资源志要 [M]. 北京：科学出版社，1994:1362.

▲竹叶眼子菜果穗　　　　▲竹叶眼子菜植株

▲浮叶眼子菜植株

浮叶眼子菜 *Potamogeton natans* L.

| 别　名 | 水案板 |

| 俗　名 | 鸭子草　牙齿草　水上漂　漂叶草 |

| 药用部位 | 眼子菜科浮叶眼子菜的全草。 |

原植物　多年生水生草本。茎圆柱形，直径
1.5 ~ 2.0 mm。浮水叶革质，卵形至矩圆状卵形，
长 4 ~ 9 cm，宽 2.5 ~ 5.0 cm，具长柄；叶脉
23 ~ 35，于叶端连接，其中 7 ~ 10 条显著；沉
水叶质厚，叶柄状，呈半圆柱状的线形，先端较钝，
长 10 ~ 20 cm，宽 2 ~ 3 mm，具不明显的脉 3 ~ 5，
常早落；托叶近无色，长 4 ~ 8 cm，鞘状抱茎，多脉，
常呈纤维状宿存。穗状花序顶生，长 3 ~ 5 cm，
具花多轮，开花时伸出水面；花序梗稍有膨大，粗
于茎或有时与茎等粗，开花时通常直立，花后弯曲
而使穗沉没水中，长 3 ~ 8 cm；花小，被片 4，绿
色，肾形至近圆形，直径约 2 mm；雌蕊 4，离生。
花期 7—8 月，果期 8—9 月。

生　境　生于湖泊、沟塘等静水或缓流中。

分　布　黑龙江哈尔滨、伊春等地。吉林敦化、
汪清等地。辽宁抚顺、新民等地。新疆、西藏。北
半球。

采　制　夏、秋季采收全草，除去杂质，洗净，
鲜用或晒干。

性味功效　味甘、微苦，性凉。有解热、利水、止血、
补虚、健脾的功效。

主治用法　用于目赤红肿、牙痛、水肿、痔疮、蛔
虫病、干血痨、小儿疳积等。水煎服。外用捣烂敷
患处。

用　量　10 ~ 25 g。外用适量。

◎参考文献◎

[1] 江苏新医学院. 中药大辞典（上册）[M]. 上海：
上海科学技术出版社, 1977:538-539.

[2] 朱有昌. 东北药用植物 [M]. 哈尔滨：黑龙江
科学技术出版社, 1989:68-69.

[3] 中国药材公司. 中国中药资源志要 [M]. 北京：
科学出版社, 1994:1362.

▲异叶眼子菜植株

异叶眼子菜 *Potamogeton heterophyllus* Schreb.

俗　　名　牙齿草

药用部位　眼子菜科异叶眼子菜的全草。

原 植 物　多年生水生草本。植株常略带红色。根茎发达。茎圆柱形，长 5 ~ 200 cm，直径 1.5 ~ 2.0 mm，上部常有分枝。通常有浮水叶与沉水叶之分，浮水叶椭圆形至广披针形，长约 8 cm，宽约 2 cm，具柄，短于叶片，先端钝，基部渐狭呈楔形，全缘，叶脉 5 ~ 13；沉水叶披针形至线状披针形或长条椭圆形，长 15 ~ 25 cm，宽 1.5 ~ 3.5 cm，先端圆或钝，基部圆形或楔形，有时略抱茎，全缘；叶脉多条，平行，具次级平行脉数条；托叶草质，略厚，微带红棕色，有时略抱茎。穗状花序顶生，长 6 ~ 15 cm，开花时伸出水面，花序梗稍粗于茎；花被片 4，黄绿色；雌蕊 4，离生。花期 7—8 月，果期 8—9 月。

生　　境　生于水塘、湖泊、池沼等静水中，喜微碱性水体环境。

分　　布　黑龙江萝北、伊春等地。吉林镇赉、通榆、延吉、集安等地。内蒙古新巴尔虎右旗。云南、新疆、西藏。朝鲜、俄罗斯、日本。亚洲（中部）、欧洲、北美洲。

采　　制　夏、秋季采收全草，除去杂质，洗净，鲜用或晒干。

性味功效　味苦，性寒。有清热解毒、消食健脾、止泻的功效。

主治用法　用于赤痢、慢性胆囊炎、食积、胃痛、痔疮、大肠出血、急性结膜炎、黄疸、水肿、白带异常、小儿疳积、蛔虫病、痈疖肿毒等。水煎服。

用　　量　适量。

◎参考文献◎

［1］江纪武.药用植物辞典 [M].天津：天津科学技术出版社，2005:642.

▼ 菹草花序

菹草 *Potamogeton crispus* L.

别　　名	虾藻 扎草
俗　　名	猪草
药用部位	眼子菜科菹草的全草。

原 植 物　多年生沉水草本。茎稍扁，多分枝，近基部常匍匐地面。叶条形，无柄，长 3 ~ 8 cm，宽 3 ~ 10 mm，基部与托叶合生，但不形成叶鞘，叶缘呈浅波状，具疏或稍密的细锯齿；叶脉 3 ~ 5，平行，顶端连接，中脉近基部两侧伴有通气组织形成的细纹，次级叶脉疏且明显可见；托叶薄膜质，长 5 ~ 10 mm，早落；休眠芽腋生，略似松果，长 1 ~ 3 cm，革质叶左右二列密生，基部扩张，肥厚，坚硬，边缘具有细锯齿。穗状花序顶生，具花 2 ~ 4 轮，初时每轮 2 朵对生，穗轴伸长后常稍不对称；花序梗棒状，较茎细；花小，被片 4，淡绿色，雌蕊 4，基部合生。花期 6—7 月，果期 7—8 月。

生　　境　生于沼泽、池塘、稻田及沟渠等处。

分　　布　黑龙江哈尔滨、伊春市区、铁力、勃利、尚志、五常、海林、林口、宁安、东宁、绥芬河、穆棱、木兰、延寿、密山、虎林、饶河、宝清、桦南、汤原、巴彦、通河、方正等地。吉林长白山各地。辽宁铁岭、康平、法库、黑山、长海、新民、沈阳市区、建昌等地。世界绝大部分地区。

▲菹草植株

采　　制　夏、秋季采收全草，除
去杂质，洗净，晒干。
性味功效　味苦，性寒。有清热明
目、渗湿利水、通淋、镇痛、止血、
消肿、驱蛔虫的功效。
用　　量　适量。

◎参考文献◎

［1］中国药材公司.中国中药资
　　　源志要 [M].北京：科学出
　　　版社，1994:1361.
［2］江纪武.药用植物辞典 [M].
　　　天津：天津科学技术出版社，
　　　2005:641.

▲菹草果实

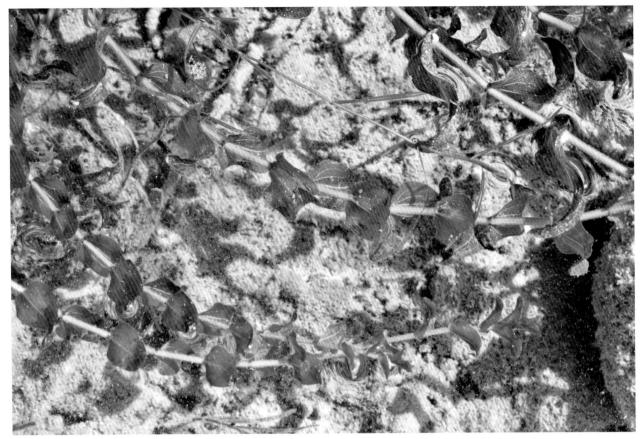

▲穿叶眼子菜植株

穿叶眼子菜 *Potamogeton perfoliatus* L.

别　　名	抱茎眼子菜

药用部位　眼子菜科穿叶眼子菜的全草（入药称"酸水草"）。

原植物　多年生沉水草本。具发达的根茎，根茎白色，节处生有须根。茎圆柱形，直径 0.5 ~ 2.5 mm，上部多分枝。叶卵形、卵状披针形或卵状圆形，无柄，先端钝圆，基部心形，呈耳状抱茎，边缘波状，常具极细微的齿；基出脉 3 或 5，弧形，顶端连接，次级脉细弱；托叶膜质，无色，长 3 ~ 7 mm，早落。穗状花序顶生，具花 4 ~ 7 轮，密集或稍密集；花序梗与茎近等粗，长 2 ~ 4 cm；花小，被片 4，淡绿色或绿色；雌蕊 4 枚，离生。果实倒卵形，长 3 ~ 5 mm，顶端具短喙，背部 3 脊，中脊稍锐，侧脊不明显。花期 7—8 月，果期 8—9 月。

生　　境　生于湖泊、池塘、灌渠、河流等水体，水体多为微酸至中性。

分　　布　黑龙江漠河、塔河、呼玛、黑河市区、五大连池、伊春市区、铁力、勃利、萝北、集贤、尚志、五常、海林、林口、宁安、东宁、绥芬河、穆棱、木兰、延寿、密山、虎林、饶河、宝清、桦南、汤原、巴彦、通河、方正、齐齐哈尔等地。吉林白城市区、通榆、汪清、集安等地。辽宁凌源、北票等地。内蒙古额尔古纳、鄂伦春旗、根河、牙克石、阿尔山、科尔沁右翼前旗、科尔沁右翼中旗、扎赉特旗、扎鲁特旗、阿鲁科尔沁旗、巴林左旗、巴林右旗、克什克腾旗、东乌珠穆沁旗、西乌珠穆沁旗等地。山东、山西、河南、

▲ 穿叶眼子菜花序

湖南、湖北、陕西、宁夏、青海、贵州、云南。华北。亚洲、欧洲、北美洲、南美洲、非洲和大洋洲。

采 制 夏、秋季采收全草，除去杂质，洗净，鲜用或晒干。

性味功效 味淡，性凉。有渗湿解表的功能。

主治用法 用于湿疹、皮肤瘙痒等。水煎服或熬水洗患处。

用 量 适量。

附 方 治湿疹、皮肤瘙痒：鲜穿叶眼子菜 60 g，苍术、苦参、地肤子各 15 g，黄檗 10 g。水煎服。或用鲜穿叶眼子菜（干品用三分之一），黄檗适量。水煎外洗。

◎参考文献◎

［1］江苏新医学院．中药大辞典（下册）[M]．上海：上海科学技术出版社，1977：2534.

［2］朱有昌．东北药用植物 [M]．哈尔滨：黑龙江科学技术出版社，1989：68-69.

［3］中国药材公司．中国中药资源志要 [M]．北京：科学出版社，1994：1362.

▲吉林靖宇国家级自然保护区四海龙湾湿地秋季景观

▲茖葱居群

▼市场上的茖葱幼株

▼茖葱鳞茎

百合科 Liliaceae

本科共收录 26 属、73 种、6 变种、3 变型。

葱属 *Allium* L.

茖葱 *Allium victorialis* L.

别　名	山葱 鹿儿葱
俗　名	寒葱 格葱 天韭 旱葱
药用部位	百合科茖葱的鳞茎。
原植物	多年生草本。鳞茎单生或 2～3 枚聚生，近圆柱状。叶 2～3，倒披针状椭圆形至椭圆形，长 8～20 cm，宽 3.0～9.5 cm，基部沿叶柄稍下延，叶柄长为叶片的 1/5～1/2。花葶圆柱状，高 25～80 cm，1/4～1/2 被叶鞘；伞形花序球状，具多而密集的花；小花梗近等长，基部无小苞

片；花白色或带绿色，极稀带红色；内轮花被片椭圆状卵形，长 4.5 ~ 6.0 mm，宽 2 ~ 3 mm，先端钝圆，常具小齿；外轮的狭而短，舟状，长 4 ~ 5 mm，宽 1.5 ~ 2.0 mm，先端钝圆；花丝比花被片长 1/4 ~ 1 倍，基部合生并与花被片贴生，内轮的狭长三角形，外轮的锥形；子房具 3 圆棱，每室具 1 胚珠。花期 6—7 月，果期 7—8 月。

生　　境　生于阴湿山坡、山地林下、林缘草甸及灌丛等处。

分　　布　黑龙江尚志、五常、海林、东宁、宁安、密山、虎林、饶河等地。吉林长白、抚松、安图、和龙、敦化、汪清、珲春、东丰等地。辽宁丹东市区、桓仁、凤城、建昌等地。内蒙古科尔沁右翼前旗、扎鲁特旗、喀喇沁旗、宁城、东乌珠穆沁旗、西乌珠穆沁旗等地。河北、山西、陕西、甘肃、四川、湖北。朝鲜、日本、蒙古、俄罗斯（西伯利亚中东部）。欧洲、北美洲。

采　　制　春、秋季采挖鳞茎，剪掉须根，除去泥土，洗净，晒干。

性味功效　味辛，性微温。有止血、散瘀、化痰、镇痛的功效。

主治用法　用于瘀血、衄血、跌打损伤、高血压、结膜炎、动脉硬化、胃病等。水煎服。外用捣烂敷患处。

用　　量　25 ~ 50 g。外用适量。

▲ 茖葱植株

▲ 茖葱幼株

▲ 茖葱幼苗

▲茖葱花

▼茖葱果实

▲茖葱花（侧）

▲茖葱花序

◎参考文献◎

［1］江苏新医学院.中药大辞典（下册）[M].上海：上海科学技术
　　出版社，1977:1605.

［2］朱有昌.东北药用植物 [M].哈尔滨：黑龙江科学技术出版社，
　　1989:135−136.

［3］中国药材公司.中国中药资源志要 [M].北京：科学出版社，
　　1994:1368.

▲ 细叶韭植株

细叶韭 *Allium tenuissimum* L.

别　　名　细叶葱　细丝韭
俗　　名　丝葱　札麻　札麻麻花
药用部位　百合科细叶韭的鳞茎。
原 植 物　多年生草本。鳞茎数枚聚生，近圆柱状。叶半圆柱状至近圆柱状，与花葶近等长,粗0.3～1.0 mm,稀沿纵棱具细糙齿。花葶圆柱状，具细纵棱，高10～50 cm，粗0.5～1.0 mm，下部被叶鞘；总苞单侧开裂，宿存；伞形花序半球状或近扫帚状，松散；小花梗近等长，长0.5～1.5 cm；花白色或淡红色，稀为紫红色；外轮花被片卵状矩圆形至阔卵状矩圆形，先端钝圆，长2.8～4.0 mm，宽1.5～2.5 mm，内轮的倒卵状矩圆形，先端平截或为钝圆状平截，常稍长，长3.0～4.2 mm，宽1.8～2.7 mm；花丝为花被片长度的2/3，基部合生并与花被片贴生，外轮的锥形，有时基部略扩大，比内轮的稍短，内轮下部扩大成卵圆形，扩大部分约为花丝长度的2/3；子房卵球状；花柱不伸出花被外。花期7—8月，果期8—9月。
生　　境　生于草原、山地草原的山坡及沙地上，是草原及荒漠草原的伴生种。
分　　布　黑龙江安达、杜尔伯特等地。吉林镇赉、乾安等地。辽宁铁岭、西丰、彰武等地。内蒙古满洲里、新巴尔虎左旗、新巴尔虎右旗、科尔沁右翼前旗、克什克腾旗、翁牛特旗、东乌珠穆沁旗、西乌珠穆沁旗、阿巴嘎旗、苏尼特左旗、苏尼特右旗等地。河北、山东、山西、甘肃、四川、陕西、宁夏、河南、江苏、浙江。俄罗斯（西伯利亚中东部）、蒙古。

▲细叶韭花

▲细叶韭花（侧）

采　　制　夏、秋季采挖鳞茎，除去杂质，洗净，晒干。
性味功效　有清热消炎的功效。
用　　量　适量。

◎参考文献◎

[1] 朱有昌.东北药用植物[M].哈尔滨：黑龙江科学技术出版社，1989：35.
[2] 中国药材公司.中国中药资源志要[M].北京：科学出版社，1994：1368.

▲ 野韭群落

市场上的野韭花序 ▶

▼ 野韭花序（侧）

野韭 *Allium ramosum* L.

俗　　名　野葱

药用部位　百合科野韭的全草。

原 植 物　多年生草本。叶三棱状条形，背面具呈龙骨状隆起的纵棱，中空，比花序短，宽 1.5 ~ 8.0 mm。花葶圆柱状，高 25 ~ 60 cm，下部被叶鞘；总苞单侧开裂至 2 裂，宿存；伞形花序半球状或近球状，多花；小花梗近等长，比花被片长 2 ~ 4 倍，基部除具小苞片外，常在数枚小花梗的基部为 1 枚共同的苞片所包围；花白色，稀淡红色；花被片具红色中脉，内轮的矩圆状倒卵形，长 4.5 ~ 11.0 mm，宽 1.8 ~ 3.1 mm，外轮的常与内轮的等长，但较窄，矩圆状卵形至矩圆状披针形；花丝等长，基部合生并与花被片贴生，分离部分狭三角形，内轮的稍宽；子房倒

圆锥状球形，具3圆棱。花期7—8月，果期8—9月。

生　境　生于向阳山坡、草坡或草地等处。

分　布　黑龙江孙吴、哈尔滨、伊春等地。吉林安图、抚松、敦化、珲春、九台、通榆、镇赉、长岭等地。辽宁沈阳、丹东市区、凤城、凌源、彰武等地。内蒙古额尔古纳、陈巴尔虎旗、牙克石、鄂伦春旗、新巴尔虎左旗、新巴尔虎右旗、扎赉特旗、宁城、克什克腾旗、东乌珠穆沁旗、西乌珠穆沁旗、阿巴嘎旗、苏尼特左旗、苏尼特右旗等地。河北、山东、山西、内蒙古、陕西、宁夏、甘肃、青海、新疆。蒙古、俄罗斯（西伯利亚）。亚洲（中部）。

采　制　花期采收全草，除去杂质，洗净，晒干。

性味功效　有活血祛瘀的功效。

用　量　适量。

◎参考文献◎

[1] 江纪武.药用植物辞典[M].天津：天津科学技术出版社，2005:35.

▲野韭植株

▼野韭花序

▲ 碱韭群落

碱韭 *Allium polyrhizum* Turcz. ex Regel

别　　名	碱葱
俗　　名	紫花韭　多根葱
药用部位	百合科碱韭的鳞茎及种子。

原植物 多年生草本。鳞茎成丛地紧密簇生，圆柱状。叶半圆柱状，边缘具细糙齿，稀光滑，比花葶短。花葶圆柱状，高 7 ~ 35 cm，下部被叶鞘；总苞 2 ~ 3 裂，宿存；伞形花序半球状，具多而密集的花；小花梗近等长，从与花被片等长直到比其长 1 倍，基部具小苞片，稀无小苞片；花紫红色或淡紫红色，稀白色；花被片长 3.0 ~ 8.5 mm，宽 1.3 ~ 4.0 mm，外轮的狭卵形至卵形，内轮的矩圆形至矩圆状狭卵形，稍长；花丝等长、近等长或略长于花被片，基部 1/6 ~ 1/2 合生成筒状，内轮分离部分的基部扩大，外轮的锥形；子房卵形，腹缝线基部深绿色，不具凹陷的蜜穴。花期 6—7 月，果期 8—9 月。

生　　境 生于向阳山坡或草地上。

▲ 碱韭花序（白色）

▲碱韭植株

分　　布　黑龙江大庆市区、肇东、肇源、杜尔伯特等地。吉林双辽、镇赉、通榆、洮南、长岭等地。内蒙古海拉尔、陈巴尔虎旗、新巴尔虎左旗、新巴尔虎右旗、科尔沁右翼前旗、扎赉特旗、科尔沁右翼中旗、扎鲁特旗、科尔沁左翼后旗、科尔沁左翼中旗、奈曼旗、克什克腾旗、巴林左旗、巴林右旗、喀喇沁旗、翁牛特旗、阿鲁科尔沁旗、宁城、东乌珠穆沁旗、西乌珠穆沁旗等地。河北、山西、宁夏、甘肃、青海、新疆。朝鲜、俄罗斯（西伯利亚）、蒙古。亚洲（中部）。

采　　制　春、秋季采挖鳞茎，剪掉须根，除去泥土，洗净，晒干。果实成熟时采收果实，去掉果皮，除去杂质，获取种子。

性味功效　鳞茎：有温中通阳、理气宽胸的功效。种子：有健胃、消肿、干黄水的功效。

主治用法　用于积食腹胀、消化不良、风寒湿痹、痈疖疔毒、皮肤炭疽等。水煎服。

用　　量　适量。

◎参考文献◎

［1］中国药材公司.中国中药资源志要[M].北京:科学出版社，1994:1367.

［2］江纪武.药用植物辞典[M].天津：天津科学技术出版社，2005:34.

▲碱韭花序（侧）

▲碱韭花序

▲薤白花

▼薤白花（背）

薤白 *Allium macrostemon* Bge.

俗　名　小根蒜　山蒜　野蒜　响头菜　小磨菜　大脑瓜儿　野蒜子根蒜　小姑菜　小山蒜　祥菜

药用部位　百合科薤白的鳞茎。

原植物　多年生草本。鳞茎近球状，基部常具小鳞茎。叶3～5，半圆柱状，中空，上面具沟槽，比花葶短。花葶圆柱状，高30～70 cm，1/4～1/3被叶鞘；总苞2裂，比花序短；伞形花序具多而密集的花，或间具珠芽；小花梗近等长，比花被片长3～5倍，基部具小苞片；珠芽暗紫色；花淡紫色或淡红色；花被片矩圆状卵形至矩圆状披针形，长4.0～5.5 mm，宽1.2～2.0 mm，内轮的常较狭；花丝等长，在基部合生并与花被片贴生，分离部分的基部呈狭三角形扩大，向上收狭成锥形；子房近球状，腹缝线基部具有帘的凹陷蜜穴；花柱伸出花被外。花期6—7月，果期7—8月。

生　境　生于田间、路旁、山野及荒地等处，常聚集成片生长。

分　布　黑龙江黑河、讷河、伊春市区、铁力、勃利、尚志、五常、海林、林口、宁安、东宁、绥芬河、穆棱、木兰、延寿、密山、虎林、饶河、宝清、桦南、汤原、巴彦、通河、方正等地。吉林长白山各地。辽宁本溪、新宾、岫岩、沈阳、鞍山市区、大连、西丰、

▼薤白鳞茎

▲ 薤白花序

▲ 薤白花序（白色）

▼市场上的薤白幼株

▲ 薤白种子

昌图、北镇、兴城、绥中。内蒙古扎赉特旗、科尔沁右翼中旗、扎鲁特旗、科尔沁左翼后旗、科尔沁左翼中旗、克什克腾旗、翁牛特旗、阿鲁科尔沁旗、宁城、东乌珠穆沁旗、西乌珠穆沁旗等地。河北、山西。朝鲜、日本、蒙古、俄罗斯（西伯利亚中东部）。

采　　制　春、秋季采挖鳞茎，洗净，除去须根，蒸透或置沸水中烫透，晒干。

性味功效　味辛、苦，性温。有温中通阳、理气宽胸、散结导滞的功效。

主治用法　用于胸痛、胸闷、干呕、心绞痛、胁肋刺痛、咳嗽、痰饮咳喘、慢性支气管炎、慢性胃炎、胃肠气滞、痢疾、疮疖、泻痢后重、河豚中毒等。水煎服或入丸、散。外用捣敷或捣汁涂。叶：用于疥疮、哮喘等。

用　　量　7.5 ~ 15.0 g（鲜品 50 ~ 100 g）。外用适量。

▲ 薤白植株

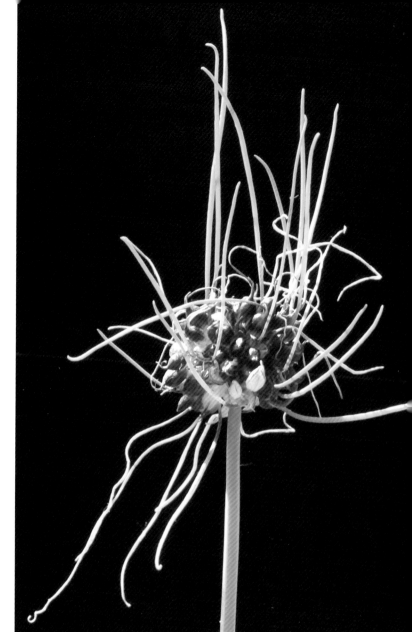

▲ 薤白珠芽

▲ 薤白幼株

附　方

（1）治慢性支气管炎：薤白适量，研粉，每服5g，每日3次，白糖水送下。

（2）治心绞痛：薤白、三棱各30g，赤芍、川芎、红花、延胡索、降香各25g，鸡血藤50g，急性子20g。一日量。制成冲服剂或浸膏内服。又方：薤白、栝楼、郁金、当归、赤芍各15g，丹参50g，生槐花25g，红花7.5g，白檀香2.5g，水煎服。

（3）治慢性痢疾：薤白25g，加小米适量，熬粥食。

（4）治咽喉肿痛：薤白根适量，加醋捣，敷患处，冷即易之。

（5）治食河豚中毒：鲜薤白200g（干品50g），水煎服。

（6）治火伤：鲜薤白根适量，捣烂敷患处。

附　注

（1）本品为《中华人民共和国药典》（2020年版）收录的药材。

（2）在东北有1变种：

密花小根蒜 var. *uratense*〔Franch.〕Airy-Shaw.，伞形花序花多而密，花序间无肉质珠芽。其他

▲ 薤白花（侧）

与原种同。

◎参考文献◎

［1］江苏新医学院 . 中药大辞典（下册）[M]. 上海：上海科学技术出版社，1977:2642-2643.

［2］朱有昌 . 东北药用植物 [M]. 哈尔滨：黑龙江科学技术出版社，1989:132-134.

［3］《全国中草药汇编》编写组 . 全国中草药汇编（上册）[M]. 北京：人民卫生出版社，1975:920-921.

▲市场上的薤白鳞茎

▲市场上的薤白小鳞茎

▲球序韭花序

▲球序韭种子

球序韭 *Allium thunbergii* G. Don

别　　名　　野葱

药用部位　　百合科球序韭的全草。

原 植 物　　多年生草本。鳞茎常单生。叶三棱状条形，中空或基部中空，背面具 1 纵棱，呈龙骨状隆起，短于或略长于花葶，宽 1.5 ~ 5.0 mm。花葶中生，圆柱状，中空，高 30 ~ 70 cm，1/4 ~ 1/2 被疏离的叶鞘；总苞单侧开裂或 2 裂，宿存；伞形花序球状，具多而极密集的花；小花梗近等长，比花被片长 2 ~ 4 倍，基部具小苞片；花红色至紫色；花被片椭圆形至卵状椭圆形，先端钝圆，长 4 ~ 6 mm，宽 2.0 ~ 3.5 mm，外轮舟状，较短；花丝等长，约为花被片长的 1.5 倍，锥形，无齿，仅基部合生并与花被片贴生；子房倒卵状球形，腹缝线基部具有帘的凹陷蜜穴；花柱伸出花被外。花期 8—9 月，果期 9—10 月。

生　　境　　生于草地、湿草地、山坡及林缘等处。

分　　布　　黑龙江大庆、密山、饶河、萝北、宁安等地。吉林抚松、安图、长白、珲春、通化、吉林等地。辽宁鞍山市区、岫岩、庄河、大连市区、西丰、铁岭、宽甸、凤城、桓仁、营口、绥中、北镇、建昌、凌源等地。河北、河南、陕西、山西、山东、江苏。朝鲜、日本、蒙古、俄罗斯（西伯利亚中东部）。

采　　制　　花期季采收全草，除去杂质，洗净，晒干。

性味功效　　有利尿、润肠、清热去烦的功效。

▲球序韭花（侧）

主治用法 用于老人脾胃气弱、饮食不多、羸乏。水煎服。鳞茎：用于理气、散结、止痛。
用　　量 适量。

◎参考文献◎

［1］江纪武.药用植物辞典[M].天津：天津科学技术出版社，2005:35.

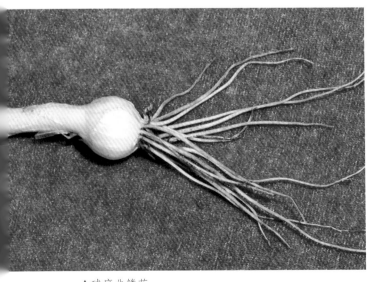

▲球序韭鳞茎

▲球序韭幼株

▲ 球序韭花

▼ 球序韭果实

▼砂韭群落

▲砂韭花序

砂韭 *Allium bidentatum* Fisch. ex Prokh.

| 别　　　名 | 砂葱 双齿葱 |

别　　　名　砂葱 双齿葱

药用部位　百合科砂韭的鳞茎。

原 植 物　多年生草本。鳞茎常紧密地聚生在一起，圆柱状。叶半圆柱状，比花葶短，常仅为其 1/2 长。花葶圆柱状，高 10 ~ 30 cm，下部被叶鞘；总苞 2 裂，宿存；伞形花序半球状，花较多，密集；小花梗近等长，几与花被片等长，基部无小苞片；花红色至淡紫红色；外轮花被片矩圆状卵形至卵形，长 4.0 ~ 5.5 mm，宽 1.5 ~ 2.8 mm，内轮花被片狭矩圆形至椭圆状矩圆形，先端近平截，常具不规则小齿，稍比外轮的长，长 5.0 ~ 6.5 mm，宽 1.5 ~ 3.0 mm；花丝略短于花被片，等长，基部合生并与花被片贴生，内轮的 4/5 扩大成卵状矩圆形，外轮的锥形；子房卵球状，短于花柱。花期 7—8 月，果期 8—9 月。

▼砂韭植株

生　　境　生于向阳山坡及草原上。

分　　布　黑龙江安达、龙江等地。吉林通榆、镇赉、
洮南、白山等地。辽宁建平、海城等地。内蒙古满洲里、
额尔古纳、新巴尔虎左旗、新巴尔虎右旗、牙克石、
克什克腾旗、巴林左旗、巴林右旗、喀喇沁旗、翁牛
特旗、阿鲁科尔沁旗、宁城、东乌珠穆沁旗、西乌珠
穆沁旗等地。河北、山西、新疆。蒙古。

采　　制　春、秋季采挖鳞茎，剪掉须根，除去泥土，
洗净，晒干。

性味功效　有发汗、散寒的功效。

用　　量　适量。

◎参考文献◎

[1] 江纪武. 药用植物辞典 [M]. 天津：天津科学技
术出版社，2005:33.

▲砂韭花序（背）

▲ 天蓝韭花序

▲ 天蓝韭花序（侧）

▲ 天蓝韭植株

天蓝韭 *Allium cyaneum* Regel

药用部位　百合科天蓝韭的全草。

原植物　多年生草本。鳞茎数枚聚生，圆柱状。叶半圆柱状，上面具沟槽，比花葶短或超过花葶，宽 1.5 ~ 4.0 mm。花葶圆柱状，高 10 ~ 45 cm，常在下部被叶鞘；总苞单侧开裂或 2 裂，比花序短；伞形花序近扫帚状，有时半球状，少花或多花，常疏散；小花梗与花被片等长或长为其 2 倍，稀更长，基部无小苞片；花天蓝色；花被片卵形，或矩圆状卵形，长 4.0 ~ 6.5 mm，宽 2 ~ 3 mm，稀更长或更宽，内轮的稍长；花丝等长，从比花被片长 1/3 直到比其长 1 倍，常为花被片长度的 1.5 倍，仅基部合生并与花被片贴生，内轮的基部扩大，外轮的锥形；子房近球状，花柱伸出花被外。花期 7—8 月，果期 8—9 月。

生　境　生于高山冻原带及亚高山岳桦林下及林缘等处。

分　布　吉林长白、抚松、安图等地。内蒙古科尔沁右翼前旗、克什克腾旗、喀喇沁旗、宁城等地。陕西、湖北、四川、宁夏、甘肃、青海、西藏。朝鲜。

采　制　夏、秋季采收全草，除去杂质，洗净，晒干。

性味功效　有祛风散寒、发汗、通阳、健胃的功效。

主治用法　用于风寒腹痛、肢冷脉微、跌打损伤等。水煎服。

用　量　适量。

◎参考文献◎

［1］中国药材公司. 中国中药资源志要 [M]. 北京：科学出版社，1994:1365.
［2］江纪武. 药用植物辞典 [M]. 天津：天津科学技术出版社，2005:34.

▲山韭群落

山韭 *Allium senescens* L.

别 名	岩葱
俗 名	山葱
药用部位	百合科山韭的叶。

原植物　多年生草本。具粗壮的横生根状茎。鳞茎单生或数枚聚生。叶狭条形至宽条形，肥厚，基部近半圆柱状，上部扁平，有时略呈镰状弯曲，短于或稍长于花葶。花葶圆柱状，常具2纵棱，高 10 ~ 65 cm，下部被叶鞘；总苞2裂，宿存；伞形花序半球状至近球状，具多而稍密集的花；小花梗近等长，比花被片长 2 ~ 4 倍，基部具小苞片；花紫红色至淡紫色；花被片长 3.2 ~ 6.0 mm，宽 1.6 ~ 2.5 mm，内轮的矩圆状卵形至卵形，外轮的卵形，舟状，略短；花丝等长，仅基部合生并与花被片贴生，内轮的扩大成披针状狭三角形，外轮的锥形；子房基部无凹陷的蜜穴。花期7—8月，果期8—9月。

生 境　生于干燥的石质山坡、林缘、荒地、路旁等处。

分 布　黑龙江黑河、伊春、哈尔滨、萝北、泰来、克山、密山、虎林、牡丹江、齐齐哈尔市区等地。吉林白山、蛟河、安图、抚松、敦化、柳河、临江、长春、前郭、通榆、镇赉、长岭等地。辽宁沈阳、大连市区、庄河、开原、北镇、彰武等地。内蒙古额尔古纳、根河、

▼山韭鳞茎

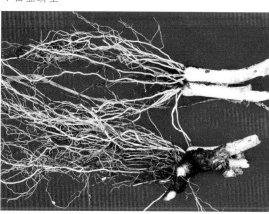

▼山韭幼株

▲ 山韭花

▲ 山韭花序

▼ 山韭果实

▲ 山韭种子

牙克石、鄂伦春旗、新巴尔虎左旗、新巴尔虎右旗、突泉、科尔沁右翼前旗、翁牛特旗、巴林右旗、阿鲁科尔沁旗、克什克腾旗、东乌珠穆沁旗、西乌珠穆沁旗、阿巴嘎旗、苏尼特左旗、苏尼特右旗等地。河北、河南、山西、甘肃、新疆。朝鲜、俄罗斯、蒙古。亚洲（中部）、欧洲。

采　　制　夏、秋季采摘叶，除去杂质，洗净，晒干。

性味功效　味咸、涩，性寒。有温中行气的功效。

主治用法　用于脾胃虚弱、饮食不佳、脘腹胀满、羸乏及脾胃不足之腹泻、尿频数等。水煎服。

用　　量　适量。

附　　注　鳞茎有抗菌消炎的作用。

◎参考文献◎

［1］江苏新医学院. 中药大辞典（上册）[M]. 上海：上海科学技术出版社，1977:169.

［2］江纪武. 药用植物辞典 [M]. 天津：天津科学技术出版社，2005:35.

▲ 山韭植株

▲长梗韭居群

▼长梗韭花

长梗韭 *Allium neriniflorum*（Herb.）Baker

别　　名　长梗葱
俗　　名　野葱
药用部位　百合科长梗韭的鳞茎。
原 植 物　多年生草本。植株无葱蒜气味。鳞茎单生，卵球状至近球状。叶圆柱状或近半圆柱状，具纵棱，沿纵棱具细糙齿，等长或长于花葶，宽 1～3 mm。花葶圆柱状，高 15～30 cm，下部被叶鞘；总苞单侧开裂，宿存；伞形花序疏散；小花梗不等长，长4.5～11.0 cm，基部具小苞片；花红色至紫红色；花被片长 7～10 mm，基部互相靠合成管状，分离部分星状开展，卵状矩圆形、狭卵形或倒卵状矩圆形，先端钝或具短尖头，内轮的常稍长而宽；花丝约为花被片长的 1/2，基部合生并与靠合的花被管贴生；子房圆锥状球形，每室 6～8 胚珠；花柱常与子房近等长；柱头 3 裂。花期 7—8 月，果期 8—9 月。
生　　境　生于山坡、湿地、草地或海边沙地等处。
分　　布　黑龙江齐齐哈尔、杜尔伯特、大庆市区、肇东等地。吉林安图、和龙、临江、前郭、通榆、镇赉、长岭等地。辽宁沈阳、大连、盖州、兴城、北镇、彰武等地。内蒙古扎赉特旗、巴林右旗、克什克腾旗、巴林左旗、喀喇沁旗、翁牛特旗、阿鲁科尔沁旗、宁城、东乌珠穆沁旗、西乌珠穆沁旗等地。河北。朝鲜、俄罗斯、蒙古。

采　制　春、秋季采挖鳞茎,剪掉须根,除去泥土,洗净,晒干。

性味功效　味辛、苦,性温。有通阳散结、下气的功效。

主治用法　用于胸闷刺痛、心绞痛、泻痢后重、慢性气管炎、咳嗽痰多、河豚中毒等。水煎服。外用捣烂敷患处。

用　量　5～15 g(鲜品50～100 g)。外用适量。

附　注　在部分地区被当作薤白使用。

▲长梗韭植株

▲长梗韭种子

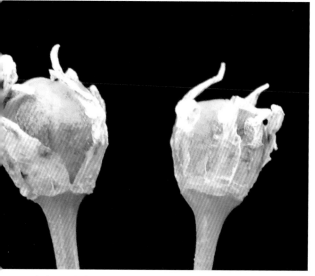

▲长梗韭果实

▲长梗韭鳞茎

▲长梗韭花（背）

◎参考文献◎

[1]钱信忠.中国本草彩色图鉴（第一卷）[M].北京：人民卫生出版社，2003:531-532.
[2]江纪武.药用植物辞典[M].天津：天津科学技术出版社，2005:34.

▲长梗韭花（白色）

▲长梗韭花（淡粉色）

▼ 蒙古韭植株

▼ 市场上的蒙古韭幼株

蒙古韭 *Allium mongolicum* Regel

别　　　名	蒙古葱
俗　　　名	沙葱　砂葱
药 用 部 位	百合科蒙古韭的全草。
原 植 物	多年生草本。鳞茎密集丛生，圆

柱状；鳞茎外皮褐黄色，破裂成纤维状，呈
松散纤维状。叶半圆柱状至圆柱状，比花
葶短，粗 0.5 ～ 1.5 cm。花葶圆柱状，高
10 ～ 30 cm，下部被叶鞘；总苞单侧开裂，
宿存；伞形花序半球状至球状，具多而通常密
集的花；小花梗近等长，从与花被片近等长直
到比其长 1 倍，基部无小苞片；花淡红色、
淡紫色至紫红色，大；花被片卵状矩圆形，长

▲蒙古韭花序

▼蒙古韭幼株

▼蒙古韭花序（背）

6 ~ 9 mm，宽 3 ~ 5 mm，先端钝圆，内轮的常比外轮的长；花丝近等长，为花被片长度的 1/2 ~ 2/3，基部合生并与花被片贴生，内轮的基部约 1/2 扩大成卵形，外轮的锥形；子房倒卵状球形；花柱略比子房长，不伸出花被外。花期 6—7 月，果期 8—9 月。

生　　境　生于荒漠草原及荒漠地带沙地和干旱山坡等处。

分　　布　辽宁彰武。内蒙古额尔古纳、陈巴尔虎旗、新巴尔虎左旗、新巴尔虎右旗、科尔沁右翼前旗、克什克腾旗、东乌珠穆沁旗、西乌珠穆沁旗、阿巴嘎旗、苏尼特左旗、苏尼特右旗等地。河北、山西、宁夏、甘肃、青海、新疆。俄罗斯（西伯利亚）、蒙古。

采　　制　夏、秋季采收全草，除去杂质，洗净，晒干。

性味功效　有温中壮阳的功效。

用　　量　适量。

◎参考文献◎

［1］朱有昌.东北药用植物 [M].哈尔滨:黑龙江科学技术出版社，1989：35.

▲ 知母居群

知母属 *Anemarrhena* Bge.

知母 *Anemarrhena asphodeloides* Bge.

别　名　兔油子草

俗　名　蒜瓣子草　倒根草　木梳草　山韭菜　蒜苗草　羊胡子根　兔子油草根　兔子拐棍　大芦草　大芦水　地参　妈妈草　刘小脚

药用部位　百合科知母的干燥根状茎。

原植物　多年生草本。根状茎为残存的叶鞘所覆盖，横生于地面，下生多数须根。叶基生，丛出，线形，长 15 ～ 70 cm，宽 3 ～ 6 mm，质稍硬，基部扩大成鞘状。花茎直立，高 50 ～ 80 cm，上生有鳞片状小苞叶，穗状花序稀疏而狭长，花常 2 ～ 3 簇生，无花梗或有很短的花梗；花绿色或堇色；花被片 6，宿存，排成 2 轮，长圆形，长 7 ～ 8 mm，有 3 条淡紫色纵脉；雄蕊 3，比花被片短，贴生于

▲ 知母植株

▲ 知母花序

内轮花被片的中部，花丝很短，具丁字药；子房近圆形，3室，花柱长2mm。蒴果长卵形，长8～13mm，宽5～6mm，顶端有短喙，成熟时沿腹缝上方开裂，每室含1～2粒种子。花期6—7月，果期8—9月。

生　境　生于山坡、林缘、路旁及草地等处。

分　布　黑龙江哈尔滨、大庆市区、肇东、肇州、肇源、杜尔伯特、龙江、富裕、绥化、青冈、兰西、宁安、讷河、嫩江等地。吉林镇赉、通榆、前郭、长岭、大安、洮南、乾安、双辽、白山等地。辽宁大连市区、盖州、营口市区、北镇、彰武、义县、凌海、绥中、兴城、葫芦岛市区、凌源、建平、建昌、朝阳、锦州市区、海城、辽阳、庄河、丹东市区、宽甸、桓仁、本溪、岫岩、清原、抚顺、昌图、法库、铁岭、开原等地。内蒙古莫力达瓦旗、科尔沁右翼前旗、扎赉特旗、库伦旗、翁牛特旗、克什克腾旗、巴林左旗、巴林右旗、喀喇沁旗、阿鲁科尔沁旗、宁城、东乌珠穆沁旗、西乌珠穆沁旗、阿巴嘎旗、苏尼特右旗、苏尼特左旗等地。河北、山西、河南、山东、陕西、甘肃。俄罗斯、蒙古。

采　制　春、秋季采挖根状茎，去掉须根和泥沙，晒干，俗称"毛知母"；除去外皮，晒干，俗称"知母肉"。切片生用，或盐水炙用。

性味功效　味苦、甘，性寒。有清热除烦、清肺润燥、滋阴降火的功效。

▲ 知母根状茎

▲ 知母种子

主治用法 用于外感热病、高热烦渴、骨蒸潮热、内热消渴、怀胎蕴热、胎动不安、肠燥便秘、糖尿病及小便不利等。水煎服或入丸、散。

用　量 10～25 g。

附　方

（1）治糖尿病口渴：知母、天花粉、麦门冬各 20 g，黄连 7.5 g。水煎服。

（2）治慢性支气管炎（热型）：知母、黄芩、桑白皮、茯苓、麦门冬各 15 g，桔梗、生甘草各 5 g。水煎服。

（3）治阴虚火盛、潮热盗汗、慢性肾炎、水肿：知母、黄檗、山药、茯苓各 15 g，熟地黄 25 g，山茱萸、牡丹皮、泽泻各 10 g。水煎服。

（4）治气虚劳伤、面黄肌瘦、气怯神离、动作倦怠、上午咳嗽烦热及下午身凉气爽、脉数有热：知母、黄檗各 15 g，人参 10 g，麦门冬 25 g，广皮 5 g，甘草 2.5 g。水煎服。

（5）治糖尿病：生山药 50 g，生黄芪 25 g，知母 30 g，生鸡内金（捣细）10 g，葛根 7.5 g，五味子 15 g，天花粉 15 g。水煎服。

（6）治肺结核、咳嗽带痰：知母、贝母各 15 g。水煎服。或上方各用 15 g，研末，每服 10 g，每日 2 次，开水送服。

附　注 本品为《中华人民共和国药典》（2020 年版）收录的药材。

◎参考文献◎

［1］江苏新医学院.中药大辞典（上册）[M].上海：上海科学技术出版社，1977:1366-1369.

［2］朱有昌.东北药用植物 [M].哈尔滨：黑龙江科学技术出版社，1989:136-138.

［3］《全国中草药汇编》编写组.全国中草药汇编（上册）[M].北京：人民卫生出版社，1975:545-546.

▲知母花

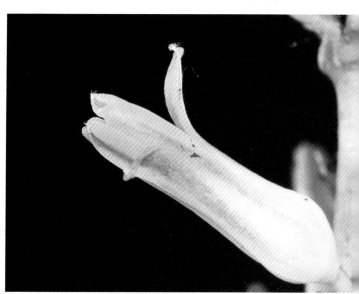

▲知母花（淡黄色）

▲知母果实

▼ 龙须菜根

▼ 市场上的龙须菜幼苗

天门冬属 *Aspargagus* L.

龙须菜 *Aspargagus schoberioides* Kunth.

别　　名	雉隐天冬
俗　　名	山苞米

药用部位　百合科龙须菜的根、根状茎及全草。

原植物　多年生直立草本，高 60～100 cm。根稍肉质，细长，粗 2～3 mm。茎直立，圆柱形，上部和分枝有纵棱，分枝有时有极狭长的翅。叶状枝窄条形，镰刀状，通常每 3～7 枚成簇，基部近锐三棱形，上部扁平，长 1.0～1.4 cm，宽 0.5～1.0 mm；叶鳞片状，近披针形，基部无刺。花单性，雌雄异株，黄绿色，2～4 朵腋生；花梗极短，长 0.5～1.0 mm，顶部具关节；雄花花被片 6，长圆形，长 2.0～2.5 mm，先端具齿，雄蕊 6，3 长 3 短稍短于花被片，花丝狭三角形，长约 1.5 mm，花药椭圆形；雌花与雄花近等大，有 6 枚退化的雄蕊。浆果球形，果柄不显著，熟时红色。花期 6—7 月，果期 8—9 月。

生境　生于林下、林缘及灌丛中。

分布　黑龙江黑河、牡丹江、尚志、宁安、哈尔滨市区、伊春、依兰、密山、饶河等地。吉林长白山各地。辽宁本溪、

▼龙须菜花（侧）

▲龙须菜花

龙须菜种子

清原、凤城、沈阳、大连、北镇等地。内蒙古鄂伦春旗、鄂温克旗、宁城、东乌珠穆沁旗、西乌珠穆沁旗等地。河北、河南、山东、山西、陕西、甘肃。朝鲜、俄罗斯（西伯利亚）、日本。

采　制　春、秋季采挖根及根茎，剪掉须根，除去泥土，洗净，晒干。夏、秋季采收全草，除去杂质，切段，洗净，晒干。

性味功效　根、根状茎有润肺降气、下痰止咳的功效。全草：有止血利尿的功效。

主治用法　根、根状茎：用于肺实喘满、咳嗽多痰、胃脘疼痛。水煎服。全草：用于肾炎水肿、尿血等。水煎服。

▲龙须菜幼苗

▲龙须菜幼株

用　　量　根、根状茎：适量。全草：10～15 g。

◎参考文献◎

［1］中国药材公司.中国中药资源志要[M].北京：科学出版社，1994:1371.

［2］江纪武.药用植物辞典[M].天津：天津科学技术出版社，2005:82.

▲龙须菜植株

▲ 兴安天门冬果实（红色）

兴安天门冬 *Asparagus dauricus* Fisch. ex Link

别　　名　山天冬
俗　　名　山苞米
药用部位　百合科兴安天门冬的根及全草。

▲ 兴安天门冬花

原植物　多年生直立草本，高 30 ~ 70 cm。根细长，粗约 2 mm。茎和分枝有条纹，有时幼枝具软骨质齿。叶状枝每 1 ~ 6 枚成簇，通常全部斜立，和分枝交成锐角，很少兼有平展和下倾的，稍扁的圆柱形，略有几条不明显的钝棱，长 1 ~ 5 cm，粗约 0.6 mm，伸直或稍弧曲，有时有软骨质齿；鳞片状叶基部无刺。花每 2 朵腋生，黄绿色；雄花花梗长 3 ~ 5 mm，和花被近等长，关节位于近中部；花丝大部分贴生于花被片上，离生部分很短，只有花药一半长；雌花极小，花被长约 1.5 mm，短于花梗，花梗关节位于上部。浆果直径 6 ~ 7 mm，有 2 ~ 6 颗种子。花期 5—6 月，果期 7—9 月。

生　境　生于沙丘、多沙山坡或干燥土丘上。

分　布　黑龙大庆、肇东、富裕、宁安、海林等地。吉林镇赉、通榆、洮南、长岭、蛟河等地。辽宁锦州市区、北镇、义县、长海、大连市区、盖州、建昌、凌源、彰武等地。内蒙古额尔古纳、根河、牙克石、扎兰屯、科尔沁右翼前旗、扎鲁特旗、科尔沁右翼中旗、扎赉特旗、科尔沁左翼中旗、克什克腾旗、翁牛特旗、东乌珠穆沁旗、西乌珠穆沁旗、阿巴嘎旗、苏尼特左旗、苏尼特右旗等地。河北、山东、山西、陕西、江苏。朝鲜、俄罗斯、蒙古。

采　制　春、秋季采挖根，剪掉须根，除去泥土，洗净，晒干。夏、秋季采收全草，除去杂质，切段，洗净，晒干。

性味功效　根：有利尿的功效。全草：有舒筋活血的功效。

主治用法　根：用于小便不利等。水煎服。全草：用于月经不调。水煎服。

用　量　适量。

◎参考文献◎

［1］中国药材公司.中国中药资源志要[M].
　　北京：科学出版社，1994:1370.
［2］江纪武.药用植物辞典[M].天津：天
　　津科学技术出版社，2005:81.

▲兴安天门冬植株

▲兴安天门冬果实（橙色）

▲兴安天门冬花（侧）

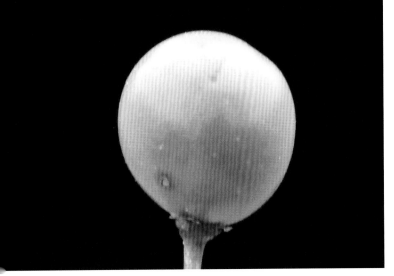

▲曲枝天门冬果实

▲曲枝天门冬植株

曲枝天门冬 *Asparagus trichophyllus* Bge.

药用部位 百合科曲枝天门冬的根（入药称"曲枝门冬"）。

原 植 物 多年生草本，高60～100cm。茎平滑，中部至上部强烈迥折状，有时上部疏生软骨质齿；分枝先下弯而后上升，靠近基部这一段形成强烈弧曲。叶状枝通常每5～8枚成簇，刚毛状，略有4～5棱，稍弧曲，长7～18mm，粗0.2～0.4mm，通常稍贴伏于小枝上，有时稍具软骨质齿；茎上的鳞片状叶基部有长1～3mm的刺状距，极少成为硬刺，分枝上的距不明显。花每2朵腋生，绿黄色而稍带紫色；花梗长12～16mm，关节位于近中部，雄花花被长6～8mm；花丝中部以下贴生于花被片上；雌花较小，花被长2.5～3.5mm。浆果直径6～7mm，熟时红色，有3～5颗种子。花期5月，果期7月。

生　境 生于山地、路旁、田边及荒地上。

分　布 辽宁凌源、建平等地。内蒙古正蓝旗、正镶白旗、镶黄旗等地。河北、山西。俄罗斯、蒙古。

采　制 春、秋季采挖根，剪掉须根，除去泥土，洗净，晒干。夏、秋季采收全草，除去杂质，切段，洗净，晒干。

性味功效 味甘、微苦，性凉。有祛风除湿的功效。

主治用法 用于风湿性腰腿痛、局部性水肿、疮疖红肿、渗出性皮炎、疔疮红肿等。水煎服。外用研末调敷。

用　量 9～12g。外用适量。

◎参考文献◎

［1］钱信忠.中国本草彩色图鉴(第二卷)[M].北京：人民卫生出版社，2003:402-403.

［2］中国药材公司.中国中药资源志要[M].北京：科学出版社，1994:1371-1372.

［3］江纪武.药用植物辞典[M].天津：天津科学技术出版社，2005:82.

南玉带 *Asparagus oligoclonos* Maxim.

别　　名	南玉帚　南龙须菜
俗　　名	山苞米
药用部位	百合科南玉带的根。

原 植 物　多年生草本，高 40 ～ 80 cm。根稍肉质。茎平滑或稍具条纹，坚挺，上部不俯垂。叶状枝长而直，通常每 5 ～ 12 枚成簇，近扁圆柱形，表面略具 3 棱，棱上有时有软骨质齿，直伸或稍弧曲，长 1 ～ 3 cm，粗约 0.5 mm。叶鳞片状，基部有短距或不明显，极少具短刺。花每 1 ～ 2 朵腋生，黄绿色，单性，雌雄异株；花梗较长，1.5 ～ 2.5 cm，少有较短的，关节位于近中部或上部；雄花花被片 6，长 6 ～ 9 mm，宽约 2 mm；花丝全长的 3/4 贴生于花被片上；花药长圆形；雄蕊 6，花丝大部分贴生于花被片上；雌花较小，花被片 6，长约 3 mm，具 6 枚退化雄蕊。花期 5—6 月，果期 7—8 月。

生　　境　生于杂木林下、林缘、草原及灌丛中。

分　　布　黑龙江牡丹江市区、宁安、海林、密山、虎林等地。吉林长白山各地及西部草原。辽宁沈阳、本溪、鞍山、丹东市区、凤城、盖州、大连、清原、西丰、北镇、建平等地。内蒙古牙克石、扎兰屯、科尔沁右翼前旗、扎鲁特旗、克什克腾旗、东乌珠穆沁旗、西乌珠穆沁旗等地。河北、河南、山东。朝鲜、俄罗斯（西伯利亚中东部）、日本。

▲ 南玉带花（侧）

▲ 南玉带花

▲ 南玉带果实

▲ 南玉带幼株

▲ 南玉带根

▲ 市场上的南玉带幼苗

采　　制	春、秋季采挖根，剪掉须根，除去泥土，洗净，晒干。
性味功效	有清热解毒、止咳平喘、利尿的功效。
用　　量	适量。

◎参考文献◎

［1］中国药材公司.中国中药资源志要[M].北京：科学出版社，1994:1371.

［2］江纪武.药用植物辞典[M].天津：天津科学技术出版社，2005:82.

▼ 南玉带种子

▲ 南玉带幼苗

▲ 南玉带植株

▲攀援天门冬果实（后期）

攀援天门冬 *Asparagus brachyphyllus* Turcz.

别 名	海滨天冬
俗 名	山苞米
药用部位	百合科攀援天门冬的块根。

原植物　攀援植物。块根肉质，近圆柱状，粗 7～15 mm。茎近平滑，长 20～100 cm，分枝具纵凸纹，通常有软骨质齿。叶状枝每 4～10 枚成簇，近扁的圆柱形，略有几条棱，伸直或弧曲，长 4～20 mm，粗约 0.5 mm，有软骨质齿，较少齿不明显；鳞片状叶基部有长 1～2 mm 的刺状短距，有时距不明显。花通常每 2～4 朵腋生，淡紫褐色；花梗长 3～6 mm，关节位于近中部；雄花花被长 7 mm；花丝中部以下贴生于花被片上；雌花较小，花被长约 3 mm。浆果直径 6～7 mm，熟时红色，通常有 4～5 颗种子。花期 5—6 月，果期 8 月。

生　境　生于山坡、田边及灌丛中。

分　布　吉林通榆、乾安、洮南等地。辽宁大连。河北、山西、陕西、宁夏。朝鲜。

采　制　春、秋季采挖块根，剪掉须根，除去泥土，洗净，晒干

性味功效　味苦，性温。有祛风除湿、清热解毒、润肺止咳、滋补、抗衰老、排脓、生肌、敛疮拔毒的功效。

主治用法　用于风湿性腰背关节痛、局部性水肿、瘙痒性渗出性皮肤病。水煎服。外用煎水洗。

用　量　6～9 g。外用适量。

◎参考文献◎

［1］钱信忠.中国本草彩色图鉴（第五卷）[M].北京：人民卫生出版社，2003:541−542.

［2］中国药材公司.中国中药资源志要 [M].北京：科学出版社，1994:1369.

［3］江纪武.药用植物辞典 [M].天津：天津科学技术出版社，2005:81.

▲攀援天门冬果实（前期）

▼攀援天门冬植株

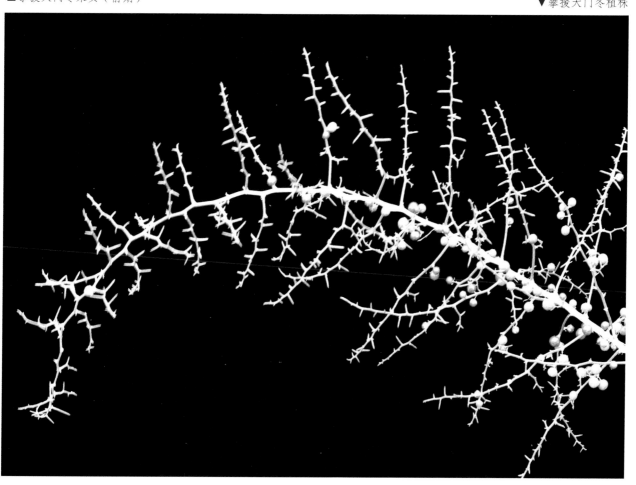

戈壁天门冬 *Asparagus gobicus* Ivan. ex Grubov

药用部位 百合科戈壁天门冬的全草。

原植物 半灌木。具根状茎。须根细长，直径 1.5 ~ 2.0 mm。茎坚挺，下部直立，高 15 ~ 45 cm；茎上部通常迴折状，中部具纵向剥离的白色薄膜，分枝常强烈迴折状，略具纵凸纹，疏生软骨质齿。叶状枝每 3 ~ 8 枚成簇，通常下倾或平展，和分枝交成钝角，近圆柱形，略有几条不明显的钝棱，长 0.5 ~ 2.5 cm，粗 0.8 ~ 1.0 mm，较刚硬。鳞片状叶基部具短距，无硬刺。花每 1 ~ 2 朵腋生；花梗长 2 ~ 4 mm，关节位于近中部或上部；雄花花被长 5 ~ 7 mm；花丝中部以下贴生于花被片上；雌花略小于雄花。浆果直径 5 ~ 7 mm，熟时红色，有 3 ~ 5 颗种子。花期 5—6 月，果期 6—8 月。

生　境 生于固定沙丘、石质山坡及戈壁滩等处。

分　布 内蒙古苏尼特左旗、苏尼特右旗、二连浩特等地。陕西、宁夏、甘肃、青海。蒙古。

采　制 夏、秋季采收全草，洗净，晒干。

性味功效 有祛风、杀虫、止痒的功能。

主治用法 用于神经性皮炎、牛皮癣、疮疖痈肿、痄腮等。水煎服。也可外用。

用　量 适量。

▲戈壁天门冬雌花

▲戈壁天门冬雄花

▲戈壁天门冬雌花（侧）

▲戈壁天门冬雄花（侧）

◎参考文献◎

［1］江纪武．药用植物辞典[M].天津：天津科学技术出版社，2005:81.

▲ 七筋姑植株

▼ 七筋姑花

七筋姑属 *Clintonia* Raf.

七筋姑 *Clintonia udensis* Trautv. et Mey.

别　　名 蓝果七筋姑

药用部位 百合科七筋姑的全草及根（入药称"雷公七"）。

原 植 物 多年生草本。叶3～4，椭圆形或倒披针形，长8～25 cm，宽3～16 cm，基部呈鞘状抱茎或后期伸长成柄状。花葶密生白色短柔毛，长10～20 cm，果期伸长可达60 cm；总状花序有花3～12，花梗初期长约1 cm，后来伸长可达7 cm；苞片披针形，密

▲七筋姑种子

▲七筋姑植株（侧）

▼七筋姑花（侧）

生柔毛，早落；花白色，少有淡蓝色；花被片矩圆形，长 7 ～ 12 mm，宽 3 ～ 4 mm，先端钝圆，外面有微毛，具脉 5 ～ 7；花药长1.5 ～ 2.0 mm，花丝长 3 ～ 7 mm；子房长约3 mm，花柱连同浅 3 裂的柱头长 3 ～ 5 mm。果实球形至矩圆形，长 7 ～ 14 mm，宽7 ～ 10 mm，自顶端至中部沿背缝线呈蒴果状开裂，每室有种子 6 ～ 12。花期 5—6 月，果期 8—9 月。

生　境　生于山地针阔混交林及针叶林下、林缘等处。

分　布　黑龙江伊春、尚志、五常、密山、虎林、海林等地。吉林长白、抚松、安图、临江、

▲ 七筋姑花序

▲ 七筋姑果实（后期）　　　　　　　　▲ 七筋姑果实（前期）

▲ 七筋姑花序

▲七筋姑幼苗

靖宇、辉南、柳河、集安等地。辽宁本溪、桓仁、丹东市区、凤城等地。河北、河南、山西、湖北、陕西、甘肃、四川、云南、西藏。朝鲜、俄罗斯（西伯利亚）、日本、不丹、印度。

采　　制　夏、秋季采收全草，除去杂质，切段，洗净，晒干。春、秋季采挖根，除去泥土，洗净，晒干。

性味功效　味苦、微辛，性凉。有小毒。有祛风、败毒、散瘀、止痛的功效。

主治用法　用于跌打损伤、劳伤、疮疡肿毒、秃发症。水煎服。

用　　量　5～10 g。

◎参考文献◎

［1］江苏新医学院. 中药大辞典（下册）[M]. 上海：上海科学技术出版社，1977:2649.

［2］朱有昌. 东北药用植物 [M]. 哈尔滨：黑龙江科学技术出版社，1989:138-139.

［3］中国药材公司. 中国中药资源志要 [M]. 北京：科学出版社，1994:1375.

▲七筋姑幼株

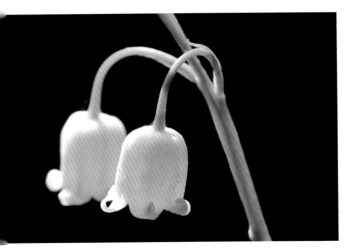

▲铃兰花（侧）

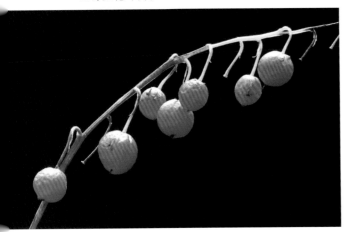

▲铃兰果实

铃兰属 *Convallaria* L.

铃兰 *Convallaria majalis* L.

别　　名　草玉铃

俗　　名　香水花　铃铛花　藜芦花　鹿铃　鹿铃草　香草　小芦玲　草玉兰　扫帚糜子　糜子草　糜子菜　芦藜　小芦藜　山苞米

药用部位　百合科铃兰的根及全草。

原 植 物　多年生草本，植株高 20 ~ 40 cm。叶通常2，叶片椭圆形或卵状披针形，长 10 ~ 18 cm，宽4 ~ 11 cm，具弧形脉，叶柄长 10 ~ 20 cm，呈鞘状互相抱着，基部有数枚鞘状的膜质鳞片。花葶由鳞片腋生出；花葶高 15 ~ 30 cm，稍外弯；苞片披针形，短于花梗；总状花序偏侧生，具花 6 ~ 10；苞片披针形，膜质；花梗长 1.0 ~ 1.5 cm；花白色，短钟状，

▲铃兰幼株居群

芳香，长 0.6 ~ 0.7 cm，直径约 1 cm，下垂；花被
顶端 6 浅裂，裂片卵状三角形，先端锐尖，有 1 脉；
花丝稍短于花药，向基部扩大；雄蕊 6，花丝短，花
药黄色，近矩圆形；雌蕊 1，子房卵球形，3 室，花
柱柱状，柱头小。花期 5—6 月，果期 7—8 月。

生　境　生于腐殖质肥沃的山地林下、林缘灌丛
及沟边等处，常聚集成片生长。

分　布　黑龙江漠河、塔河、呼玛、黑河、讷河、
伊春市区、铁力、勃利、尚志、五常、海林、林口、
宁安、东宁、绥芬河、穆棱、木兰、延寿、密山、
虎林、饶河、宝清、佳木斯市区、桦南、汤原、巴彦、
通河、方正等地。吉林长白山各地。辽宁丹东市区、
宽甸、凤城、本溪、新宾、岫岩、鞍山市区、西丰、
昌图、北镇等地。内蒙古额尔古纳、根河、牙克石、
鄂伦春旗、阿尔山、科尔沁右翼前旗、阿鲁科尔沁旗、
克什克腾旗等地。河北、河南、浙江、山东、浙江、
山西、湖南、陕西、宁夏、甘肃。朝鲜、俄罗斯、日本。
欧洲、北美洲。

▲铃兰幼苗

▲铃兰幼株

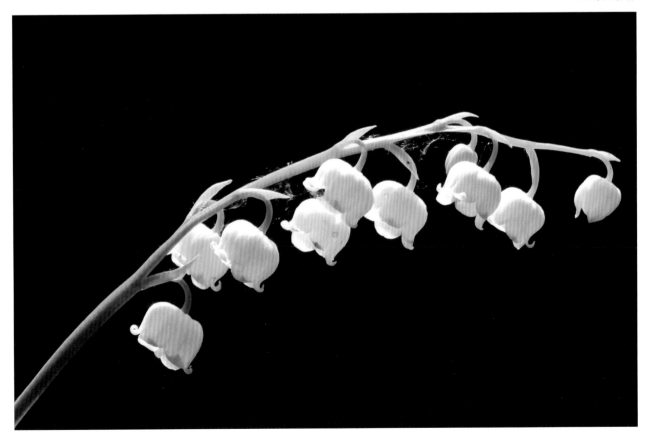

▲铃兰花序

▼铃兰根　　　　　　　　　　　　　　　　　▲铃兰花

采　制　春、秋季采挖根，除去泥土，洗净，晒干。夏、秋季采收全草，除去杂质，切段，洗净，晒干。

性味功效　味苦，性温。有毒。有强心利尿、温阳利水、活血祛风的功效。

主治用法　用于心力衰竭、风湿性心脏病、阵发性心动过速、紫癜、水肿、劳伤、崩漏、带下病、克山病、跌打损伤等。水煎服或研粉冲。外用煎水洗或烧灰研粉调敷。本品有毒，患有急性心肌炎、心内膜炎疾病的人勿用。

用　量　5～15 g。研粉冲：1 g。外用适量。

附　方

（1）治充血性心力衰竭和由高血压及肾炎等所致的左心衰竭：质量分数为 10% 的铃兰酊剂，口服，每日 4 次，每次 1 ml；连服 3 d 后改为维持量，每日服 1 ml。又可用铃兰毒苷注射液，每日 1 次 0.05～0.10 mg，用质量分数为 20%～25% 的葡萄糖注射液稀释后，由静脉缓慢注入。成人饱和量为 0.2～0.3 mg，饱和量最好分 2～3 次投给，总量达 0.4 mg 时作用显著。维持量为 0.05～0.10 mg。克山病用本品易诱发室性期前收缩，应用较小剂量，每日 0.05～0.10 mg 可收到比较满意的疗效。本品使用过量，病人心脏可出现房室及室内传导阻滞，病人又无自觉不适，故不易发现。应用本品时要特别注意心律变化，每次用药前常规观察心律及脉搏。其他注意事项与一般强心剂同。本品不良反应较洋地黄小，仅个别患者出现恶心、呕吐，

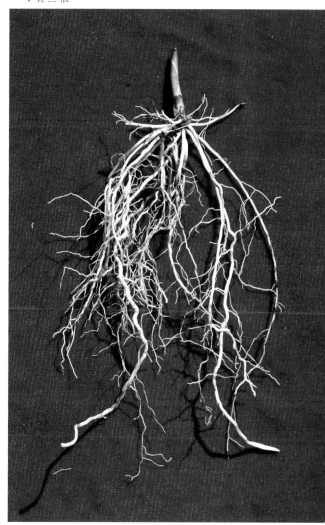

▲铃兰植株（3叶）

▲铃兰种子

或有头昏、心悸难受等症状发生，此时应注意观察，可不必停药。

（2）治紫癜：铃兰适量，烧灰研粉，菜油调涂。

（3）治丹毒：铃兰50 g，煎水外洗。

◎参考文献◎

[1] 江苏新医学院.中药大辞典（下册）[M].上海：上海科学技术出版社，1977:1866-1867.

[2] 朱有昌.东北药用植物 [M].哈尔滨：黑龙江科学技术出版社，1989:139-141.

[3] 《全国中草药汇编》编写组.全国中草药汇编（上册）[M].北京：人民卫生出版社，1975:705-706.

▲宝珠草居群

万寿竹属 *Disporum* Salisb.

宝珠草 *Disporum viridescens*（Maxim.）Nakai

别　　名　绿宝铎草
药用部位　百合科宝珠草的干燥根。
原 植 物　多年生草本，高 30 ~ 80 cm。根状茎短，通常有长匍匐茎。根多且较细。茎直立，光滑，下部数节具白色膜质的鞘，有时分枝。叶纸质，椭圆形至卵状矩圆形，长 5 ~ 12 cm，宽 2 ~ 5 cm，先端短渐尖或有短尖头，横脉明显，下面脉上和边缘稍粗糙，基部收狭成短柄或近无柄。花漏斗状，淡绿色，1 ~ 2 朵生于茎或枝的顶端；花梗长 1.5 ~ 2.5 cm；花被片 6，张开，矩圆状披针形，长 15 ~ 20 mm，宽 3 ~ 4 mm，脉纹明显，先端尖，基部囊状；雄蕊 6，花药长 3 ~ 4 mm，与花丝近等长；花柱长 3 ~ 4 mm，柱头 3 裂，向外弯卷，子房与花柱等长或稍短。浆果球形，黑色。花期 5—6 月，果期 8—9 月。
生　　境　生于林下、林缘、灌丛及山坡草地等处。
分　　布　黑龙江伊春市区、铁力、尚志、五常、宁安、密山、

▼宝珠草花（侧）

▼宝珠草花

▲ 宝珠草幼苗

▲ 宝珠草果实

▲ 宝珠草种子

▲ 宝珠草根

▲ 宝珠草幼株

虎林、宝清等地。吉林长白山各地。辽宁沈阳、大连、本溪、西丰、鞍山市区、岫岩、宽甸、凤城等地。朝鲜、俄罗斯（西伯利亚中东部）、日本。

采 制 春、秋季采挖根，除去泥沙，洗净，晒干。

性味功效 味苦，性凉。有清肺止咳、健脾和胃的功效。

主治用法 用于结核咳嗽、食欲不振、胸腹胀满、筋骨疼痛、腰腿痛、烧烫伤、骨折等。外用捣烂敷患处。

用 量 12～18 g。外用适量。

◎参考文献◎

［1］钱信忠.中国本草彩色图鉴（第三卷）[M].北京：人民卫生出版社，2003:389-390.

［2］中国药材公司.中国中药资源志要[M].北京：科学出版社，1994:1377.

［3］江纪武.药用植物辞典[M].天津：天津科学技术出版社，2005:273.

▲宝珠草植株

宝铎草 *Disporum sessile* D. Don

别　　名　黄花宝铎草

药用部位　百合科宝铎草的干燥根〔入药称"竹林霄"〕。

原 植 物　多年生草本。根状茎肉质，横出。茎直立，高 30 ～ 80 cm，上部具叉状分枝。叶薄纸质至纸质，矩圆形、卵形、椭圆形至披针形，长 4 ～ 15 cm，宽 1.5 ～ 9.0 cm，下面色浅，脉上和边缘有乳头状突起，具横脉，先端骤尖或渐尖，基部圆形或宽楔形，有短柄或近无柄。花黄色、绿黄色或白色，1 ～ 5 朵着生于分枝顶端；花梗长 1 ～ 2 cm，较平滑；花被片近直出，倒卵状披针形，长 2 ～ 3 cm，上部宽 4 ～ 7 mm，下部渐窄，内面有细毛，边缘有乳头状突起，基部具短距；雄蕊内藏，花丝长约 15 mm，花药长 4 ～ 6 mm；花柱具 3 裂而外弯的柱头。浆果椭圆形或球形，具 3 颗种子。花期 5—6 月，果期 7—8 月。

生　　境　生于林下及灌木丛中。

分　　布　辽宁本溪、丹东、绥中等地。河北、山东、河南、浙江、江苏、安徽、江西、湖南、陕西、四川、贵州、云南、广西、广东、福建、台湾。朝鲜、日本。

采　　制　春、秋季采挖根，除去泥沙，洗净，晒干。

性味功效　味甘、淡，性平。有消炎止痛、祛风除湿、清肺化痰、止咳、健脾消食、舒筋活血的功效。

▲宝铎草植株

主治用法 用于肺痨咳嗽、咯血、肺气肿、肺结核、食欲不振、胸腹胀满、肠风下血、筋骨疼痛、腰腿痛、劳伤、白带异常、遗精、遗尿、烧烫伤、骨折。水煎服。外用捣烂或研粉敷患处。

用　　量 25～50g。外用适量。

附　　方

（1）治烧烫伤：竹林霄熬膏，外搽患处。

（2）治肺热咳嗽、肺结核咯血：竹林霄、三白草根各10g，天门冬、百部、枇杷叶各25g。水煎服。或单用竹林霄25g。煎冰糖服。

（3）接骨：竹林霄、水冬瓜、野葡萄根、泽兰各适量。加酒共捣烂包伤处。

◎参考文献◎

［1］江苏新医学院.中药大辞典（上册）[M].上海：上海科学技术出版社，1977:863-864.

［2］朱有昌.东北药用植物[M].哈尔滨：黑龙江科学技术出版社，1989:141-143.

［3］钱信忠.中国本草彩色图鉴（第二卷）[M].北京：人民卫生出版社，2003:494-495.

▲宝铎草花（侧）

▼宝铎草根　　　　　▼宝铎草幼株

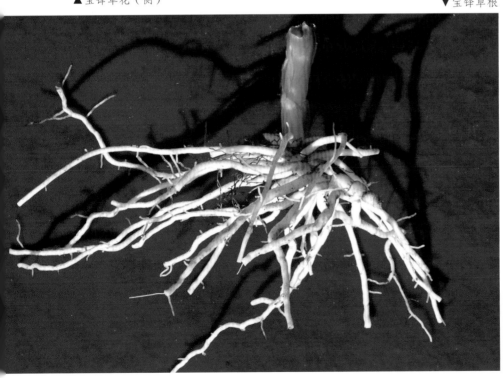

▲ 猪牙花群落

▲ 市场上的猪牙花花

▲ 白花猪牙花花
▼ 白花猪牙花花（花被片粉边）

猪牙花属 *Erythronim* L.

猪牙花 *Erythronium japonicum* Decne

别　　名	车前叶　山慈姑
俗　　名	山芋头　山地瓜　野猪牙　母猪牙
药用部位	百合科猪牙花的鳞茎。
原 植 物	多年生草本，高 25 ～ 30 cm。鳞茎圆柱状。叶 2，

生于植株中部以下，具长柄，叶片椭圆形至披针状长圆形，
长 6 ～ 12 cm，宽 2 ～ 6 cm，先端骤尖或急尖，全缘，叶幼

▲ 无斑猪牙花植株

▼ 猪牙花花（淡粉色）

时表面有不规则的白色斑纹，老时表面具不规则的紫色斑纹。花单朵顶生，下垂，较大；花被片6，排成2轮，长圆状披针形，长3～5cm，宽5～10mm，紫红色而基部有3齿状的黑紫色斑纹，开花时强烈反卷；雄蕊6，稍不等长，短于花被片，花丝近丝状，中部以下稍扩大，花药广条形，长6～7mm，

▼ 猪牙花花（14瓣）

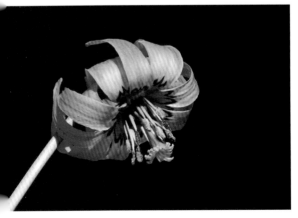

▼ 猪牙花花（重瓣）

市场上的猪牙花鳞茎

▲ 猪牙花植株

▼ 猪牙花果实

黑紫色；子房长约 7 mm，柱头短，3 裂。蒴果稍圆形，有 3 棱。花期 4—5 月，果期 6—7 月。

生　境　生于腐殖质肥沃的山地林下、林缘灌丛及沟边等处，常成单优势的大面积群落。

分　布　吉林集安、通化、柳河、辉南、靖宇、临江、安

▼ 猪牙花花（10 瓣）

▼ 猪牙花花（背）

▲ 猪牙花花（双花）

▲ 猪牙花花（8 瓣）

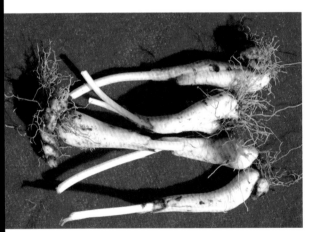

▲ 猪牙花鳞茎

▲ 猪牙花幼株

图等地。辽宁宽甸、桓仁等地。朝鲜、俄罗斯（西伯利亚中东部）、日本。

采　　制　　春、秋季采挖鳞茎，除去泥土，洗净，晒干。

主治用法　　用作缓泻剂及片剂的赋形剂。

附　　注　　在东北尚有 2 变型：

无斑叶猪牙花 f. *immaculatum* Q. S. Sun，叶绿色，无白斑或紫斑。其他与原种同。

▲ 市场上的猪牙花植株

▲ 白花无斑叶猪牙花植株

▼ 猪牙花植株（花淡粉色）

▲无斑猪牙花植株（花浅粉色）

▲猪牙花花

▼猪牙花植株（9瓣）

▲猪牙花种子

白花猪牙花 f. *album* Fang et Qin，花白色，花被片基部无黑紫色斑纹。叶绿色，无白斑或紫斑。其他与原种同。

◎参考文献◎

[1] 江纪武. 药用植物辞典 [M]. 天津：天津科学技术出版社，2005：306.

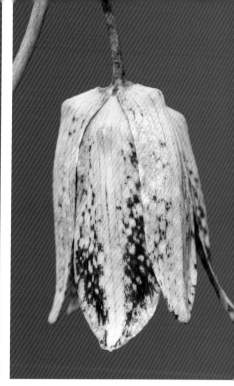

▲ 黄花平贝母花（花被片无斑点）

▲ 黄花平贝母花（花被片有斑点）

贝母属 *Fritillaria* L.

平贝母 *Fritillaria ussuriensis* Maxim.

别　名	平贝
俗　名	贝母　川贝母秧子
药用部位	百合科平贝母的干燥鳞茎。
原植物	多年生草本，株高 40 ~ 70 cm。

地下鳞茎圆而略扁平，由 2 ~ 3 枚肉质鳞叶组成，周围常附有少数容易脱落的小鳞茎。茎直立。叶轮生或对生，条形至披针形，长5 ~ 15 cm，宽 2 ~ 6 mm，上部叶先端稍卷曲或不卷曲。花钟形，1 ~ 3 朵生于茎顶部，顶花常具 4 ~ 6 枚叶状苞片，苞片先端强烈卷曲；花被片 6，离生，2 轮排列，花被片外面淡紫褐色，内面淡紫色，散生黄色方格状斑纹；外花被片长约 3.5 cm，宽约 1.5 cm，比内花被片稍长而宽；蜜腺窝在背面明显凸出；雄蕊 6，着生于花被片基部，花丝具小乳突；子房棱柱形，3 室，柱

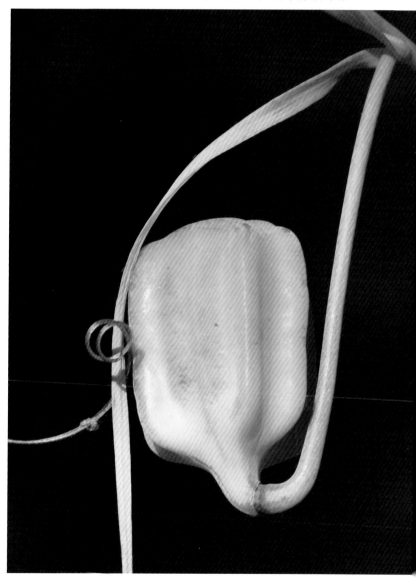

▲ 平贝母果实

▲平贝母花（紫色）　　　　▲平贝母花（浅紫色）

▲平贝母花（深紫色）

头3深裂，花柱也有乳突。花期5月，果期6月。

生　境　生于腐殖质湿润肥沃的林中、林缘及灌丛草甸中。

分　布　黑龙江伊春市区、密山、宝清、依兰、宁安、五常、尚志、宾县、延寿、木兰、通河、穆棱、饶河、虎林、集贤、方正、桦川、林口、汤原、铁力、庆安、五大连池等地。吉林通化、白山、集安、柳河、辉南、临江、长白、抚松、安图、敦化、九台、舒兰、桦甸、汪清、靖宇、磐石、敦化、东丰等地。辽宁丹东市区、宽甸、本溪、桓仁、新宾、抚顺、清原、凤城、西丰、岫岩、海城等地。朝鲜、俄罗斯（西伯利亚中东部）。

采　制　春末夏初采挖鳞茎，去掉须根，除去泥土，拌上草木灰或石灰在热炕上烘干，筛去杂物，备用。

性味功效　味微苦，性微寒。有润肺散结、止咳化痰的功效。

主治用法　用于虚劳咳嗽、肺热燥咳、干咳少痰、咯痰带血、阴虚劳咳、心胸郁结、肺痿、肺痈、瘰疬、瘿瘤、喉痹、乳痈及痈疽等。

水煎服。本品反藜芦、乌头。

用　量　5～15g。

附　方

（1）治慢性气管炎：平贝母、百合、苏叶、五味子、桔梗各250g。水煎2次，浓缩至5L，加糖1000g，每次服15～20ml，每日3次。

（2）治肺结核及气管炎干咳：平贝母100g，杏仁200g，冰糖250g。共研细末，每服5g，每日2次。

（3）治吐血、衄血，或发或止，皆心藏极热所致：平贝母50g（炮令黄）。捣细罗为散，不计时候，以温浆调下10g。

（4）治乳痈初起：平贝母为末，每服10g，温酒调下，即以两手覆于桌上，垂乳良久乃通。

（5）治咳嗽：平贝母球茎7g，加水两碗，煎成一碗，取掉球茎，打入3个红皮鸡蛋，煮熟，喝汤吃蛋（本溪民间方）。又方：平贝母15g，生甘草10g，水煎服。

（6）治百日咳：平贝母25g，黄郁金、葶苈子、桑白皮、白前、马兜铃各2.5g。

▲平贝母花

▼市场上的平贝母鳞茎

▲平贝母群落

▲ 平贝母植株

共轧为极细末，备用。1.5～3岁患儿每次服1g；4～7岁每次2.5g；8～10岁每次服3.5g。均为每日3次，温水调冲，小儿可酌加白糖或蜜糖。

附 注

（1）本品为《中华人民共和国药典》（2020年版）收录的药材，也为东北地道药材。

（2）平贝母治疗肺肠乳痈效果极佳，在本区民间流行有"治疗咳嗽用贝母"的说法。

（3）在东北尚有1变型：

黄花平贝母 f. *lutosa* Ding et Fang，花被片土黄色，并有紫色方格条纹，长2～3cm，宽5～8mm。其他与原种同。

◎参考文献◎

［1］朱有昌.东北药用植物[M].哈尔滨：黑龙江科学技术出版社，1989:144-146.

［2］《全国中草药汇编》编写组.全国中草药汇编（上册）[M].北京：人民卫生出版社，1975:230-231.

［3］中国药材公司.中国中药资源志要[M].北京：科学出版社，1994:1381.

▲ 平贝母种子

▲ 平贝母幼株

▲ 平贝母鳞茎

轮叶贝母 *Fritillaria maximowiczii* Freyn

别　　名	一轮贝母 多轮贝母 马氏贝母
俗　　名	北贝
药用部位	百合科轮叶贝母的干燥鳞茎。

原 植 物　多年生草本。茎光滑，高 20 ~ 40 cm。鳞茎由 4 ~ 5 枚或更多鳞片组成，周围又有许多米粒状小鳞片，直径 1 ~ 2 cm，后者很容易脱落。叶条状或条状披针形，长 4.5 ~ 10.0 cm，宽 3 ~ 13 mm，先端不卷曲，通常每 3 ~ 6 枚排成一轮，极少为二轮，向上有时还有 1 ~ 2 枚散生叶。花单朵，少有 2 朵，

▲轮叶贝母果实

▲轮叶贝母幼苗

▲轮叶贝母鳞茎

▲轮叶贝母花（侧）

▲轮叶贝母花

紫色，稍有黄色小方格；叶状苞片 1，先端不卷；花被片长 3.5 ~ 4.0 cm，宽 4 ~ 14 mm；雄蕊长约为花被片的 3/5；花药近基部着生，花丝无小乳突；柱头裂片长 6.0 ~ 6.5 mm。蒴果长 1.6 ~ 2.2 cm，宽约 2 cm，棱上的翅宽约 4 mm。花期 5—6 月，果期 6—7 月。

生　　境　生于腐殖质湿润肥沃的山坡、林下及林缘等处。

分　　布　黑龙江塔河、呼玛、逊克等地。吉林蛟河。辽宁绥中、建昌、凌源、朝阳、喀左等地。内蒙古根河、牙克石市、鄂伦春旗、扎兰屯、科尔沁右翼前旗等地。俄罗斯（西伯利亚中东部）。

采　　制　春末夏初采挖鳞茎，去掉须根，除去泥土，拌上草木灰或石灰在热炕上烘干，筛去杂物，备用。

性味功效　味微苦，性寒。有润肺散结、止咳化痰的功效。

主治用法　用于虚劳咳嗽、肺热燥咳、干咳少痰、咯痰带血、阴虚劳咳、百日咳、心胸郁结、肺痿、肺痈、瘰疬、瘿瘤、

▲轮叶贝母植株

喉痹、乳痈、痈疽等。水煎服。本品反藜芦。

用 量 3 ~ 10 g。

◎参考文献◎

［1］朱有昌.东北药用植物[M].哈尔滨：黑龙江科学技术出版社，1989:143–144.

［2］《全国中草药汇编》编写组.全国中草药汇编（上册）[M].北京：人民卫生出版社，1975:117–129.

［3］钱信忠.中国本草彩色图鉴（第一卷）[M].北京：人民卫生出版社，2003:7–8.

▲ 顶冰花植株

▲ 顶冰花花（背）

▼ 顶冰花果实

▲ 顶冰花鳞茎

顶冰花属 *Gagea* Salisb.

顶冰花 *Gagea nakaiana* Kitagawa

别　　名　朝鲜顶冰花

药用部位　百合科顶冰花鳞茎。

原植物　多年生草本，高 10 ～ 35 cm。地下鳞茎卵球形，无附属小鳞茎。基生叶 1，广线形，长 10 ～ 30 cm，宽 5 ～ 10 mm，扁平，由中部向下渐狭，光滑。花 1 ～ 10 朵集成伞形花序，花序下具 2 枚叶状总苞片，下面的 1 枚大，披针形，长 2 ～ 5 cm，宽 2 ～ 5 mm，上面的 1 枚小，线形，长 10 ～ 20 mm，宽 1 ～ 2 mm，幼时边缘具柔毛，老时减少；花梗不等长，无毛；花被片 6，黄色或黄绿色，线状披针形，长 8 ～ 15 mm，宽 1.5 ～ 2.5 mm，先端尖，边缘白色，膜质；雄蕊 6，花丝长 5 ～ 6 mm，基部扁平，花

▲顶冰花植株（侧）

▲顶冰花群落

▲顶冰花花

▲顶冰花幼株

▲顶冰花幼苗

药椭圆形,长约 1 mm,基部着生;子房椭圆形,长 2 ~ 3 mm,花柱光滑,柱头头状。花期4—5月,
果期5—6月。

生　　境　生于腐殖质湿润肥沃的山坡、林缘、灌丛、沟谷及河岸草地等处。

分　　布　黑龙江伊春、宁安、东宁等地。吉林长白山各地。辽宁宽甸、凤城、
桓仁、鞍山、沈阳等地。朝鲜、俄罗斯(西伯利亚中东部)、蒙古。

采　　制　春、秋季采挖鳞茎,除去泥土,洗净,晒干。

性味功效　有清心、强心、利尿的功效。

主治用法　用于心脏病。

用　　量　适量。

◎参考文献◎

[1]中国药材公司.中国中药资源志要 [M].北京:科学出版社,1994:1382.
[2]江纪武.药用植物辞典 [M].天津:天津科学技术出版社,2005:342.

▲顶冰花种子

▲三花顶冰花花

▲三花顶冰花鳞茎

▲三花顶冰花花（花被后面条纹绿色）

▼三花顶冰花花（花被后面条纹褐色）

三花顶冰花 *Gagea triflora*（Ledeb.）Roem. et Schult.

别　　名　三花萝蒂　三花洼瓣花

药用部位　百合科三花顶冰花的鳞茎。

原植物　多年生草本，高 15～30 cm。地下鳞茎广卵形，鳞茎皮内基部有几个很小的鳞茎。基生叶 1～2，条形，长 10～25 cm，宽 1.5～3.0 mm，光滑；茎生叶 1～4，下面的 1 枚较大，狭披针形，长 3.0～8.5 cm，宽 3～6 mm，边缘内卷，上面的较小。花 2～4，排成二歧伞房花序，花梗不等长；苞片披针形，长 0.5～1.5 cm，宽 0.5～1.5 mm，花被片 6，白色，具 3 条绿色脉纹，线状长椭圆形，长 1.0～1.4 cm，宽 1.5～4.0 mm，先端钝；雄蕊 6，长为花被片的一半，花丝锥形，花药长圆形；子房倒卵形，花柱与子房近等长。蒴果三棱状倒卵形，长为宿存花被的 1/3。花期 4—5 月，果期 5—6 月。

生　　境　生于腐殖质湿润肥沃的山坡、林缘、灌丛、沟谷及河岸草地等处。

▲三花顶冰花植株

分　布　黑龙江尚志、五常、东宁、宁安、虎林、抚远等地。吉林长白山各地。辽宁宽甸、凤城、本溪、桓仁、开原、庄河等地。山西。朝鲜、俄罗斯（西伯利亚中东部）、日本。

采　制　春、秋季采挖鳞茎，除去泥土，洗净，晒干。

附　注　本种在东北储量较大，是否能够像顶冰花一样入药，值得研究。

▲ 北黄花菜群落

萱草属 Hemerocallis L.

北黄花菜 Hemerocallis lilio-asphodelus L.

别　　名	黄花菜　黄花萱草
俗　　名	金针菜　黄花苗子　金针
药用部位	百合科北黄花菜的根。

原 植 物 多年生草本。具短的根状茎和稍肉质呈绳索状的须根。叶基生，2列，条形，长30～70 cm，宽5～12 mm，基部抱茎。花葶由叶丛中抽出，高70～90 cm；花序分枝，常由4至多数花组成假二歧状的总状花序或圆锥花序；花序基部的苞片较大，披针形，长3～6 cm，上部的渐小，长0.5～3.0 cm，宽3～7 mm；花梗长1～2 cm；花淡黄色或黄色，芳香，花被管长1.5～2.5 cm，花被裂片长5～7 cm，外轮3片倒披针形，宽1.0～1.2 cm，内轮3片长圆状椭圆形，宽1.5～2.0 cm，花直径7～8 cm；雄蕊6，花丝长3.5～4.0 cm，花药长4～5 mm；子房圆柱形，花柱丝状。蒴果椭圆形。花期6—7月，果期8—9月。

▲ 北黄花菜花（侧）

▲北黄花菜果实

市场上的北黄花菜花（鲜）

▲市场上的北黄花菜花及花蕾（鲜）

▲市场上的北黄花菜花（干）

生　境　生于山坡草地、湿草甸子、草原、灌丛及林下。

分　布　黑龙江漠河、塔河、呼玛、黑河市区、孙吴、萝北、伊春市区、铁力、勃利、尚志、五常、海林、林口、宁安、东宁、绥芬河、穆棱、木兰、延寿、密山、虎林、饶河、宝清、桦南、汤原、方正、大庆市区、肇东、肇源、安达、杜尔伯特等地。吉林长白山各地及前郭。辽宁北镇、西丰等地。内蒙古牙克石、鄂伦春旗、扎兰屯、阿尔山、科尔沁右翼前旗、克什克腾旗、东乌珠穆沁旗、西乌珠穆沁旗等地。河北、山东、江苏、山西、陕西、甘肃。朝鲜、俄罗斯（西伯利亚）。欧洲。

采　制　春、秋季采挖根，除去泥土，洗净，晒干。

性味功效　有清热利尿、凉血止血的功效。

主治用法　用于腮腺炎、黄疸、膀胱炎、尿血、小便不利、乳汁缺乏、月经不调、衄血、便血、乳腺炎等。水煎服。外用鲜品捣烂敷患处。

用　量　6～15g。外用适量。

◎参考文献◎

［1］中国药材公司．中国中药资源志要[M]．北京：科学出版社，1994:1383.

［2］江纪武．药用植物辞典[M]．天津：天津科学技术出版社，2005:385.

▲北黄花菜植株

▲北黄花菜花（重瓣）

▲北黄花菜花

▲小黄花菜花

小黄花菜 *Hemerocallis minor* Mill.

别　　名	黄花菜　萱草
俗　　名	金针菜　黄花苗子

药用部位　百合科小黄花菜的根、嫩苗、叶及花蕾（入药称"金针菜"）。

原植物　多年生草本。具短的根状茎和绳索状的须根，粗1.5～4.0 mm，不膨大。叶基生，条形，长20～60 cm，宽5～10 mm，基部渐狭而抱茎。花葶由叶丛中抽出，高40～60 cm；顶端具花1～2，较少3；花下具苞片，披针形，长0.8～2.5 cm，宽3～5 mm，先端渐尖，具数条纹脉；花梗短或无；花淡黄色，芳香，花被6，下部结合为花被管，长1.0～2.5 cm，上部6裂，外轮裂片长圆形，长4.5～6.0 cm，宽0.9～1.5 cm，内轮裂片长4.5～6.0 cm，宽1.5～2.4 cm，盛开时裂片反卷；雄蕊6，花丝长3～4 cm，花药长圆形，长4～6 mm；子房长圆形，花柱细长，丝状，长5～6 cm。蒴果椭圆形。花期6—7月，果期8—9月。

生　　境　生于草甸、湿草地、林间及山坡稍湿草地等处。

分　　布　黑龙江漠河、塔河、呼玛、黑河市区、孙吴、萝北、伊春市区、铁力、勃利、尚志、五常、海林、宁安、密山、虎林、

▼小黄花菜花（侧）

▼小黄花菜花（10瓣）

饶河、宝清、富锦、大庆市区、肇东、肇源、安达、杜尔伯特等地。吉林长白山各地及西部草原。辽宁大连、桓仁、义县等地。内蒙古牙克石、鄂伦春旗、扎兰屯、阿尔山、科尔沁右翼前旗、克什克腾旗、东乌珠穆沁旗、西乌珠穆沁旗等地。河北、山东、山西、陕西、甘肃。朝鲜、俄罗斯（西伯利亚）。

采　　制　春、秋季采挖根，剪去须根，除去泥土，洗净，切段，晒干。春季采收幼苗，洗净，晒干。夏季采收叶，洗净，切段，晒干。夏季采收花蕾，除去杂质，晒干。

性味功效　根：味甘，性凉。有小毒。有清热解毒、利尿消肿、凉血止血的功效。嫩苗：味甘，性凉。有利湿热、宽胸、消食的功效。叶：味甘，性凉。有安神的功效。花蕾：味甘，性凉。有利湿热、宽胸膈的功效。

主治用法　根：用于小便不利、水肿、淋病、衄血、便血、崩漏、带下、黄疸、乳痈肿痛。水煎服。外用捣烂敷患处。嫩苗：用于小便赤涩、身体烦热、酒疸。水煎服或捣汁。叶：用于神经衰弱、心烦失眠、体虚水肿、小便少等。水煎服。花蕾：用于小便赤涩、黄疸、夜少安寐、痔疮出血等。水煎服。

用　　量　根：5～10 g。外用适量。嫩苗：鲜品25～50 g。外用适量。叶：5～10 g。花蕾：25～50 g。

▲小黄花菜植株

▲市场上的小黄花菜花

▲市场上的小黄花菜花蕾

▲小黄花菜幼株

▲小黄花菜果实

附　方

（1）治流行性腮腺炎：金针菜根100 g，冰糖适量炖服。

（2）治小便不利、水肿、黄疸、淋病、衄血、吐血：金针菜根及叶，晒干为末，每服10 g，食前米汤饮服。

（3）治乳痈肿痛、疮毒：金针菜根捣敷。

（4）治黄疸：金针菜鲜根100 g（洗净），母鸡1只（去头脚及内脏）。水炖3 h服用，1～2 d服1次。

（5）治内痔出血：金针菜花蕾50 g，水煎，加红糖适量，早饭前1h服，连续服用3～4 d。

（6）治神经衰弱、心烦失眠：金针菜叶、合欢皮各10 g，水煎服。

◎参考文献◎

［1］江苏新医学院.中药大辞典（上册）[M].上海：上海科学技术出版社，1977:1390-1391.

［2］江苏新医学院.中药大辞典（下册）[M].上海：上海科学技术出版社，1977:2327-2329.

［3］朱有昌.东北药用植物[M].哈尔滨：黑龙江科学技术出版社，1989:146-147.

▲小黄花菜种子

▲小黄花菜群落

▲ 大苞萱草植株

▲ 市场上的大苞萱草幼株

▼ 大苞萱草根

▲ 大苞萱草种子

大苞萱草 *Hemerocallis middendorfii* Trautv. et Mey.

别　　名	大花萱草
俗　　名	金针菜　萱草　黄花苗子　黄花菜
药用部位	百合科大苞萱草的根及全草。

原植物　多年生草本。具短的根状茎和绳索状的须根。叶条形，基生，长 40～80 cm，宽 1.5～2.5 cm，柔软，上部下弯。花葶由叶丛中抽出，直立，高 40～70 cm，与叶近等长，不分枝，花仅数朵簇生于顶端；苞片宽卵形或心状卵形，长 1.5～4.0 cm，宽 1.0～2.5 cm，先端长渐尖至近尾状；花近簇生，具很短的花梗；花金黄色或橘黄色，芳香，花被管长 1.0～1.5 cm，花被裂片狭倒卵形至狭长圆形，长 6.0～7.5 cm，外三片宽 1.3～2.0 cm，内三片宽 1.5～2.5 cm；雄蕊 6，着生于花被管上端，花丝丝状，花药黄色；子房长圆形，花柱细

长，柱头小，头状。蒴果椭圆形，稍有
3钝棱。花期6—7月，果期8—9月。

生　境　生于林下、湿地、草甸或草
地上，常成单优势的大面积群落。

分　布　黑龙江佳木斯、铁力、尚志、
伊春市区、密山、海林等地。吉林通化、
白山、集安、柳河、辉南、桦甸、磐石、
临江、长白、抚松、安图、敦化、汪清、
珲春等地。辽宁本溪、凤城、岫岩等地。
朝鲜、俄罗斯（西伯利亚）、日本。

采　制　春、秋季采挖根，除去泥土，
洗净，晒干。夏、秋季采收全草，除
去杂质，切段，洗净，晒干。

性味功效　根：味甘，性凉。有小毒。
有清热利尿、凉血止血的功效。全草：
有清热解毒、补肝益肾的功效。

主治用法　根：用于水肿、小便不利、
膀胱结石、血尿、腮腺炎、黄疸、乳汁
不足、月经不调、带下，崩漏、衄血、

▲大苞萱草幼株

▲市场上的大苞萱草花蕾

▲大苞萱草幼苗

▲大苞萱草花（侧）

▲大苞萱草植株（侧）

便血、乳腺炎。水煎服。外用鲜品捣烂敷患处。全草：用于肺热咳嗽、
肝胆湿热、咽喉疼痛、痰黄稠、淋巴结结核、乳腺炎、月经不调、
产后干血痨、肾虚失眠等。水煎服。

用　　量　根：6～15 g。外用适量。全草：适量。

▲市场上的大苞萱草花

◎参考文献◎

[1] 中国药材公司.中国中药资源志要[M].北京：科学出版社，
　　 1994:1383.

[2] 江纪武.药用植物辞典[M].天津：天津科学技术出版社，2005:385.

▲大苞萱草花（黄色）

▲大苞萱草果实

▲大苞萱草花

▲大苞萱草群落

▲ 东北玉簪植株

玉簪属 *Hosta* Tratt.

东北玉簪 *Hosta ensata* F. Maekawa

▲ 东北玉簪根

别　　名　剑叶玉簪

俗　　名　河白菜

药用部位　百合科东北玉簪的根、叶及花。

原植物　多年生草本。叶基生，披针形或长圆状披针形，叶片长 10 ~ 15 cm，宽 2 ~ 5 cm，具 4 ~ 8 对弧形脉；叶柄长 5 ~ 20 cm，由于叶片下延而至少上部具狭翅，翅每侧宽 2 ~ 5 mm。花葶由叶丛中抽出，高 30 ~ 60 cm，在花序下方的花葶上具 1 ~ 4 枚白色膜质的苞片，为卵状长圆形；总状花序，具花 10 ~ 20；花梗长 5 ~ 10 mm；苞片宽披针形，膜质；花紫色或蓝紫色，长 4 ~ 5 cm；花被下部结合成管状，长约 3 cm，上部开展成钟状，先端 6 裂；雄蕊 6，稍伸出花被外，完全离生；子房圆柱形，3 室，每室有多数胚珠，花柱细长，明显伸出花被外。蒴果长圆形，室背开裂。花期 8—9 月，果期 9—10 月。

生　　境　生于阴湿山地、林下、林缘及河边湿地等处，常聚集成片生长。

分　　布　吉林通化、白山市区、集安、柳河、辉南、桦甸、磐石、临江、长白、抚松、安图、敦化、汪清、珲春等地。辽宁本溪、凤城、桓仁、清原、北镇等地。朝鲜、俄罗斯（西伯利亚）。

采　　制　春、秋季采挖根，除去杂质，洗净，晒干。夏、秋季采摘叶和花，除去杂质，洗净，晒干。

性味功效 根及叶：有清热解毒、消肿止痛的功效。花：有清咽、利尿、解毒、通经的功效。

主治用法 根及叶：用于乳腺炎、中耳炎、疔疮肿毒、下肢溃疡等。水煎服。外用鲜品捣烂敷患处。花：用于咽喉肿痛、小便不利、通经、烧伤等。水煎服。外用鲜品捣烂敷患处。

用　量 根及叶：15～30g。外用适量。花：9～15g。外用适量。

附　注 在东北尚有1变种：
卵叶玉簪 var.*normalis*（F. Maekawa）Q. S. Sun，叶卵形或卵状椭圆形，其他与原种同。

▲东北玉簪果实

▲东北玉簪花序（白色）

▲东北玉簪幼株

▲东北玉簪幼苗

▲ 东北玉簪花

◎参考文献◎

［1］钱信忠 . 中国本草彩色图鉴（第二卷）[M]. 北京：人民卫生出版社 .2003:62-63.

［2］中国药材公司 . 中国中药资源志要 [M]. 北京：科学出版社，1994:1384.

［3］江纪武 . 药用植物辞典 [M]. 天津：天津科学技术出版社，2005:396.

▲ 东北玉簪花（侧）

▲ 市场上的东北玉簪幼株（摘掉叶子）

市场上的东北玉簪幼株（干）

▲ 卵叶玉簪植株

▼ 山丹果实

▲ 山丹群落（山坡型）

百合属 *Lilium* L.

山丹 *Lilium pumilum* DC.

别　名 细叶百合　线叶百合　山百合
俗　名 山丹丹　卷莲花　灯伞花　散莲伞
药用部位 百合科山丹的干燥鳞茎。
原植物 多年生草本。鳞茎卵形或圆锥形；鳞片矩圆形或长卵形，长 2.0 ~ 3.5 cm，宽 1.0 ~ 1.5 cm，白色。茎高 15 ~ 60 cm，有小乳头状突起，有的带紫色条纹。叶散生于茎中部，条形，长 3.5 ~ 9.0 cm，宽 1.5 ~ 3.0 mm，中脉下面突出，边缘有

乳头状突起。花单生或数朵排成总状花序，鲜红色，通常无斑点，有时有少数斑点，下垂；花被片反卷，长 4.0 ~ 4.5 cm，宽 0.8 ~ 1.0 cm，蜜腺两边有乳头状突起；花丝长 1.2 ~ 2.5 cm，无毛，花药长椭圆形，长约 1 cm，黄色，花粉近红色；子房圆柱形，长 0.8 ~ 1.0 cm；花柱稍长于子房或长 1 倍多，长 1.2 ~ 1.6 cm，柱头膨大，3 裂。蒴果矩圆形。花期 5—6 月，果期 8—9 月。

生　境　生于干燥石质山坡、岩石缝中及草地等处。

分　布　黑龙江漠河、塔河、呼玛、黑河市区、孙吴、萝北、伊春市区、铁力、勃利、尚志、五常、海林、林口、宁安、东宁、绥芬河、穆棱、木兰、延寿、密山、虎林、饶河、宝清、桦南、汤原、大庆市区、肇东、肇源、安达、杜尔伯特、肇州、兰西、海伦、绥化、望奎、绥棱、明水、拜泉、克山、克东、北安、五大连池、巴彦、富锦等地。吉林长白山各地及伊通、通榆、镇赉、洮南、双辽、长岭、乾安、大安、九台、榆树等地。辽宁丹东、庄河、宽甸、桓仁、本溪、清原、新宾、抚顺、西丰、开原、铁岭、鞍山市区、海城、盖州、大连市区、营口市区、彰武、阜新、黑山、义县、北镇、葫芦岛市区、兴城、北票、朝阳、绥中、凌源、建昌、建平、喀左等地。内蒙古牙克石、鄂伦春旗、扎兰屯、阿尔山、科尔沁右翼前旗、扎鲁特旗、

▲ 山丹植株（岩生型）

▲ 山丹幼株

▲ 山丹鳞茎

科尔沁右翼中旗、科尔沁左翼中旗、科尔沁左翼后旗、奈曼旗、扎赉特旗、阿鲁科尔沁旗、巴林左旗、巴林右旗、宁城、喀喇沁旗、敖汉旗、克什克腾旗、翁牛特旗、东乌珠穆沁旗、西乌珠穆沁旗、阿巴嘎旗、苏尼特左旗、苏尼特右旗等地。河北、河南、山东、山西、陕西、宁夏、甘肃、青海、西藏。朝鲜、俄罗斯（西伯利亚）、蒙古。

采　制　春、秋季采挖鳞茎，除去泥土，洗净，剥取鳞片，置沸水中略烫，晒干或烘干，生用或蜜炙用。

性味功效　味甘、苦，性凉。有润肺止咳、清心安神的功效。

▲ 山丹花（背）

▲ 山丹种子

主治用法　用于阴虚久咳、痰中带血、虚烦惊悸、失眠多梦、精神恍惚、神经衰弱、脚气水肿等。水煎服。花：用于衄血、吐血、疔疮等。肺脾虚寒、大便稀溏者忌用。

用　　量　15～30 g。

附　　方

（1）治肺结核咳嗽、咯血：山丹 40 g，麦门冬、玄参、芍药各 15 g，生地黄 20 g，熟地黄 30 g，当归、甘草、桔梗各 7.5 g，贝母 10 g。水煎服。

（2）治神经衰弱、心烦失眠：山丹 25 g，酸枣 25 g，远志 15 g。水煎服。又方：百合 25 g，知母 10 g。水煎服。

（3）治疮肿未溃：山丹加盐适量。捣成泥状，外敷患处。

（4）治体虚咳嗽：山丹 50 g。煮烂，加糖吃。如痰中带血可用百合 25 g，白及 15 g。水煎服。

◎参考文献◎

［1］江苏新医学院．中药大辞典（上册）[M].上海：上海科学技术出版社，1977:165-166，856-858.

［2］朱有昌．东北药用植物 [M].哈尔滨：黑龙江科学技术出版社，1989:154-155.

［3］《全国中草药汇编》编写组．全国中草药汇编（上册）[M].北京：人民卫生出版社，1975:323-324.

▲ 山丹群落（草甸型）

▲山丹花

▼山丹花（侧）

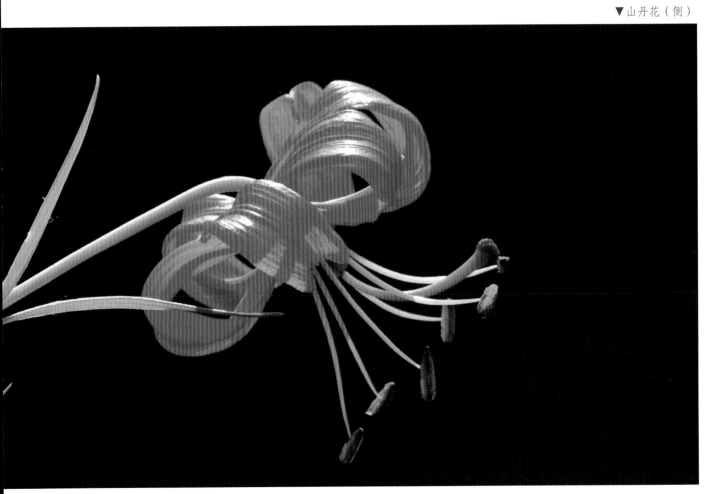

▲ 山丹植株（草原型）

▲毛百合花（橙色，花被片无斑点）

▼毛百合果实

▲毛百合种子

毛百合 *Lilium dauricum* Ker-Gawl.

别 名	卷帘百合
俗 名	卷莲花 山顿子花 百合
药用部位	百合科毛百合的鳞茎。
原植物	多年生草本。鳞茎卵状球形。茎直立，高 50 ~ 70 cm，

有棱。叶散生，在茎顶端有 4 ~ 5 枚叶片轮生，狭披针形至披针形，长 7 ~ 15 cm，宽 8 ~ 14 mm，叶脉 3 ~ 5。基部有一簇白绵毛，边缘有小乳头状突起，有的还有稀疏的白色绵毛。苞片叶状；花梗长 1.0 ~ 8.5 cm，有白色绵毛；顶生花 1 ~ 4，花梗长 1 ~ 8 cm，直立；橙红色或红色，有紫红色斑点；外轮花被片倒披针形，长

▲毛百合幼株

▲毛百合幼苗

7～9 cm，宽1.5～2.3 cm，外面有白色绵毛；内轮花被片稍窄，蜜腺两边有深紫色的乳头状突起；雄蕊向中心靠拢；花丝无毛，花药长约1 cm；子房圆柱形；柱头膨大，3裂。蒴果矩圆形。花期6—7月，果期8—9月。

生　境　生于林下、林缘、灌丛、草甸、湿草地及山沟路边等处。

分　布　黑龙江漠河、呼玛、黑河市区、伊春市区、尚志、宁安、牡丹江市区、孙吴、五大连池、北安、嫩江、讷河、泰来、绥棱、庆安、铁力、嘉荫、逊克、汤原、虎林、饶河、富锦、集贤、桦川、依兰、通河、方正、延寿、宾县、五常、海林、东宁、穆棱、鸡西市区、鸡东、林口、密山等地。吉林长白山各地。辽宁本溪、凤城、宽甸、桓仁、新宾、清原、抚顺、铁岭、西丰等地。内蒙古额尔古纳、牙克石、阿尔山、科尔沁右翼前旗等地。河北。朝鲜、俄罗斯（西伯利亚）、蒙古、日本。

附　注　其采制、性味功效、主治用法及用量同山丹。

▲毛百合鳞茎

▲毛百合花（侧）

▲毛百合花

▲毛百合花（橙色）

▼毛百合花（4瓣）

▲市场上的毛百合花瓣

◎参考文献◎

［1］朱有昌．东北药用植物 [M]．哈尔滨：黑龙江科学技术
　　　出版社，1989:151−152.

［2］《全国中草药汇编》编写组．全国中草药汇编（上册）
　　　[M]．北京：人民卫生出版社，1975:323−324.

［3］中国药材公司．中国中药资源志要 [M]．北京：科学出
　　　版社，1994:1386.

百合植株

▼有斑百合果实

渥丹 *Lilium concolor* Salisb.

| 别　　名 | 山丹 |

别　　名　山丹

俗　　名　山灯子花

药用部位　百合科渥丹的鳞茎。

原 植 物　多年生草本。鳞茎卵球形，高 2.0 ～ 3.5 cm，直径 2.0 ～ 3.5 cm。茎高 30 ～ 50 cm，少数近基部带紫色，有小乳头状突起。叶散生，条形，长 3.5 ～ 7.0 cm，宽 3 ～ 6 mm，脉 3 ～ 7，边缘有小乳头状突起，两面无毛。花 1 ～ 5 朵排成近伞形或总状花序；花梗长 1.2 ～ 4.5 cm；花直立，星状开展，深红色，无斑点，有光泽；花被片矩圆状披针形，长 2.2 ～ 4.0 cm，宽 4 ～ 7 mm，蜜腺两边具乳头状突起；雄蕊向中心靠拢；花丝长 1.8 ～ 2.0 cm，无毛，花药长矩圆形；子房圆柱形，长 1.0 ～ 1.2 cm，宽 2.5 ～ 3.0 mm；花柱稍短于子房，柱头稍膨大。蒴果矩圆形，长 3.0 ～ 3.5 cm，宽 2.0 ～ 2.2 cm。花期 6—7 月，果期 8—9 月。

生　　境　生于石质山坡、草地、灌丛及疏林下。

分　　布　辽宁兴城。河北、河南、山东、山西、陕西。

附　　注

（1）其采制、性味功效、主治用法及用量同山丹。

（2）在东北尚有 2 变种：

▲有斑百合植株

▲ 有斑百合幼苗

▲ 大花百合鳞茎

▲ 有斑百合鳞茎

有斑百合 var. *pulchellum*（Fisch.）Regel，花被片有斑点。生于山坡草丛、路旁及灌木林下等处。主要分布于黑龙江伊春市区、鹤岗市区、黑河、富锦、依兰、双城、宁安、牡丹江、宾县、五常、尚志、海林、穆棱、东宁、林口、鸡东、饶河、抚远、同江、宝清、桦南、集贤、勃利、方正、延寿、通河、木兰、巴彦、庆安、铁力、绥棱、嘉荫、萝北、汤原等地；吉林长白山各地；辽宁沈阳、鞍山市区、岫岩、凌源、清原、建平、北镇、西丰、庄河、长海、丹东、铁岭、海城、盖州、营口市区、大连市区、瓦房店、彰武、义县、建昌、绥中、喀左、朝阳等地；内蒙古额尔古纳、根河、

▲ 有斑百合幼株

渥丹花

▲大花百合植株

▲有斑百合群落

▲ 有斑百合花（背）

▲ 大花百合花

▲ 大花百合花（侧）

▲ 有斑百合种子

牙克石、扎兰屯、扎鲁特旗、克什克腾旗、东乌珠穆沁旗、西乌珠穆沁旗等地；
河北、山东、山西；朝鲜、俄罗斯（西伯利亚中东部）。

大花百合 var. *megalanthum* Wang et Tang，叶较宽，宽 5 ~ 10 mm；花被片
较长，长 5.0 ~ 5.2 cm，宽 8 ~ 14 mm，有紫色斑点。生于湿草甸及沼泽
边缘等处。主要分布于黑龙江五大连池；吉林白山、安图、敦化、靖宇等地。
其他与原种同。

◎参考文献◎

［1］朱有昌. 东北药用植物 [M]. 哈尔滨：黑龙江科学技术出版社 .1989：
149-150.

［2］中国药材公司. 中国中药资源志要 [M]. 北京：科学出版社，1994：
1385.

［3］江纪武. 药用植物辞典 [M]. 天津：天津科学技术出版社，2005：462.

▲卷丹花

▼卷丹幼苗

▲卷丹种子

卷丹 *Lilium tigrinum* Ker Gawler

药用部位 百合科卷丹的鳞茎。

原 植 物 多年生草本。鳞茎近宽球形。茎高 0.8 ~ 1.5 m，带紫色条纹，具白色绵毛。叶散生，矩圆状披针形或披针形，长 6.5 ~ 9.0 cm，宽 1.0 ~ 1.8 cm，两面近无毛，先端有白毛，边缘有乳头状突起，有脉 5 ~ 7，上部叶腋有珠芽。花 3 ~ 6 朵或更多；苞片叶状，卵状披针形，先端钝，有白绵毛；花梗长 6.5 ~ 9.0 cm，紫色，有白色绵毛；花下垂，花被片披针形，反卷，橙红色，有紫黑色斑点；外轮花被片长 6 ~ 10 cm，宽 1 ~ 2 cm；内轮花被片稍宽，蜜腺两边有乳头状突起，尚有流

▲ 卷丹植株

▲ 卷丹幼株

苏状突起；雄蕊四面张开；花丝淡红色，无毛，花药矩圆形；子房圆柱形；柱头稍膨大，3裂。花期7—8月，果期9—10月。

生　　境　生于山坡、草丛、溪边及林缘等处。

分　　布　辽宁凤城、北镇等地。河北、河南、山东、江苏、浙江、安徽、江西、山西、陕西、湖南、湖北、广西、四川、甘肃、青海、西藏。朝鲜、俄罗斯（西伯利亚）、日本。

附　　注

（1）其采制、性味功效、主治用法及用量同山丹。

（2）本品为《中华人民共和国药典》（2020年版）收录的药材。

▲ 卷丹果实

▼卷丹珠芽

▲卷丹鳞茎

▲市场上的卷丹鳞茎

◎参考文献◎

[1]《全国中草药汇编》编写组.全国中草药汇编(上册)[M].北京:人民卫生出版社,1975:323-324.

[2]中国药材公司.中国中药资源志要[M].北京:科学出版社,1994:1385-1386.

[3]江纪武.药用植物辞典[M].天津:天津科学技术出版社,2005:462.

朝鲜百合 *Lilium amabile* Palib.

别　　名　秀丽百合

药用部位　百合科朝鲜百合的鳞茎。

原 植 物　多年生草本。鳞茎卵形，高3.0 ~ 4.5 cm，宽2 ~ 3 cm，鳞片多数，覆瓦状排列，白色。茎圆柱形，高40 ~ 100 cm，淡绿色，密被白色反折的短硬毛。叶互生，密集，长圆状披针形或披针形，长3 ~ 9 cm，

▲ 朝鲜百合花（侧）

▲ 朝鲜百合鳞茎

▲ 朝鲜百合植株

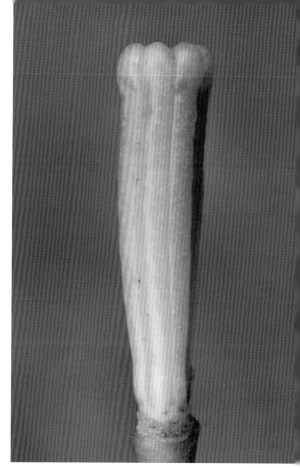

▲ 朝鲜百合果实

▲ 朝鲜百合幼株

宽 0.5 ～ 1.5 cm，两面被白色短硬毛，有脉 3 ～ 4。花 1 ～ 6，排成总状花序或近伞形花序，花梗长 2.5 ～ 5.0 cm，被白色短硬毛，近顶端处下弯；苞片 1 ～ 2，叶状；花冠红色，具黑色斑点，下垂，花被片 6，两轮排列，外轮者披针形，基部狭，内轮者卵状披针形，基部有爪和小沟；雄蕊 6，花丝钻状，花药长圆形，黑色；子房长圆形。蒴果倒卵形或椭圆形，直立，顶端凹。花期 6—7 月，果期 8—9 月。

生　境　生于山坡、灌丛及柞木林内等处。

分　布　辽宁丹东市区、凤城等地。朝鲜。

附　注　其采制、性味功效、主治用法及用量同山丹。

▲ 大花卷丹花

大花卷丹 *Lilium leichtlinii* Hook. f. var. *maximowiczii*（Regel）Baker

俗　　名　卷帘花

药用部位　百合科大花卷丹的鳞茎。

原 植 物　多年生草本。鳞茎近球形，高3～4cm，宽约4cm，直径约1cm，白色。茎高0.5～2.0m，有紫色斑点，具小乳头状突起。叶散生，窄披针形，长3～10cm，上部叶腋间不具珠芽。花3～10朵排成总状花序或圆锥花序；花梗长4～12cm；苞片位于花梗中下部，叶状、卵状披针形，长1～3cm；花大而下垂，花被片6，披针形，反卷，橙红色，内面有紫黑色斑点，外轮花被片长6～10cm，内轮花被片稍宽，1.7～2.5cm；雄蕊6，向四外张开，花丝钻形，长5～7cm，淡橙红色或淡红色，花药长圆形，长1.3～2.2cm，深紫红色；子房圆柱形，长1.4～2.0cm。蒴果长卵形。花期7—8月，果期9—10月。

生　　境　生于灌丛、草地、林缘及沟谷等处。

分　　布　黑龙江宁安。吉林通化、白山、集安等地。辽宁凤城。河北、山西、陕西。朝鲜、俄罗斯（西伯利亚中东部）、日本。

附　　注　其采制、性味功效、主治用法及用量同山丹。

▲ 大花卷丹花（背）

▲ 大花卷丹鳞茎

▲ 大花卷丹幼苗

▼ 大花卷丹种子

▲ 大花卷丹果实

▲ 大花卷丹幼株

▲ 市场上的大花卷丹鳞茎

◎参考文献◎

[1] 中国药材公司.中国中药资源志要[M].北京:科学出版社,
1994:1385.

[2] 江纪武.药用植物辞典[M].天津:天津科学技术出版社,
2005:462.

条叶百合 *Lilium callosum* Sieb. et Zucc.

别　　名　野百合

药用部位　百合科条叶百合的鳞茎。

原 植 物　多年生草本。鳞茎小，扁球形，高 2 cm，直径 1.5～2.5 cm；鳞片卵形或卵状披针形，长 1.5～2.0 cm，宽 6～12 mm，白色。茎高 50～90 cm，无毛。叶散生，条形，长 6～10 cm，宽 3～5 mm，有脉 3，无毛，边缘有小乳头状突起。花单生或数朵排成总状花序；苞片 1～2，长 1.0～1.2 cm，顶端加厚；花梗长 2～5 cm，弯曲；花下垂；花被片倒披针状匙形，长 3～41 cm，宽 4～6 mm，中部以上反卷，红色或淡红色，几无斑点，蜜腺两边有稀疏的小乳头状突起；花丝长 2.0～2.5 cm，无毛，花药长 7 mm；子房圆柱形；花柱短于子房，柱头膨大，3 裂。蒴果狭矩圆形。花期 7—8 月，果期 8—9 月。

生　　境　生于富含腐殖质的林下、林缘、草地、溪边及路旁等处。

分　　布　黑龙江大庆、密山、虎林、萝北等地。吉林桦甸、蛟河、前郭等地。辽宁沈阳。河南、江苏、安徽、浙江、台湾、广东。朝鲜、日本。

附　　注　其采制、性味功效、主治用法及用量同山丹。

◎参考文献◎

[1] 朱有昌. 东北药用植物 [M]. 哈尔滨：黑龙江科学技术出版社，1989:155.

[2] 中国药材公司. 中国中药资源志要 [M]. 北京：科学出版社，1994:1386.

[3] 江纪武. 药用植物辞典 [M]. 天津：天津科学技术出版社，2005:462.

▲条叶百合花

▲条叶百合花（黄色）

▲条叶百合鳞茎

▲垂花百合花（背）

垂花百合 *Lilium cernuum* Kom.

别　　名	松叶百合
俗　　名	粉花百合　紫花百合
药用部位	百合科垂花百合的鳞茎。

▲垂花百合果实

▲垂花百合幼苗（后期）

▲垂花百合鳞茎

原植物 多年生草本。鳞茎矩圆形或卵圆形，高 4 cm，直径约 4 cm；鳞茎上方茎上生根。茎直立，高约 65 cm，无毛。叶细条形，长 8～12 cm，宽 2～4 mm，先端渐尖，边缘稍反卷并有乳头状突起，中脉明显。总状花序有花 1～6；苞片叶状，条形，长约 2 cm，基部无柄，顶端不加厚；花梗长 6～18 cm，直立，先端弯曲；花下垂，有香味；花被片披针形，反卷，长 3.5～4.5 cm，宽 8～10 mm，先端钝，淡紫红色，下部有深紫色斑点，蜜腺两边密生乳头状突起；花丝长约 2 cm，无毛，花药黑紫色；子房圆柱形，长 8～10 mm，宽 2 mm；花柱长 1.5～1.7 cm。蒴果直立，卵圆形。花期 7—8 月，果期 8—9 月。

▲垂花百合幼苗（前期）

▲垂花百合幼株

▲垂花百合花（侧）

| 生 境 | 生于山坡灌丛、草丛、林缘及岩石缝隙中。 |

分　　布　黑龙江大庆市区、肇东、肇源等地。吉林长白、抚松、汪清、安图、蛟河、通化、集安等地。
辽宁丹东市区、宽甸、凤城、岫岩、本溪、北镇等地。朝鲜、俄罗斯（西伯利亚）。

附　　注　其采制、性味功效、主治用法及用量同山丹。

◎参考文献◎

［1］朱有昌.东北药用植物[M].哈尔滨：黑龙江科学技术出版社，1989:155.

［2］《全国中草药汇编》编写组.全国中草药汇编（上册）[M].北京：人民卫生出版社，1975:323-324.

［3］中国药材公司.中国中药资源志要[M].北京：科学出版社，1994:1386.

▲垂花百合植株

▲ 东北百合花

东北百合 *Lilium distichum* Nakai

别　　名	轮叶百合

俗　　名　山粳米　山梗子　狗蛋饭　花姑朵　鸡蛋皮菜　花骨朵苗子　山花骨朵苗子　粳米饭根　老哇芋头
狗牙蛋饭　皂角莲　山丹花　伞蛋花　卷莲花　羹匙菜

药用部位　百合科东北百合的鳞茎。

原植物　多年生草本。鳞茎卵圆形，高 2.5 ~ 3.0 cm，直径 3.5 ~ 4.0 cm；鳞茎下方生多数稍肉质根。
茎高 60 ~ 120 cm，有小乳头状突起。叶 1 轮，共 7 ~ 20 枚生于茎中部，还有少数散生叶，倒卵状披针

▲ 东北百合果实

▲ 市场上的东北百合幼株

▲东北百合果实（侧）

▲东北百合幼苗

▲东北百合幼株

形至矩圆状披针形，长 8 ~ 15 cm，宽 2 ~ 4 cm，先端急尖或渐尖，下部渐狭，无毛。花 2 ~ 12，排列成总状花序；苞片叶状，长 2.0 ~ 2.5 cm，宽 3 ~ 6 mm；花梗长 6 ~ 8 cm；花淡橙红色，具紫红色斑点；花被片稍反卷，长 3.5 ~ 4.5 cm，宽 0.6 ~ 1.3 cm，蜜腺两边无乳头状突起；雄蕊比花被片短；花丝无毛，花药条形，子房圆柱形，花柱长约为子房的 2 倍，柱头球形，3 裂。花期 7—8 月，果期 8—9 月。

生　境　生于富含腐殖质的林下、林缘、草地、溪边及路旁等处。

▲东北百合幼株（侧）

▲ 东北百合花（背）

▲ 东北百合种子

分　布　黑龙江萝北、饶河、虎林、密山、海林、牡丹江市区、东宁、宁安、尚志、五常等地。吉林长白山各地。辽宁宽甸、凤城、本溪、桓仁、西丰、鞍山市区、丹东市区、庄河、岫岩、清原、新宾、抚顺、西丰、海城、盖州、营口市区、义县、凌源、建昌、绥中等地。朝鲜、俄罗斯（西伯利亚）。

附　注　其采制、性味功效、主治用法及用量同山丹。

◎参考文献◎

[1] 朱有昌. 东北药用植物 [M]. 哈尔滨：黑龙江科学技术出版社，1989:153-154.

[2] 中国药材公司. 中国中药资源志要 [M]. 北京：科学出版社，1994:1386.

[3] 江纪武. 药用植物辞典 [M]. 天津：天津科学技术出版社，2005:462.

▲ 东北百合花序

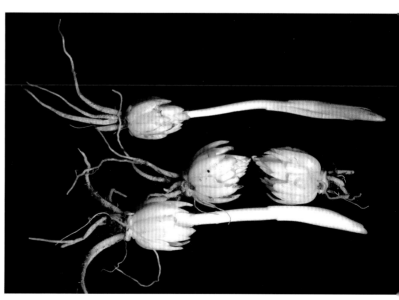

▲ 东北百合鳞茎

市场上的东北百合鳞茎

▲ 东北百合植株

▲ 山麦冬植株

山麦冬属 *Liriope* Lour.

山麦冬 *Liriope spicata*（Thunb.）Lour.

别　　名	紫穗麦冬

药用部位　百合科山麦冬的块根。

原 植 物　多年生草本。植株有时丛生。根稍粗，近末端处常膨大成矩圆形、椭圆形或纺锤形的肉质小块根。叶长 25 ~ 60 cm，宽 3 ~ 7 mm，先端急尖或钝，基部常包以褐色的叶鞘，上面深绿色，背面粉绿色，具脉 5，中脉比较明显，边缘具细锯齿。花葶通常长于或几等长于叶，少数稍短于叶，长 25 ~ 65 cm；总状花序长 5 ~ 15 cm，具多数花；花通常 3 ~ 5 朵簇生于苞片腋内；苞片小，披针形，干膜质；花梗长约 4 mm，关节位于中部以上；花被片矩圆形、矩圆状披针形，长 4 ~ 5 mm，淡紫色或淡蓝色；花丝长约 2 mm；花药狭矩圆形，子房近球形，花柱稍弯，柱头不明显。花期 5—7 月，果期 8—10 月。

生　　境　生于山坡、山谷林下、路旁、湿地及海岸等处。

分　　布　辽宁长海。全国绝大部分地区（除黑龙江、吉林、内蒙古、青海、新疆、西藏外）。日本、越南。

采　　制　春、秋季采挖块根，除去泥土，洗净，晒干或烘干。

性味功效　味甘、微苦，微寒。有养阴润肺、清心除烦、益胃生津、止咳的功效。

主治用法　用于肺燥干咳、吐血、咯血、肺痿肺痈、虚劳烦热、消渴、热病津伤、咽干口燥、便秘等。水煎服。

用　　量　9 ~ 15 g。

▲ 山麦冬花

▼ 山麦冬果实

◎参考文献◎

［1］中国药材公司.中国中药资源志要 [M].北京：科学出版社，1994:1386.

［2］江纪武.药用植物辞典 [M].天津：天津科学技术出版社，2005:469.

▲ 洼瓣花群落

洼瓣花属 *Lloydia* Salisb.

▲ 洼瓣花种子

洼瓣花 *Lloydia serotina*（L.）Rchb.

别　　名　单花萝蒂

药用部位　百合科洼瓣花的地上部分。

原 植 物　多年生草本。植株高 10 ～ 20 cm。基生叶通常 2，很少仅 1，短于或有时高于花序，宽约 1 mm。茎生叶狭披针形或近条形，长 1 ～ 3 cm，宽 1 ～ 3 mm，扁平，边缘内卷。花 1 ～ 2；花被片 6，狭长椭圆形，内外花被片近相似，白色而有紫斑，长 1.0 ～ 1.5 cm，宽 3.5 ～ 5.0 mm，先端钝圆，内面近基部常有一凹穴，较少例外，雄蕊和雌蕊明显短于花被片，雄蕊长为花被片的 1/2 ～ 3/5，花丝无毛，花药椭圆形；子房近矩圆形或狭椭圆形，长 3 ～ 4 mm，宽 1.0 ～ 1.5 mm；花柱与子房近等长，柱头 3 裂不明显。蒴果近倒卵形，略有 3 钝棱，长宽均 6 ～ 7 mm，顶端有宿存花柱。花期 6—7 月，果期 8—9 月。

生　　境　生于高山冻原带及亚高山岳桦林的石壁、林下、林缘及草甸等处。

分　　布　黑龙江呼玛。吉林长白、抚松、安图等地。内蒙古鄂伦春旗、根河、牙克石等地。新疆、西藏。华北、西北、西南。朝鲜、俄罗斯、日本、不丹、印度。欧洲、北美洲。

采　　制　夏、秋季采收地上部分，除去杂质，洗净，晒干。

主治用法　用于跌打损伤、胸腔内脓肿、各种眼病。水煎服或外用捣烂敷患处。

用　　量　适量。

▲洼瓣花植株

◎参考文献◎

［1］江纪武. 药用植物辞典 [M]. 天津：天津科学技术出版社，2005:472.

▲洼瓣花花（背）

▲洼瓣花花

▲二叶舞鹤草居群

▲二叶舞鹤草果实

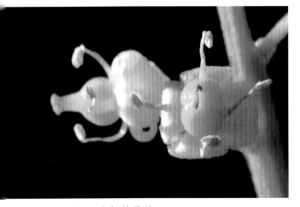
▲二叶舞鹤草花

舞鹤草属 *Maianthemum* Web.

二叶舞鹤草 *Maianthemum bifolium* （L.）F. W. Schm.

别　　名　舞鹤草

俗　　名　元宝草

药用部位　百合科二叶舞鹤草的全草。

原 植 物　多年生草本。茎高 8 ~ 25 cm，无毛或散生柔毛。基生叶有长达 10 cm 的叶柄，到花期凋萎；茎生叶通常 2，极少 3，互生于茎的上部，三角状卵形，长 3 ~ 10 cm，宽 2 ~ 9 cm，先端急尖至渐尖，基部心形，弯缺张开，下面脉上有柔毛或散生微柔毛，边缘有细小的锯齿状乳突或柔毛；叶柄长 1 ~ 2 cm，常有柔毛。总状花序直立，长 3 ~ 5 cm，有花 10 ~ 25；花序轴有柔毛或乳头状突起；花白色，直径 3 ~ 4 mm，单生或成对；花梗细，长约 5 mm，顶端有关节；花被片矩圆形，长 2.0 ~ 2.5 mm，有脉 1；花丝短于花被片；花药卵形，黄白色；子房球形。花期 6—7 月，果期 8—9 月。

▲二叶舞鹤草植株

生　　境　生于针阔混交林或针叶林下，常在阴湿处聚集成片生长。

分　　布　黑龙江漠河、塔河、呼玛、黑河市区、孙吴、萝北、伊春市区、铁力、勃利、尚志、五常、海林、林口、宁安、东宁、绥芬河、穆棱、木兰、延寿、密山、虎林、饶河、宝清、桦南、汤原等地。吉林长白山各地。辽宁本溪、开原、凤城等地。内蒙古额尔古纳、牙克石、鄂伦春旗、扎兰屯、阿尔山、科尔沁右翼前旗、扎鲁特旗、阿鲁科尔沁旗、巴林左旗、巴林右旗、克什克腾旗、东乌珠穆沁旗等地。河北、山西、青海、陕西、四川、甘肃。朝鲜、俄罗斯、日本。北美洲。

采　　制　夏、秋季采收全草，除去杂质，洗净，晒干，药用。

性味功效　味酸、涩，性微寒。有凉血止血、清热解毒的功效。

主治用法　用于吐血、尿血、月经过多、外伤出血、淋巴结结核、脓肿、疔癣、结膜炎等。水煎服。外用研末调敷或捣烂敷患处。

▲二叶舞鹤草花序

▲二叶舞鹤草幼株

用　　量　25～50 g。外用适量。

附　　方

（1）治月经过多：二叶舞鹤草25 g，地榆炭20 g，茜草15 g，旱莲草15 g。水煎服。

（2）治吐血：二叶舞鹤草25～50 g。水煎服。

（3）治外伤出血：二叶舞鹤草研末，外敷伤口。

▲二叶舞鹤草幼苗

◎参考文献◎

[1] 江苏新医学院. 中药大辞典（上册）
[M]. 上海：上海科学技术出版社，
1977:10.

[2] 朱有昌. 东北药用植物 [M]. 哈
尔滨：黑龙江科学技术出版社，
1989:156−157.

[3] 钱信忠. 中国本草彩色图鉴（第五
卷）[M]. 北京：人民卫生出版社，
2003:395−396.

▲ 舞鹤草居群

舞鹤草 *Maianthemum dilatatum*（Wood）Nels. et Mach.

俗　　名	元宝草
药用部位	百合科舞鹤草的全草。

原 植 物　多年生草本。根状茎细长，匍匐，长达 20 cm，节上生
有少数根，节间长 1 ~ 3 cm。茎直立，高 8 ~ 25 cm，光滑。叶 2 ~ 3，
互生于茎的上部，卵状心形，长 3 ~ 10 cm，宽 2.5 ~ 10.0 cm，
基部广心形，先端凸头或锐尖，两面光滑，边缘具半圆形的小突起；
叶柄长 0.5 ~ 4.0 cm，光滑。花通常 10 ~ 20 朵排成顶生的总状花序，
花序轴直立，长约 4 cm，光滑，每 2 或 3 朵花从小苞腋内抽出；
苞片小，披针形；花白色，花被片 4，椭圆形，长约 2 mm，宽约
1.5 mm，先端钝，具脉 1；雄蕊 4，花丝锥形，长约 2 mm，花药
卵形；子房球形。浆果球形，直径 5 ~ 7 mm，红色。花期 5—6 月，
果期 7—8 月。

生　　境　生于针阔混交林或针叶林下，常在阴湿处聚集成片生长。

分　　布　黑龙江伊春、海林等地。吉林敦化、白山、汪清、抚松、

▲ 舞鹤草花序

▲ 舞鹤草植株

▲ 舞鹤草幼株

▲ 舞鹤草果实

安图、长白等地；朝鲜、日本、俄罗斯（西伯利亚中东部）。

采　制　夏、秋季采收全草，除去杂质，洗净，晒干。

性味功效　味酸、涩，性微寒。有凉血止血、清热解毒的功效。

主治用法　用于吐血、尿血、月经过多。水煎服。外用适量研末撒患处。主治外伤出血、瘰疬、脓肿、癣疥、结膜炎等。

用　量　15～30 g。外用适量。

◎参考文献◎

［1］朱有昌.东北药用植物 [M].哈尔滨: 黑龙江科学技术出版社，1989:156-157.

［2］江纪武.药用植物辞典 [M].天津: 天津科学技术出版社，2005:496.

▲ 四叶重楼居群

重楼属 *Paris* L.

四叶重楼 *Paris quadrifolia* L.

药用部位 百合科四叶重楼的干燥根状茎。

原植物 多年生草本，植株高 25 ～ 40 cm。根状茎细长，匍匐状，直径达 5 mm。叶通常 4 枚轮生，最多可达 8 枚，极少 3 枚，卵形或宽倒卵形，长 5 ～ 10 cm，宽 3.5 ～ 5.0 cm，先端短尖头，近无柄。内外轮花被片与叶同数，外轮花被片狭披针形，长 2.0 ～ 2.5 cm，宽 5 ～ 8 mm；先端渐尖头或锐尖头；内轮花被片线形，黄绿色，与外轮近等长；雄蕊 8，花药与花丝近等长，长 3 ～ 4 mm，药隔突出部分钻形，长 5 ～ 6 mm；子房圆球形，紫红色，直径达 8 mm，4 ～ 5 室，胚珠多数；花柱具 4 ～ 5 分枝，分枝细长。浆果状蒴果不开裂，具多数种子。花期 5—6 月，果期 8—9 月。

▲ 四叶重楼花（背）

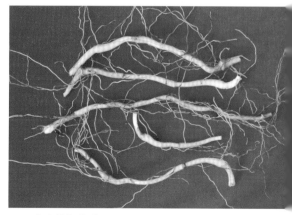

▲ 四叶重楼根状茎

▲ 四叶重楼花

▲ 四叶重楼植株（花被片 3）

生　　境　生于腐殖质肥沃的山坡林下、林缘、草丛、阴湿地及沟边等处。

分　　布　黑龙江伊春市区、嘉荫等地。吉林磐石。新疆。朝鲜、俄罗斯（西伯利亚中东部）。

采　　制　春、秋季采挖根状茎，洗净，剪掉须根，晾干或晒干。

性味功效　味苦、辛，性微寒。有小毒。有清热解毒、散瘀消肿、平喘止咳、熄风定惊的功效。

主治用法　用于咽喉肿痛、小儿惊风、抽搐、疔疮肿毒、瘰疬、痈疖、流行性腮腺炎、毒蛇咬伤等。水煎服。外用捣烂敷患处。

用　　量　5～15 g。外用适量。

◎参考文献◎

［1］江苏新医学院.中药大辞典（下册）[M].上海：上海科学技术出版社，1977:1748-1750.

［2］江纪武.药用植物辞典[M].天津：天津科学技术出版社，2005:571.

▲ 北重楼居群

北重楼 *Paris verticillata* M.-Bieb.

别　　名	七叶一枝花　长隔北重楼
俗　　名	人参幌子　灯台草　雨伞菜
药用部位	百合科北重楼的干燥根状茎。

原植物　多年生草本，植株高 25 ~ 60 cm。茎绿白色，有时带紫色。叶 5 ~ 8 枚轮生，披针形或倒卵状披针形，长 4 ~ 15 cm，宽 1.5 ~ 3.5 cm，近无柄。花梗长 4.5 ~ 12.0 cm；外轮花被片绿色，极少带紫色，叶状，通常 4 ~ 5，纸质，平展，倒卵状披针形、矩圆状披针形或倒披针形，长 2.0 ~ 3.5 cm，宽 0.6 ~ 3.0 cm，先端渐尖，基部圆形或宽楔形；内轮花被片黄绿色，条形，长 1 ~ 2 cm；花药长约 1 cm，花丝基部稍扁平，长 5 ~ 7 mm；药隔突出部分长 6 ~ 10 mm；子房近球形，紫褐色，顶端无盘状花柱基，花柱具 4 ~ 5 分枝，分枝细长，并向外反卷，比不分枝部分长 2 ~ 3 倍。花期 5—6 月，果期 8—9 月。

生　　境　生于腐殖质肥沃的山坡林下、林缘、草丛、阴湿地及沟边等处。

▲ 北重楼花（侧）

▲ 北重楼花

▲北重楼幼株居群

▼北重楼幼苗

▲北重楼种子

分　布　黑龙江塔河、呼玛、黑河市区、孙吴、萝北、伊春市区、铁力、勃利、尚志、五常、海林、林口、宁安、东宁、绥芬河、穆棱、木兰、延寿、密山、虎林、饶河、宝清、桦南、汤原等地。吉林长白山各地。辽宁本溪、桓仁、清原、丹东市区、凤城、鞍山、开原、凌源、西丰等地。内蒙古根河、牙克石、鄂伦春旗、鄂温克旗、阿尔山、科尔沁右翼前旗、扎鲁特旗、阿鲁科尔沁旗、巴林左旗、巴林右旗、克什克腾旗、东乌珠穆沁旗等地。河北、浙江、安徽、山西、陕西、四川、甘肃。朝鲜、俄罗斯（西伯利亚中东部）、日本。

▲北重楼植株

▲北重楼植株（9叶）

▼北重楼植株（叶片5，花被片3）

▲北重楼根状茎

采　　制　春、秋季采挖根状茎，洗净，剪掉须根，晾干或晒干。

性味功效　味苦，性寒。有小毒。有清热解毒、散瘀消肿的功效。

主治用法　用于疮疖疔毒、毒蛇咬伤、咽喉肿痛、扁桃体炎、慢性气管炎、小儿惊风抽搐、淋巴结结核、痔疮及脱肛等。水煎服。外用捣烂敷患处。

▲ 倒卵叶重楼花（花被片 5）

▲ 北重楼植株（花被片 3）

▲ 倒卵叶重楼花（花被片 6）

用　　量　10 ～ 15 g。外用适量。

附　　方

（1）治疖肿、疗毒：北重楼根 5 ～ 10 g，水煎服。或用北重楼根 15 g，蒲公英 50 g，水煎，日服 2 次。

（2）治小儿惊风：北重楼根研末，每次 1 g，凉开水送服，日服 2 次。

（3）治毒蛇咬伤：北重楼根研末，每服 5 g，每日 2 ～ 3 次。另用醋磨汁涂患处。亦可用鲜根捣烂外敷。

▲ 北重楼植株（5 叶）

（4）治淋巴结结核：北重楼、夏枯草、天葵子各15g，水煎服。

附 注

（1）在东北尚有1变种：倒卵叶重楼 var. *obovata*（Ledeb.）Hara，外花被片5；雄蕊9～10；花柱5，其他同原种。

（2）本品治疗毒蛇咬伤和无名肿毒效果极佳，将本品（土名：七叶一枝花）的全草捣碎敷在患处可治疗毒蛇咬伤。民间有"遇到七叶一枝花，毒蛇马上回老家"和"七叶一枝花，无名肿毒一把抓"的说法。

◎参考文献◎

［1］朱有昌.东北药用植物[M].哈尔滨：黑龙江科学技术出版社，1989:157-159.

［2］钱信忠.中国本草彩色图鉴（第二卷）[M].北京：人民卫生出版社，2003:178-179.

［3］中国药材公司.中国中药资源志要[M].北京：科学出版社，1994:1391.

▲北重楼植株（8叶）

▲北重楼果实

▲北重楼花（花被片3）

▲ 黄精幼株

黄精属 *Polygonatum* Mill.

黄精 *Polygonatum sibiricum* Reddoute

别　　名	鸡头黄精　东北黄精
俗　　名	黄鸡菜　山苞米　笔管菜　家笔管菜
药用部位	百合科黄精的根状茎。
原 植 物	多年生草本。根状茎圆柱状，由于结节膨大，因

此"节间"一头粗、一头细，在粗的一头有短分枝，直径
1 ~ 2 cm；茎高 50 ~ 90 cm，或可达 1 m 以上，有时呈
攀援状。叶轮生，每轮 4 ~ 6，条状披针形，长 8 ~ 15 cm，
宽 4 ~ 16 mm，先端拳卷或弯曲成钩。花序通常具花 2 ~ 4，
似呈伞状；总花梗长 1 ~ 2 cm，花梗长 2.5 ~ 10.0 mm，
俯垂；苞片位于花梗基部，膜质，钻形或条状披针形，
长 3 ~ 5 mm，具脉 1；花被片乳白色至淡黄色，全长
9 ~ 12 mm，花被筒中部稍缢缩，裂片长约 4 mm；花丝
长 0.5 ~ 1.0 mm，花药长 2 ~ 3 mm；子房长约 3 mm，
花柱长 5 ~ 7 mm。花期 5—6 月，果期 8—9 月。

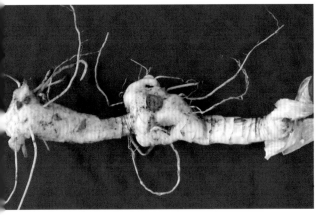

▲ 黄精根状茎

▲ 市场上的黄精根状茎

黄精植株

生　境　生于山坡、林缘、路旁、灌丛等石砾质地等处。

分　布　黑龙江龙江、泰来、杜尔伯特、肇东、肇源等地。吉林镇赉、通榆、洮南、前郭、长岭、双辽、大安、舒兰、桦甸等地。辽宁大连市区、鞍山市区、本溪、盖州、彰武、凌源、建昌、喀左、绥中、建平、朝阳、北票、北镇、义县、营口市区、瓦房店、庄河、岫岩、宽甸、凤城、桓仁、辽阳、铁岭等地。内蒙古额尔古纳、牙克石、阿尔山、科尔沁右翼前旗、科尔沁右翼中旗、扎鲁特旗、克什克腾旗、翁牛特旗、东乌珠穆沁旗、西乌珠穆沁旗、阿巴嘎旗等地。河北、河南、安徽、浙江、山东、山西、陕西。朝鲜、俄罗斯（西伯利亚）、蒙古。

采　制　春、秋季采挖根状茎，除去地上部、须根、泥沙等杂质，生用或蒸10～20 min后，取出晾干或晒干。

性味功效　味甘，性平。有补中益气、润心肺、强筋骨的功效。

主治用法　用于虚损烦热、病后亏虚、脾胃虚弱、纳少便溏、须发早白、风湿疼痛、结核干咳、肺痨、腰膝酸软、口渴消瘦、高血压及脚癣等。水煎服，熬膏或入丸、散服。外用煎水洗。气滞、胸闷胃呆者不宜服，中寒泄泻、痰湿者忌服。

▲ 黄精幼苗

▲ 黄精花

▲ 黄精花（侧）

▲ 黄精果实

用　　量　15 ~ 25 g（鲜品 50 ~ 100 g）。外用适量。

附　　方

（1）治肺结核咯血：黄精 500 g，白及、百部各 250 g，玉竹 200 g。共研细粉，炼蜜为丸，每服 15 g，每日 3 次。

（2）治冠心病心绞痛：黄精、昆布各 25 g，柏子仁、菖蒲、郁金各 15 g，延胡索 10 g，山楂 40 g，煎成膏剂。每日 1 剂，分 3 次服，4 周为一个疗程。

（3）治肺燥咳嗽：黄精 25 g，北沙参 20 g，杏仁、桑叶、麦门冬各 15 g，生甘草 10 g。水煎服。

（4）治百日咳：黄精、百部各 15 g，天门冬、麦门冬、射干、百合、紫菀、枳实各 10 g，甘草 5 g。水煎服。

（5）治脾胃虚弱、体倦无力：黄精、党参、山药各 50 g，蒸鸡食。又方：黄精、当归各 20 g，水煎服。

（6）治气虚不足，补精气：黄精、枸杞子各等量，共捣成饼，晒干研末，蜜丸 5 g 重，每次 1 丸，日服 2 次。

（7）治胃热口渴：黄精 50 g，熟地、山药各 25 g，天花粉、麦门冬各 20 g，水煎服。

（8）治蛲虫病：黄精 40 g，加冰糖 50 g，炖服。

（9）治脚癣（脚气）、股癣：黄精 250 g，加水熬成清膏，涂搽患处，每日 2 次。

附　　注　本品为《中华人民共和国药典》（2020 年版）收录的药材。

◎ 参考文献 ◎

［1］江苏新医学院.中药大辞典（下册）[M].上海：上海科学技术出版社，1977:2041-2044.

［2］朱有昌.东北药用植物 [M].哈尔滨：黑龙江科学技术出版社，1989:162-164.

［3］《全国中草药汇编》编写组.全国中草药汇编（下册）[M].北京：人民卫生出版社，1975:775-777.

▲狭叶黄精花

▼狭叶黄精果实

狭叶黄精 *Polygonatum stenophyllum* Maxim.

别　　名	狭叶玉竹
俗　　名	山苞米
药用部位	百合科狭叶黄精的根状茎。

原植物 多年生草本。根状茎圆柱状，结节稍膨大，直径
4～6 mm。茎高达1 m，具很多轮叶，上部各轮较密接，每轮
具叶4～6，叶无柄。叶条状披针形，长6～10 cm，宽3～8 mm，
先端渐尖，不弯曲或拳卷，全缘。花序从下部3～4轮叶腋间抽出，
具花2，总花梗和花梗都极短，俯垂，前者长2～5 mm，后者
长1～2 mm；苞片白色膜质，较花梗稍长或近等长；花被片6，
下部合生成筒，白色，全长8～12 mm，花被筒在喉部缢缩，
裂片长2～3 mm；雄蕊6，花丝丝状，长约1 mm，着生在花
被的中下部，花药长约2 mm，子房长约2 mm，花柱长约3.5 mm。
浆果球形。花期6—7月，果期7—8月。

▼狭叶黄精花序

生　　境 生于林下、林缘、路旁、河岸及草地等处，常聚集成
片生长。

分　　布 黑龙江哈尔滨市区、依兰、宁安、尚志、林口等地。
吉林长白山各地。辽宁昌图、凤城、庄河、清原等地。内蒙古鄂

▲狭叶黄精植株

▲ 狭叶黄精幼苗

▲ 狭叶黄精幼株

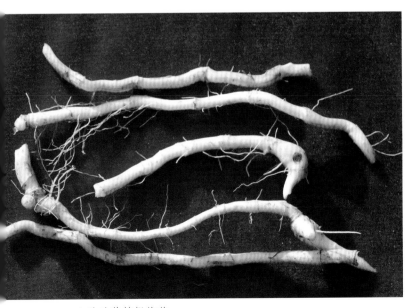

▲ 狭叶黄精根状茎

伦春旗、扎兰屯、科尔沁右翼前旗等地。河北。朝鲜、俄罗斯（西伯利亚中东部）。

采　制　春、秋季采挖根状茎，除去地上部、须根、泥沙等杂质，生用或蒸10～20 min后，取出晾干或晒干。

附　注　性味功效、主治用法及用量同黄精。

◎参考文献◎

［1］朱有昌. 东北药用植物 [M]. 哈尔滨：黑龙江科学技术出版社，1989:162-164.

［2］中国药材公司. 中国中药资源志要 [M]. 北京：科学出版社，1994:1394.

［3］江纪武. 药用植物辞典 [M]. 天津：天津科学技术出版社，2005:629.

▲ 玉竹居群

玉竹 *Polygonatum odoratum*（Mill.）Druce

<table>
<tr><td>别　　名</td><td>葳蕤　萎蕤</td></tr>
</table>

俗　　名　山苞米　山铃铛　山铃铛草　山铃子草　狗铃铛　毛管菜　铃铛菜　小叶芦　小芦藜　灯笼菜　山地瓜　白蟒肉　大芦藜山坠子

药用部位　百合科玉竹的根状茎。

原 植 物　多年生草本。根状茎扁圆柱形，横生，密生多数须根。茎单一，高 20 ～ 80 cm，上部倾斜，基部具 2 ～ 3 枚呈干膜质的广条形叶。叶片通常 7 ～ 14 互生于茎中上部，椭圆形、长圆形至卵状长圆形，长 5 ～ 20 cm，宽 2 ～ 8 cm，先端尖，下面带灰白色，下面脉上平滑至呈乳头状粗糙。花序常具花 1 ～ 4，生于叶腋，花序梗长 1.5 ～ 2.5 cm，弯而下垂；无苞片或有条状披针形苞片；花绿黄色或白色，有香气，全长 13 ～ 20 mm；花被片 6，下部合生成筒状，先端 6 裂，裂片卵形或广卵形，覆瓦状排列，长 4 ～ 6 mm；雄蕊 6，花丝扁平，花药条形，黄色；子房倒卵形，柱头 3 裂。花期 5—6 月，果期 7—8 月。

生　　境　生于腐殖质肥沃的山地林下、林缘灌丛或沟边，常聚集成片生长。

分　　布　黑龙江哈尔滨市区、阿城、呼玛、鹤岗市区、萝北、

▲ 玉竹幼株

▲ 玉竹幼苗

▲ 玉竹花（单花）

▲ 玉竹花

黑河市区、尚志、富裕、虎林、宾县、五常、海林、宁安、东宁、穆棱、鸡西市区、林口、饶河、桦川、勃利、宝清、富锦、佳木斯市区、依兰、通河、木兰、方正、延寿、伊春市区、绥棱、铁力、嘉荫、北安、克东、五大连池、孙吴等地。吉林省中东部各地。辽宁丹东市区、凤城、宽甸、本溪、桓仁、抚顺、新宾、清原、鞍山市区、庄河、盖州、大连市区、岫岩、营口、昌图、西丰、法库、新民、辽中、凌海、绥中、兴城、阜新、北镇、义县、朝阳、建平、建昌、喀左等地。内蒙古额尔古纳、满洲里、牙克石、科尔沁右翼前旗、扎鲁特旗、科尔沁右翼中旗、克什克腾旗、翁牛特旗、东乌珠穆沁旗、西乌珠穆沁旗等地。河北、河南、浙江、山东、山西、安徽、湖北、湖南、四川、陕西、宁夏、甘肃、新疆。朝鲜、俄罗斯（西伯利亚）、日本。欧洲。

▲ 玉竹果实（3枚）

采　　制　春、秋季采挖根状茎，除去地上部、须根、泥沙等杂质，生用或蒸 10 ～ 20 min 后，取出晾干或晒干。

性味功效　味甘，性平、微寒。有养阴润燥、除烦、生津止渴的功效。

主治用法　用于热病伤阴、口干发热、肢体酸软、咳嗽烦渴、虚劳发热、消谷易饥、糖尿病、风湿性心脏病、小便频数及腰腿疼痛等。水煎服。阴盛内寒、胃有痰湿气滞者忌服，忌铁器和卤碱。

用　　量　10 ～ 15 g。

附　　方

（1）治胃热口干：玉竹、生石膏各 25 g，麦门冬、沙参各 15 g。水煎服。

（2）治心脏病：玉竹 25 g，浓煎分 2 次服，每日 1 剂，30 d 为一个疗程。

（3）治心绞痛：（参竹膏）玉竹 25 g，党参 15 g。一日量，制成浸膏内服。适用于气阴两虚型。又方养心汤：玉竹、黄精各 20 g，党参、柏子仁、红花、郁金各 15 g，川芎 25 g。水煎服，每日 1 剂。

（4）治冠心病，降血脂：玉竹、丹参各 60 g，草决明 70 g，以上为 15 d 量，代茶饮。

（5）治热病后身体虚弱、咽干口渴、食欲不振：玉竹 20 g，沙

▼ 玉竹果实（1枚）

▼ 玉竹果实（2枚）

玉竹根状茎

▲玉竹花（侧）

▲玉竹种子

参、麦门冬各 15 g，生甘草 10 g，水煎服；或用玉竹 250 g 加水熬清膏，每服一汤匙，开水和服，每日 2 次。

（6）治男女虚证、肢体酸软、自汗、盗汗：玉竹 25.0 g，丹参 12.5 g，水煎服。

（7）治风湿性心脏病：玉竹、当归、秦艽、甘草各 15 g，水煎服。

（8）治多汗：玉竹、防风、黄芪各 15 g，水煎，日服 2 次。

附 注 本品为《中华人民共和国药典》（2020 年版）收录的药材。

▲市场上的玉竹根状茎

◎参考文献◎

［1］江苏新医学院. 中药大辞典（上册）[M]. 上海：上海科学技术出版社，1977:551−553.

［2］朱有昌. 东北药用植物 [M]. 哈尔滨：黑龙江科学技术出版社，1989:160−162.

［3］《全国中草药汇编》编写组. 全国中草药汇编（上册）[M]. 北京：人民卫生出版社，1975:232−233.

▲市场上的玉竹根状茎（干）

▲市场上的玉竹幼苗

▲市场上的玉竹幼株

▲毛筒玉竹幼株

毛筒玉竹 *Polygonatum inflatum* Kom.

别　　名　毛筒黄精

药用部位　百合科毛筒玉竹的根状茎。

原 植 物　多年生草本。茎高 50 ~ 80 cm，
上部斜生，具棱角，具叶 6 ~ 9。叶互生，
卵形至椭圆形，长 8 ~ 16 cm，宽 4 ~ 8 cm，
先端略尖至钝，叶柄长 5 ~ 15 mm。花序
具花 2 ~ 3；总花梗长 2 ~ 4 cm，花梗长
4 ~ 6 mm，基部具 2 ~ 5 枚苞片；苞片近草质，
条状披针形，长 8 ~ 12 mm，具 3 ~ 5 脉；
花淡绿色，近壶状筒形，长 21 ~ 25 mm，
筒直径 5 ~ 6 mm，在口部稍缢缩，裂片长
2 ~ 3 mm，筒内花丝贴附部分具短绵毛；雄
蕊 6，花丝丝状，长达 16 mm，下部与花被

▲毛筒玉竹花

▲ 毛筒玉竹花（侧）

▲ 毛筒玉竹植株

▲ 毛筒玉竹幼苗

筒合生，无毛，中上部或上部长 4 ～ 10 mm，贴附于花被筒而顶端分裂，密生短绵毛，花药长约 4 mm；子房长约 5 mm，花柱长约 15 mm。花期 5—6 月，果期 8—9 月。

生　　境　生于山坡、林下、林缘及路旁等处。

分　　布　黑龙江尚志、五常、海林、东宁、宁安等地。吉林长白山各地。辽宁鞍山市区、本溪、凤城、宽甸、岫岩、清原等地。朝鲜、俄罗斯（西伯利亚中东部）、日本。

附　　注　其采制、性味功效、主治用法及用量同玉竹。

▲毛筒玉竹果实

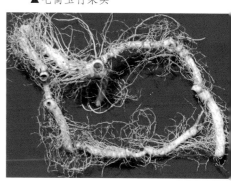

▲毛筒玉竹种子

▲毛筒玉竹根状茎
▼市场上的毛筒玉竹根状茎

◎参考文献◎

［1］江苏新医学院.中药大辞典（上册）[M].上海：上海科学技术出版社，1977:551-553.

［2］朱有昌.东北药用植物[M].哈尔滨：黑龙江科学技术出版社，1989:160-162.

［3］钱信忠.中国本草彩色图鉴（第一卷）[M].北京：人民卫生出版社，2003:531-532.

五叶黄精 *Polygonatum acuminatifolim* Kom.

俗　名　山苞米

药用部位　百合科五叶黄精的根状茎。

原 植 物　多年生草本。根状茎圆柱形，匍匐状；茎单一，直立，高 20 ～ 40 cm，具叶 4 ～ 5。叶互生，具短柄，柄长 5 ～ 15 mm，叶片椭圆形至长圆形，长 5 ～ 9 cm，宽 1.8 ～ 5.0 cm，先端短渐尖或钝，具长 5 ～ 15 mm 的叶柄。花序梗单生于叶腋，长 1 ～ 2 cm，下弯，顶端着生花 2 ～ 3；花梗长 2 ～ 6 mm；在花梗中部以上具 1 枚白色、膜质的苞片，苞片长约 3 mm；花被片 6，下部合生成筒，淡绿色，长 2.0 ～ 2.5 cm，裂片长 4 ～ 5 mm，筒内花丝贴生部分具短绵毛；花丝长 3.5 ～ 4.5 mm，两侧扁，具乳头状突起至具短绵毛，顶端有时膨大呈囊状，花药长 4 ～ 5 mm；子房椭圆形，花柱长 1 ～ 2 cm。花期 5—6 月，果期 8—9 月。

生　境　生于林下、林缘及路旁等处，常聚集成片生长。

分　布　黑龙江尚志、五常等地。吉林长白山各地。辽宁新宾、西丰、清原等地。朝鲜、俄罗斯（西伯利亚中东部）。

▲ 五叶黄精幼苗

▲ 五叶黄精果实

▲ 五叶黄精花

▲五叶黄精幼株居群

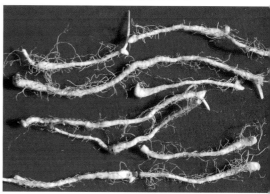

▲五叶黄精根状茎

▼五叶黄精花（侧）

▲市场上的五叶黄精根状茎

附　注　其采制、性味功效、主治用法及用量同玉竹。

◎参考文献◎

［1］钱信忠.中国本草彩色图鉴（第一卷）[M].北京：人民卫生
　　出版社，2003:429-430.

［2］中国药材公司.中国中药资源志要[M].北京：科学出版社，
　　1994:1394.

▲五叶黄精幼株（前期）

▼五叶黄精幼株（后期）

▲小玉竹居群

▲小玉竹种子

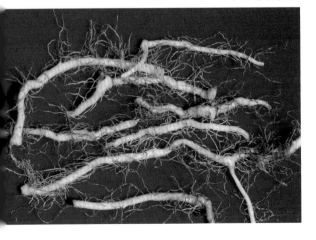

▲小玉竹果实

▼小玉竹根状茎

小玉竹 *Polygonatum humile* Fisch. ex Maxim.

| 俗　　名 | 山苞米　山铃铛 |

药用部位　百合科小玉竹的根状茎。

原植物　多年生草本。根状茎细圆柱形，直径 1.5 ~ 5.0 mm，匍匐状；茎直立，高 15 ~ 50 cm，有棱角。叶 7 ~ 14，互生，无柄或下部叶有极短的柄，叶片长圆形、长圆状披针形或广披针形，长 4 ~ 9 cm，宽 1.5 ~ 4.0 cm，先端多少锐尖或钝，基部钝，表面无毛，背面及边缘具短糙毛。花序通常腋生 1 花，稀为 2 或 3 花；花梗长 7 ~ 15 mm，显著向下弯曲；花白色，顶端带绿色，筒状，长 15 ~ 18 mm，先端 6 浅裂，裂片长 2 mm；雄蕊 6，花丝长 3 mm，稍两侧扁，粗糙，花药三角状披针形，长 3.0 ~ 3.5 mm；子房倒卵状长圆形，长约 4 mm，花柱长 11 ~ 13 mm。浆果球形，蓝黑色。花期 5—6 月，果期 7—8 月。

生　　境　生于山坡、林下、林缘、路旁等处，常聚集成片生长。

▲小玉竹幼株居群

▲ 小玉竹花（侧）

▲ 小玉竹幼株

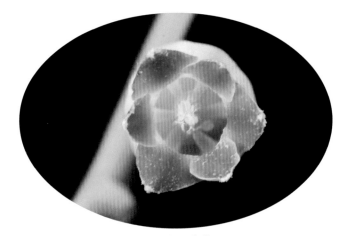

▲ 小玉竹花

▲ 小玉竹幼苗

分　　布　黑龙江呼玛、伊春、阿城、牡丹江、宁安、海林等地。吉林长白山各地。辽宁凤城、宽甸、桓仁等地。内蒙古额尔古纳、牙克石、鄂伦春旗、鄂温克旗、阿尔山、科尔沁右翼前旗、扎鲁特旗、科尔沁右翼中旗、克什克腾旗、翁牛特旗、东乌珠穆沁旗、西乌珠穆沁旗等地。河北、山西。朝鲜、俄罗斯（西伯利亚中东部）。

分　　布　其采制、性味功效、主治用法及用量同玉竹。

◎参考文献◎

［1］江苏新医学院.中药大辞典（上册）[M].上海：上海科学技术出版社，1977:551–553.

［2］《全国中草药汇编》编写组.全国中草药汇编（上册）[M].北京：人民卫生出版社，1975:232–233.

［3］钱信忠.中国本草彩色图鉴（第一卷）[M].北京：人民卫生出版社，2003:275–276.

▲小玉竹植株

▲ 热河黄精花（侧）

▼ 热河黄精花

▼ 热河黄精果实

热河黄精 *Polygonatum macropodium* Turcz.

| 别　　名 | 多花黄精　大玉竹　长梗玉竹 |

别　　名　多花黄精　大玉竹　长梗玉竹

俗　　名　山苞米　甜玉竹　甜铃铛　笔管菜　大叶芦　铃铛菜　山地瓜

药用部位　百合科热河黄精的根状茎。

原植物　多年生草本。根状茎圆柱形，直径 1 ~ 2 cm；茎高 30 ~ 100 cm。叶互生，卵形至卵状椭圆形，少有卵状矩圆形，长 4 ~ 10 cm，先端尖。花序具花 3 ~ 8，近伞房状；总花梗长 3 ~ 5 cm，花梗长 0.5 ~ 1.5 cm；苞片无或极微小，位于花梗中部以下；花被白色或带红点，全长 15 ~ 20 mm，裂片长 4 ~ 5 mm；花丝长约 5 mm，具 3 狭翅呈皮屑状粗糙，花药长约 4 mm；子房长 3 ~ 4 mm，花柱长 10 ~ 13 mm。浆果深蓝色，直径 7 ~ 11 mm，具 7 ~ 8 颗种子。花期 5—6 月，果期 8—9 月。

生　　境　生于林下或阴坡等处。

分　　布　吉林蛟河、抚松、汪清、敦化等地。辽宁大连市区、鞍山、瓦房店、凌源、阜新、桓仁、建昌、义县、建平、绥中、喀左、北票、彰武、北镇、沈阳、抚顺、西丰、开原、铁岭、昌图等地。内蒙古翁牛特旗。河北、山东、山西。朝鲜、俄罗斯（西

▲ 热河黄精幼苗

▲ 热河黄精植株（前期）

伯利亚中东部）。

附　注　其采制、性味功效、主治用法及用量同玉竹。

◎参考文献◎

[1] 江苏新医学院.中药大辞典（上册）[M].上海：上海科学技术出版社，1977:551-553.

[2] 朱有昌.东北药用植物[M].哈尔滨：黑龙江科学技术出版社，1989:159-160.

[3] 《全国中草药汇编》编写组.全国中草药汇编（上册）[M].北京：人民卫生出版社，1975:232-233.

▲ 热河黄精根状茎

▲ 热河黄精植株（后期）

▲二苞黄精居群

▼二苞黄精果实

二苞黄精 *Polygonatum involucratum* Maxim.

俗　名 山苞米

药用部位 百合科二苞黄精的根状茎。

原植物 多年生草本。根状茎细圆柱形；茎高 20 ~ 50 cm，圆柱形，具条棱，光滑；具叶 4 ~ 7。叶互生，卵形、卵状椭圆形至矩圆状椭圆形，长 5 ~ 10 cm，宽 2.5 ~ 6.0 cm，基部广楔形，先端短渐尖，两面无毛，下部的具短柄，上部的近无柄。花序具花 2，总花梗长 1 ~ 2 cm，稍扁平，显著具条棱，顶端具 2 枚叶状苞片；苞片卵形至宽卵形，长 2.0 ~ 3.5 cm，宽 1 ~ 3 cm，宿存，具多脉；花梗极短，仅长 1 ~ 2 mm；花被绿白色至淡黄绿色，全长 2.3 ~ 2.5 cm，裂片长约 3 mm；花丝长 2 ~ 3 mm，向上略弯，两侧扁，具乳头状突起，花药长 4 ~ 5 mm；子房长约 5 mm，花柱长 18 ~ 20 mm。花期 5—6 月，果期 8—9 月。

生　境 生于林下及林缘等处。

▼二苞黄精幼株

▲二苞黄精植株

▼二苞黄精幼苗

▼二苞黄精根状茎

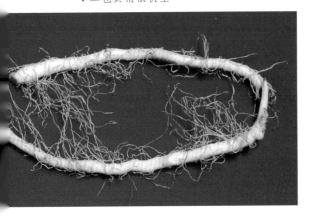

分　　布　　黑龙江尚志、五常、宁安、东宁、勃利、穆棱、虎林等地。吉林长白山各地。辽宁丹东市区、凤城、宽甸、本溪、桓仁、清原、鞍山、庄河、北镇、凌海、绥中、义县等地。内蒙古喀喇沁旗。河北、河南、山西。朝鲜、俄罗斯（西伯利亚）、日本。

采　　制　　春、秋季采挖根状茎，除去地上部、须根、泥沙等杂质，生用或蒸 10 ～ 20 min 后，取出晾干或晒干。

性味功效　　味甘、微苦，性凉。有平肝熄风、养阴明目、清热凉血、生津止渴、滋补肝肾的功效。

主治用法　　用于头痛目疾、咽喉痛、高血压、癫痫、糖尿病、口干舌燥、神经衰弱、食欲不振、疖痈等。水煎服。

用　　量　　9 ～ 15 g。

◎参考文献◎

［1］钱信忠. 中国本草彩色图鉴（第一卷）[M]. 北京：人民卫生出版社，2003:11-12.

［2］江纪武. 药用植物辞典 [M]. 天津：天津科学技术出版社，2005:629.

▲二苞黄精花

▼长苞黄精幼苗

长苞黄精 *Polygonatum desoulavyi* Maxim.

俗　　名　山苞米
药用部位　百合科长苞黄精的根状茎。
原 植 物　多年生草本。根状茎细圆柱形，直径 3 ~ 4 mm，节间稍长，茎圆，上方斜，高 20 ~ 40 cm，有叶 5 ~ 9。叶互生，长椭圆形，长

▼长苞黄精根状茎

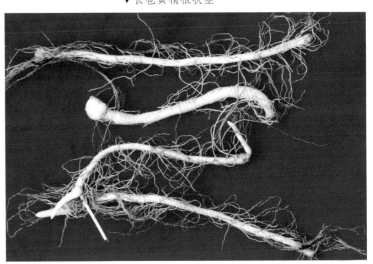

5 ~ 10 cm，宽 2 ~ 4 cm，无柄或具短柄，先端短渐尖，下面有乳头状突起。花序具花 1 ~ 2，花梗长
8 ~ 12 mm，上具 1 枚叶状苞片；苞片披针形至宽披针形，长 1.5 ~ 2.8 cm，宽 3 ~ 7 mm，约具 10 条
脉或更多，边缘具乳头状突起；花被片 6，下部合生成筒，白色，先端带绿色，长约 2 cm，裂片长 2 ~ 4 mm，
无毛；雄蕊 6，花丝扁，于花被筒 2/3 处插生，花药长 4 mm；子房圆形，直径 2 mm，花柱长 1.5 cm。
花期 5—6 月，果期 8—9 月。

生　　境　生于林下、林缘等处。

分　　布　黑龙江伊春、尚志等地。吉林通化、桦甸、蛟河等地。辽宁鞍山、本溪、凤城、宽甸、岫岩、
清原等地。朝鲜、俄罗斯（西伯利亚中东部）。

附　　注　其采制、性味功效、主治用法及用量同二苞黄精。

◎参考文献◎

［1］江纪武. 药用植物辞典 [M]. 天津：天津科学技术出版社，2005:628.

▼长苞黄精花

▲绵枣儿群落

▼绵枣儿幼苗

▼绵枣儿幼株

绵枣儿属 *Barnardia* Lindl.

绵枣儿 *Barnardia japonica*（Thunberg）Schultes & J. H. Schultes

别　　名　石枣儿　天蒜

俗　　名　地枣　催生草　独叶芹　老雅蒜　金枣　马胡枣　小山蒜　死人头发　鞋底油　牡牛肚子　山慈姑　山南星

药用部位　百合科绵枣儿的鳞茎及全草。

原 植 物　多年生草本。鳞茎卵形或近球形。基生叶通常 2 ～ 5,狭带状,长 15 ～ 40 cm,宽 2 ～ 9 mm,柔软。花葶通常比叶长；总状花序长 2 ～ 20 cm,具多数花；花紫红色、粉红色至白色,小,直径 4 ～ 5 mm,在花梗顶端脱落；花梗长 5 ～ 12 mm,基部有 1 ～ 2 较小的、狭披针形苞片；花被片近椭圆形、倒卵形或狭椭圆形,长 2.5 ～ 4.0 mm,宽约 1.2 mm,基部稍合生成盘状,先端钝而且增厚；雄蕊生于花被片基部,稍短于花被片；花丝近披针形,边缘和背面常多少具小乳突,基部稍合生,中部以上骤然变窄；子房基部有短柄,3 室,每室 1 个胚珠；花柱长为子房的一半至 2/3。花期 7—8 月,果期 9—10 月。

生　　境　生于多石山坡、草地、林缘及沙质地等处,常聚集成片生长。

分　　布　黑龙江牡丹江、杜尔伯特、大庆市区、肇东、肇源、龙江、

▲ 绵枣儿花序

▲ 绵枣儿花序（白色）

林甸、齐齐哈尔市区、尚志、方正、林口、穆棱等地。
吉林通化、集安、镇赉、双辽、大安、乾安、通榆、
长岭等地。辽宁丹东、庄河、瓦房店、普兰店、长海、
大连市区、凌海、义县、昌图、盖州、沈阳、抚顺、
鞍山市区、海城、绥中、建昌、建平、喀左等地。
内蒙古鄂伦春旗、扎兰屯、科尔沁右翼中旗、扎
赉特旗、科尔沁左翼中旗、克什克腾旗、翁牛特
旗等地。全国绝大部分地区（除西北外）。朝鲜、
俄罗斯（西伯利亚中东部）、日本。

采制 春、秋季采挖鳞茎，剪掉须根，除去
泥土，洗净，晒干。夏、秋季采收全草，除去杂质，
切段，洗净，晒干。

性味功效 味甘、苦，性寒。有小毒。有活血解毒、
消肿止痛、催生的功效。

主治用法 用于乳痈、乳腺炎、肠痈、跌打损伤、

▲ 绵枣儿鳞茎

牙痛、心脏性水肿、难产、痈疽及毒蛇咬伤。水煎服或浸酒。外用捣烂敷患处。

用　量　5～15g。外用适量。

附　方

（1）治牙疼、筋骨疼痛、腰腿痛、金疮外伤疼痛：绵枣儿10g，水煎，日服2次（方正民间方，农历立秋至白露间采集带根全草阴干备用）。

（2）治痈疽、乳痈：绵枣儿适量捣烂，敷患处。

◎参考文献◎

［1］江苏新医学院.中药大辞典（下册）[M].上海：上海科学技术出版社，1977:2270.

［2］朱有昌.东北药用植物[M].哈尔滨：黑龙江科学技术出版社，1989:165-166.

［3］中国药材公司.中国中药资源志要[M].北京：科学出版社，1994:1395.

▲绵枣儿花序（浅粉色）

▲绵枣儿花（背）

▲绵枣儿果实

▲绵枣儿花

▲绵枣儿植株

▲兴安鹿药居群

▼兴安鹿药果实

▲兴安鹿药种子

鹿药属 *Smilacina* Desf.

兴安鹿药 *Smilacina davurica* Turcz.

药用部位　百合科兴安鹿药的根状茎。

原植物　多年生草本，植株高 30 ~ 60 cm。根状茎纤细，粗 1.0 ~ 2.5 mm，匍匐状；茎直立，单一，下部近无毛，上部有短毛，具叶 6 ~ 12。叶纸质，矩圆状卵形或矩圆形，长 6 ~ 13 cm，宽 2 ~ 4 cm，先端急尖或具短尖，表面鲜绿色，光滑，背面密生短毛，无柄。总状花序除花以外全部有短毛，长 3 ~ 4 cm，花序轴密生短毛；花通常 2 ~ 4 朵簇生，极少为单生，白色；花梗长 3 ~ 5 mm；花被片 6，花被片基部稍合生，倒卵状矩圆形或矩圆形，长 2 ~ 3 mm，宽 1.5 ~ 3.0 mm；花药小，近球形；花柱与子房近等长或稍短，柱头稍 3 裂。浆果近球形，熟时红色或紫红色，具种子 1 ~ 2。花期 6—7 月，果期 7—8 月。

▲兴安鹿药植株（果期）

生　　境　生于草甸、湿草地、林缘及沼泽附近，常聚集成片生长。

分　　布　黑龙江塔河、呼玛、伊春、宁安、海林、虎林等地。吉林长白、抚松、安图、临江、靖宇、柳河、汪清、和龙、敦化、珲春等地。辽宁义县。内蒙古额尔古纳、牙克石、根河、鄂伦春旗、科尔沁右翼前旗等地。朝鲜、俄罗斯（西伯利亚）、日本。

采　　制　春、秋季采挖根状茎，除去泥土，剪除不定根，洗净，晒干。

性味功效　味甘、微辛，性温。有补气益肾、祛风除湿、活血调经的功效。

主治用法　用于劳伤、阳痿、偏头痛、正头痛、风湿疼痛、月经不调、乳痈、痈疖肿毒、跌打损伤等。水煎服。外用适量捣敷患处。

用　　量　适量。

◎参考文献◎

［1］中国药材公司. 中国中药资源志要 [M]. 北京：科学出版社，1994:1395.

［2］江纪武. 药用植物辞典 [M]. 天津：天津科学技术出版社，2005:755.

▼兴安鹿药花序　▲兴安鹿药花

三叶鹿药 *Smilacina trifolia* Desf.

药用部位 百合科三叶鹿药的根状茎。

原植物 多年生草本,植株高 10 ～ 20 cm。根状茎细长,粗 2.0 ～ 2.5 mm;茎无毛,具叶 3。叶纸质,矩圆形或狭椭圆形,长 6 ～ 13 cm,宽 1.5 ～ 3.5 cm,先端具短尖头,两面无毛,基部多少抱茎。总状花序无毛,具花 4 ～ 7,长 2 ～ 6 cm;花单生,白色;花梗长 4 ～ 6 mm,果期伸长;花被片基部稍合生,矩圆形,长 2 ～ 3 mm;雄蕊基部贴生于花被片上,稍短于花被片;花药小,矩圆形;花柱与子房近等长,长约 1 mm,柱头略 3 裂。浆果近球形,熟时红色。花期 6 月,果期 8 月。

生 境 生于林下、林缘湿地、沼泽地及河岸等处,常聚集成片生长。

分 布 黑龙江塔河、呼玛、呼中、伊春等地。吉林靖宇、江源、安图等地。内蒙古额尔古纳、牙克石、根河、科尔沁右翼前旗等地。朝鲜、俄罗斯(西伯利亚中东部)。

采 制 春、秋季采挖根状茎,除去泥土,剪除不定根,洗净,晒干。

附 注 本品在内蒙古地区被用作药用植物。

◎参考文献◎

[1] 江纪武. 药用植物辞典 [M]. 天津:天津科学技术出版社,2005:755.

▲三叶鹿药花　　　　▲三叶鹿药果实

▲三叶鹿药植株

▲三叶鹿药幼株

▲ 鹿药幼株

鹿药 *Smilacina japonica* A. Gray

俗　　名	山糜子　山白菜　糜子菜
药用部位	百合科鹿药的干燥根状茎。
原 植 物	多年生草本，植株高 30～60 cm。根状茎横走，多少圆柱状，肉质肥厚，有多数须根，粗

6～10 mm，有时具膨大结节；茎直立，上部稍向外倾斜，密生粗毛，下部有鳞叶，茎中部以上或仅上

▲ 市场上的鹿药幼苗

▲ 鹿药幼苗

▲ 鹿药种子

▲ 鹿药植株

▼ 鹿药根状茎

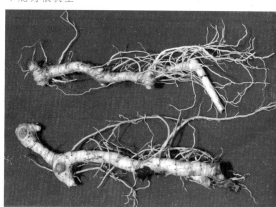

▼ 市场上的鹿药幼株

部具粗伏毛，具叶 4 ~ 9。叶纸质，卵状椭圆形、椭圆形或矩圆形，长 6 ~ 15 cm，宽 3 ~ 7 cm，先端近短渐尖，具短柄。圆锥花序长 3 ~ 6 cm，有毛，具花 10 ~ 20；花单生，白色；花梗长 2 ~ 6 mm；花被片分离或仅基部稍合生，矩圆形或矩圆状倒卵形，长约 3 mm；雄蕊长 2.0 ~ 2.5 mm，基部贴生于花被片上，花药小；花柱与子房近等长，柱头几不裂。浆果近球形，熟时红色。花期 5—6 月，果期 8—9 月。

生　境　生于针阔混交林或杂木林下阴湿处，常聚集成片生长。

分　布　黑龙江伊春、海林、宁安、尚志等地。吉林长白山各地。辽宁本溪、桓仁、宽甸、凤城、鞍山、大连、北镇、义县、凌源等地。河北、安徽、江苏、浙江、江西、台湾、山西、湖北、湖南、四川、陕西、贵州、甘肃。朝鲜、俄罗斯（西伯利亚中东部）、日本。

采　制　春、秋季采挖根状茎，除去泥土，剪除不定根，洗净，晒干。

性味功效　味甘、微辛，性温。有补气益肾、祛风除湿、活血调经的功效。

主治用法　用于虚劳、阳痿、偏头痛、正头痛、神经性头痛、月经不调、乳痈、无名肿毒、乳腺炎、风湿骨痛、跌打损伤等。水煎服或浸酒。外用捣敷或烫热熨患处。

▼鹿药花序

▲鹿药花　　　　　　　▼鹿药果实

用　　量　15～25 g。外用适量。

附　　方

（1）治正头痛、偏头痛：鹿药、当归、川芎、升麻、连翘各10 g，水煎，饭后服。

（2）治跌打损伤、无名肿毒：鹿药鲜根状茎适量，捣烂敷患处。

（3）治痨病：鹿药25～50 g，泡药酒。

（4）治月经不调：鹿药20～25 g，水煎服。

◎参考文献◎

[1] 江苏新医学院.中药大辞典（下册）[M].上海：上海科学技术出版社，1977:2235-2236.

[2] 朱有昌.东北药用植物[M].哈尔滨：黑龙江科学技术出版社，1989:166-167.

[3] 钱信忠.中国本草彩色图鉴（第四卷）[M].北京：人民卫生出版社，2003:504-505.

▲ 两色鹿药植株

▼ 两色鹿药果实

▲ 两色鹿药幼株（后期）

两色鹿药 *Smilacina bicolor* Nakai

药用部位 百合科两色鹿药的根状茎。

原 植 物 多年生草本，高30～60 cm。根状茎横卧，茎绿色，光滑无毛，上部向外倾斜。叶大，长6～15 cm，宽4～8 cm，椭圆形或宽椭圆形具短柄，先端渐尖或长渐尖，稀钝；叶面绿色无毛，叶背微有毛。花由茎顶端长出；圆锥花序长4～6 cm，花轴有少量毛，花序分枝1～3；花黄绿色或绿色后逐渐变带紫色，花被片6，披针形，长约1 cm；雄蕊6，柱头3裂；花苞小，卵状披针形，长约1 mm，紫色。浆果近球形，直径5～6 mm，熟时红色。花期5—6月，果期8—9月。

生   境 生于针阔混交林或针叶林下阴湿处，常聚集成片生长。

▲ 两色鹿药幼苗

▲ 两色鹿药花序

▲ 两色鹿药花

▲ 两色鹿药幼株（前期）

分　　布　吉林长白、临江、江源、通化、集安等地。辽宁宽甸、桓仁等地。朝鲜。

附　　注　其采制、性味功效、主治用法及用量略同鹿药。

◎参考文献◎

［1］曲再春. 丹东地区野生动植物原色图鉴（一）[M]. 长春：吉林教育出版社，1977:2235-2236.

▲白背牛尾菜果实

▲白背牛尾菜根及根状茎

菝葜属 *Smilax* L.

白背牛尾菜 *Smilax nipponica* Miq.

▲东北牛尾菜花（背）

▼东北牛尾菜花（侧）

别　名　牛尾菜
俗　名　龙须菜
药用部位　百合科白背牛尾菜的根、根状茎及叶（入药称"马尾伸筋"）。
原植物　多年生草本，直立或稍攀援，有根状茎。茎长20 ～ 100 cm，中空，有少量髓，干后凹瘪而具槽，无刺。叶卵形至矩圆形，长4 ～ 20 cm，宽2 ～ 14 cm，先端渐尖，基部浅心形至近圆形，下面苍白色且通常具粉尘状微柔毛，很少无毛；叶柄长1.5 ～ 4.5 cm，脱落点位于上部，如有卷须则位于基部至近中部。伞形花序通常有几十朵花；总花梗长3 ～ 9 cm，稍扁，有时很粗壮；花序托膨大，小苞片极小，

▲ 东北牛尾菜植株

▲ 东北牛尾菜幼株

▲ 东北牛尾菜花序

▲ 市场上的白背牛尾菜幼株

早落；花绿黄色或白色，盛开时花被片外折；花被片长约4 mm，内外轮相似；雄蕊的花丝明显长于花药；雌花与雄花大小相似，具6枚退化雄蕊。浆果熟时黑色，有白色粉霜。花期5—6月，果期8—9月。

生　　境　生于林下、林缘、灌丛及草丛中。

分　　布　黑龙江宁安、海林等地。吉林通化、集安、辉南、柳河、梅河口等地。辽宁宽甸、凤城、大连等地。山东、河南、安徽、江西、浙江、福建、台湾、湖南、四川、广东、贵州。朝鲜、日本。

采　　制　春、秋季采挖根及根状茎，除去泥土，洗净，晒干。夏、秋季采摘叶，除去杂质，洗净，晒干。

性味功效　根及根状茎：味苦，性平。有舒筋活血、通络止痛的功效。叶：有解毒消肿的功效。

主治用法　根及根状茎：用于腰腿筋骨痛。叶：用于癌肿、消渴、关节痛、慢性结肠炎、带下病、痢疾。

▲白背牛尾菜雄花

水煎服，外用捣烂敷患处。

用量 根及根状茎：6 ~ 12 g。
叶：6 ~ 12 g。外用适量。

附注 在东北有 1 变种：
东北牛尾菜 var. *mandshurica*（Kitag.）
Kitag.，叶柄基部无卷须。分布于吉
林通化。辽宁宽甸、凤城等地。其他
与原种同。

◎参考文献◎

［1］钱信忠. 中国本草彩色图鉴（第
一卷）[M]. 北京：人民卫生出版
社，2003:365-366.

［2］江纪武. 药用植物辞典 [M]. 天
津：天津科学技术出版社，
2005:756.

▲白背牛尾菜雌花

▲白背牛尾菜花序

▲白背牛尾菜花序（背）

▲牛尾菜种子

▲牛尾菜植株

▲牛尾菜根及根状茎

▼市场上的牛尾菜幼苗

牛尾菜 *Smilax riparia* A. DC.

别　　名	心叶牛尾菜
俗　　名	龙须菜　鞭杆子菜
药用部位	百合科牛尾菜的根及根状茎。
原 植 物	攀援状草质藤本。具根状茎，生有多数细长的根；茎草质，长1~2 m，中空，有少量髓，干后有槽，具纵沟。叶互生，有时幼枝上的叶近对生，叶质稍薄，叶片卵形、椭圆形至矩圆状披针形，长7~15 cm，宽2.5~11.0 cm，具3~5条弧形脉，下面绿色无毛；叶柄长0.7~2.0 cm，基部具线状卷须1对。花单性，雌雄异株，淡绿色，数朵成伞形花序，生于叶腋；花序梗稍纤细，长3~5 cm；花序托膨大；小苞片披针形；雄花被片6，披针形，长4~5 mm，雄蕊6，花药条形，成熟时开裂卷曲；雌花较雄花小，花被片6，长圆形，长3 mm，子房近球形。浆果球形，成熟时黑色。花期6—7月，果期8—9月。
生　　境	攀援于林下、林缘、灌丛及草丛中。

▲牛尾菜花序

▼牛尾菜花（侧）

▲牛尾菜果实

分　布　黑龙江尚志、宁安、穆棱、虎林、依兰等地。吉林长白山各地。辽宁丹东市区、宽甸、凤城、本溪、桓仁、清原、鞍山、沈阳市区、辽阳、新民等地。河北、河南、山东、山西、陕西、浙江、安徽、福建、江西、江苏、湖北、湖南、广东、广西、贵州等。朝鲜、俄罗斯（西伯利亚中东部）、日本、菲律宾。

采　制　春、秋季采挖根及根状茎，剪掉须根，除去泥土，洗净，晒干。

性味功效　味甘、苦，性平。有补气活血、舒筋通络、祛痰止咳、消暑、润肺、消炎、镇痛的功效。

主治用法　用于气虚水肿、筋骨疼痛、跌打损伤、腰肌劳损、偏瘫、头晕头痛、咳嗽吐血、淋巴结炎、支气管炎、肺结核、骨结核、带下病等。水煎服，浸酒或炖肉。外用捣烂敷患处。

用　量　15～25 g。外用适量。

◎参考文献◎

[1] 江苏新医学院.中药大辞典（上册）[M].上海：上海科学技术出版社，1977:427.

[2] 中国药材公司.中国中药资源志要[M].北京：科学出版社，1994:1397.

▲牛尾菜幼株

华东菝葜 *Smilax sieboldii* Miq.

别　　名	鲇鱼须　鲇鱼须菝葜
俗　　名	倒钩刺　威灵仙　鞭杆子菜
药用部位	百合科华东菝葜的根及根状茎（入药称"黏鱼须"）。

▲华东菝葜植株

原 植 物　攀援灌木或半灌木。具粗短的根状茎；茎长 1～2 m，小枝常带草质，干后稍凹瘪，一般有刺；刺多半细长，针状，稍黑色，较少例外。叶草质，卵形，长 3～9 cm，宽 2～8 cm，先端长渐尖，基部常截形；叶柄长 1～2 cm，约占一半具狭鞘，有卷须，脱落点位于上部。伞形花序具几朵花；总花梗纤细，长 1.0～2.5 cm，通常长于叶柄或近等长；花序托几不膨大；花绿黄色；雄花花被片长 4～5 mm，内 3 片比外 3 片稍狭；雄蕊稍短于花被片，花丝比花药长；雌花小于雄花，具 6 枚退化雄蕊。浆果直径 6～7 mm，熟时蓝黑色。花期 5—6 月，果期 10 月。

生　　境　生于林下、灌丛中及山坡草丛中。

分　　布　黑龙江尚志、五常、海林等地。吉林蛟河、集安等地。辽宁丹东市区、凤城、本溪、庄河、长海、大连市区等地。山东、河南、安徽、浙江、江西、福建、

▲华东菝葜果实

▼华东菝葜幼株

台湾、湖北、湖南、广州、贵州、四川。朝鲜、日本。

采 制 春、秋季采挖根及根状茎，除去泥土，洗净，用酒浸泡至稍软，除去根头，切段，晒干。

性味功效 味甘、辛，性平。有舒筋祛风、活血、止痛消肿的功效。

主治用法 用于风湿性关节炎、筋骨疼痛、关节不利、跌打损伤、疔疮、肿毒等。水煎服，或入丸、散。外用捣敷或研末调敷。

用 量 7.5～15 g。外用适量。

附 方 治风湿性关节炎急性发作：黏鱼须、桂枝、制附子、羌活各10 g，水煎服；或单用黏鱼须200 g，研末，每服5 g，黄酒冲服，每日服用2次。

◎参考文献◎

[1] 江苏新医学院.中药大辞典（下册）[M].上海：上海科学技术出版社，1977:2258-2259.

[2] 朱有昌.东北药用植物[M].哈尔滨：黑龙江科学技术出版社，1989:167-169.

[3]《全国中草药汇编》编写组.全国中草药汇编（上册）[M].北京：人民卫生出版社，1975:613-614.

▲华东菝葜花

▼华东菝葜花（背）

▲ 菝葜植株

菝葜 *Smilax china* L.

俗　　名　金刚刺　铁刷子　红灯果

药用部位　百合科菝葜的根、根状茎及叶。

原植物　攀援灌木。根状茎粗厚，坚硬，为不规则的块状，粗 2～3 cm；茎长 1～3 m，少数可达 5 m，疏生刺。叶干后通常红褐色或近古铜色，圆形、卵形或其他形状，长 3～10 cm，宽 1.5～10.0 cm，下面通常淡绿色；叶柄长 5～15 mm，占全长的 1/2～2/3，具鞘，几乎都有卷须，脱落点位于靠近卷须处。伞形花序生于叶尚幼嫩的小枝上，具十几朵或更多的花，常呈球形；总花梗长 1～2 cm；花序托稍膨大，近球形，较少稍延长，具小苞片；花绿黄色，外花被片长 3.5～4.5 mm，宽 1.5～2.0 mm，内花被片稍狭；雄花中花药比花丝稍宽，常弯曲；雌花与雄花大小相似，有 6 枚退化雄蕊。花期 5 月，果期 9—10 月。

▲ 菝葜幼株

生　　境　生于林下灌木丛中、路旁、河谷及山坡上。

▲菝葜枝条（果期）

▲菝葜雌花

分　布　辽宁长海。山东、江苏、浙江、福建、台湾、江西、安徽、河南、湖北、四川、云南、贵州、湖南、广西、广东。缅甸、越南、泰国、菲律宾。

采　制　春、秋季采挖根及根状茎，剪掉须根，除去泥土，洗净，晒干。夏、秋季采摘叶，除去杂质，洗净，晒干。

性味功效　根及根状茎：味甘、酸，性温。无毒。有祛风利湿、解毒消痈的功效。叶：味甘，性温。无毒。有清热解毒的功效。

主治用法　根及根状茎：用于风湿性关节痛、跌打损伤、肌肉麻木、胃肠炎、痢疾、泄泻、消化不良、糖尿病、乳糜尿、白带异常、水肿、淋病、瘰疬、癌症等。水煎服，浸酒或入丸、散。外用

▲ 菝葜枝条（花期）

煎水洗。叶：用于风肿、疮疖、肿毒、臁疮、烫伤等。水煎服或浸酒。
外用捣烂敷患处或研末调敷。

用　　量　根及根状茎：15～25 g（大剂量：50～150 g）。外用适
量。叶：15～25 g。外用适量。

附　　方

（1）治风湿关节痛：菝葜、虎杖各50 g，寻骨风25 g，白酒0.75 L。
上药浸泡7 d，每次服一酒盅（约25 ml），早晚各服一次。

（2）治胃肠炎：菝葜根状茎100～200 g。水煎服。

（3）治乳糜尿：菝葜根状茎、楤木根各50 g。水煎服，每日1剂。

（4）治癌症：菝葜根状茎500～750 g，洗净切片晒干，水浸
1 h，文火浓煎3 h去渣，加肥猪肉50～100 g，煮1 h，取药液
500 ml，1 d分数次服完。

（5）治烧烫伤：新鲜菝葜叶烤干（不要烤焦），碾成80～100号
粉末。用时加麻油调成糊状，每天涂患处1～2次。

附　　注　本品为《中华人民共和国药典》（2020年版）收录的药材。

▲ 菝葜雄花（侧）

▲ 菝葜雄花序

▲菝葜果实

◎参考文献◎

[1] 江苏新医学院.中药大辞典（下册）[M].上海：上海科学技术出版社，1977:1996-1998.

[2]《全国中草药汇编》编写组.全国中草药汇编（上册）[M].北京：人民卫生出版社，1975:752-753.

[3] 中国药材公司.中国中药资源志要[M].北京：科学出版社，1994:1396.

▲菝葜雌花序

▲菝葜雄花

▲ 卵叶扭柄花植株

▲ 卵叶扭柄花种子

▲ 卵叶扭柄花根及根状茎

▼ 市场上的卵叶扭柄花幼株

扭柄花属 Streptopus Michx.

卵叶扭柄花 Streptopus ovalis （Ohwi）Wang et Y. C. Tang

别 名	金刚草
俗 名	羹匙菜 山糜子 黄瓜香
药用部位	百合科卵叶扭柄花的根。

原植物 多年生草本，高 25 ~ 50 cm。根状茎细长，匍匐，由节处密生须根；茎下部数节具白色膜质的叶鞘。叶鞘无毛，先端锐尖，不久枯萎；叶互生于茎上部，无柄，叶片长圆形、卵状披针形或卵状椭圆形，长 4 ~ 11 cm，宽 2 ~ 4 cm，基部抱茎，弧

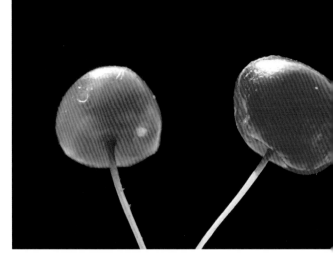

▲ 卵叶扭柄花果实

形脉 5 ~ 7，边缘具睫毛状细齿。花 1 ~ 4 朵生于茎或枝条顶端；花梗细，花被片 6，开展，黄绿色，具紫红色斑点或无，长圆状披针形，长 8 ~ 10 mm，宽 2 ~ 3 mm，先端尾尖，基部不为囊状；花丝白色，扁平，长约 3 mm，向基部扩大；花药狭椭圆形，先端凹头，基部心形；子房近球形，具 3 条翅状棱；花柱大，柱头短，明显 3 裂。花期 5 月，果期 7—8 月。

生　境　生于腐殖质肥沃的山地林下、林缘灌丛或沟边，常聚集成片生长。

分　布　吉林通化、集安、临江、白山、柳河、辉南等地。辽宁本溪、桓仁、凤城、岫岩、新宾等地。朝鲜、俄罗斯（西伯利亚中东部）。

采　制　春、秋季采挖根，除去泥土洗净晒干药用。

性味功效　有清热解毒的功效。

▲ 卵叶扭柄花幼苗

▲ 卵叶扭柄花花（侧）

▲ 卵叶扭柄花花（淡褐色）

卵叶扭柄花花（深紫色）

▲ 卵叶扭柄花幼株

用　量　适量。

◎参考文献◎

［1］江纪武. 药用植物辞典 [M]. 天津：天津科学技术出版社，2005:778.

▲ 黄花油点草植株

▼ 黄花油点草花

油点草属 *Tricyrtis* Wall.

黄花油点草 *Tricyrtis pilosa* Wall.

药用部位 百合科黄花油点草的全草。

原植物 多年生草本。茎上部疏生或密生短的糙毛。叶卵状椭圆形、矩圆形至矩圆状披针形，长 6 ~ 16 cm，宽 4 ~ 9 cm，两面疏生短糙伏毛，基部心形抱茎或圆形而近无柄，边缘具短糙毛。二歧聚伞花序顶生或生于上部叶腋；花梗长 1.4 ~ 2.5 cm；苞片很小；花疏散；花被片通常黄绿色，内面具多数紫红色斑点，卵状椭圆形至披针形，长 1.5 ~ 2.0 cm，花被片向上斜展或近水平伸展；外轮 3 片较内轮为宽，在基部向下延伸而呈囊状；雄蕊约等长于花被片，花丝中上部向外弯垂，具紫色斑点；柱头稍微高出雄蕊或有时近等高，3 裂；每裂片上端又 2 深裂，小裂片长约 5 mm，密生腺毛。花期 7 月，果期 9 月。

▲ 黄花油点草幼株

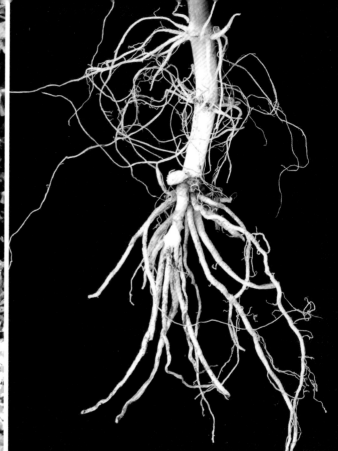

▲ 黄花油点草根

| 生　　境 | 生于山地林下、草丛中或岩石缝隙中。 |

| 分　　布 | 辽宁凌源。浙江、江西、福建、安徽、江苏、湖北、湖南、广东、广西、贵州。日本。 |

| 采　　制 | 夏、秋季采收全草，去除泥土，洗净，晒干。 |

| 性味功效 | 味甘，性温。有解毒、发表、止咳的功效。 |

| 主治用法 | 用于肺结核咳嗽。水煎服。 |

| 用　　量 | 9～15 g。 |

▲ 黄花油点草花（侧）

◎参考文献◎

[1] 钱信忠. 中国本草彩色图鉴（第二卷）[M]. 北京：人民卫生出版社，2003:599-600.

[2] 中国药材公司. 中国中药资源志要 [M]. 北京：科学出版社，1994:1399.

[3] 江纪武. 药用植物辞典 [M]. 天津：天津科学技术出版社，2005:821.

▲ 黄花油点草果实

▲ 吉林延龄草花　　▼ 吉林延龄草花（背）

延龄草属 *Trillium* L.

吉林延龄草 *Trillium camschatcense* Ker-Gawl.

别　　名	白花延龄草　延龄草
俗　　名	佛顶珠　高丽瓜　山西瓜秧
药用部位	百合科吉林延龄草的干燥根及根状茎（入药称"芋儿七"）。
原 植 物	多年生草本。茎丛生于粗短的根状茎上，高 30 ~ 50 cm，基部有 1 ~ 2 枚褐色的膜质鞘叶。叶 3，无柄，轮生于茎顶，广卵状菱形或卵圆形，长 10 ~ 17 cm，宽 7 ~ 15 cm，近无柄，先端渐尖或急尖，基部楔形，两面光滑，无毛。花单生，花梗自叶丛中抽出，长 1.5 ~ 4.0 cm；花被片 6，外轮 3 片卵状披针形，绿色，长 2.5 ~ 3.5 cm，宽 0.7 ~ 1.2 cm，内

▲ 吉林延龄草植株（侧）

轮3片白色，少有淡紫色，椭圆形或广椭圆形，长3～4 cm，宽1～2 cm；雄蕊6，长约1 cm，花药比花丝长，药隔稍突出；子房上位，圆锥状，柱头3深裂，裂片反卷。浆果卵圆形，直径2.0～2.5 cm，具多数种子。花期5—6月，果期8—9月。

生　境　生于林下阴湿处及林缘等处。

分　布　黑龙江宝清、尚志、伊春、宁安、海林等地。吉林通化、柳河、辉南、集安、白山、抚松、靖宇、临江、长白、敦化、和龙、汪清、安图、珲春等地。辽宁宽甸、桓仁、新宾、清原等地。朝鲜、俄罗斯（西伯利亚中东部）、日本。北美洲。

采　制　春、秋季采挖根及根状茎，去除泥土，洗净，晒干。

性味功效　味甘、辛，性温。有小毒。有祛风、疏肝、活血、止血的功效。

主治用法　用于跌打骨折、腰腿疼痛、头晕、头痛、高血压、月经不调、神经衰弱、外伤出血等。水煎服。外用研末调敷或捣敷。

用　量　10～15 g，研末冲服3 g。外用适量。

▲ 吉林延龄草花（侧）

▲ 吉林延龄草果实

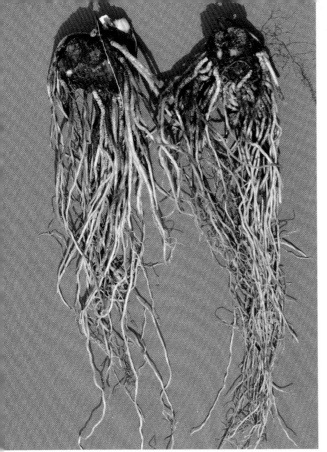

▲ 吉林延龄草根及根状茎

▲ 吉林延龄草幼苗

附　　方

（1）治神经性头痛、高血压头昏：吉林延龄草 3 ~ 5 株，水煎服或研末同鸡蛋、白糖炖服。

（2）治刀伤出血、局部溃烂：吉林延龄草适量，研末外敷。

（3）治腰痛、劳伤：吉林延龄草 5 g，研末，凉开水冲服。或用吉林延龄草 5 g，独活 20 g，羌活 10 g，青木香 4 g，水煎服。

◎参考文献◎

［1］江苏新医学院.中药大辞典（上册）[M].上海：上海科学技术出版社，1977:834-835.

［2］朱有昌.东北药用植物 [M].哈尔滨：黑龙江科学技术出版社，1989:170-171.

［3］《全国中草药汇编》编写组.全国中草药汇编（上册）[M].北京：人民卫生出版社，1975:220-221.

▲ 市场上的吉林延龄草根及根状茎（鲜）

▲吉林延龄草幼株

▲吉林延龄草种子

▲市场上的吉林延龄草根及根状茎(干)

▲ 老鸦瓣居群

▲ 老鸦瓣花

▼ 老鸦瓣花（背）

▲ 老鸦瓣鳞茎

郁金香属 *Tulipa* L.

老鸦瓣 *Tulipa edulis*（Miq.）Baker

| 别　　名 | 山慈姑　光慈姑 |
| 药用部位 | 百合科老鸦瓣的鳞茎。 |

原 植 物　多年生细弱草本。地下鳞茎卵形，长 2 ~ 4 cm，宽约 2 cm，鳞茎皮内密被褐色长柔毛，内包白色肉质鳞茎。茎长 10 ~ 25 cm，通常不分枝，无毛。叶 2，长条形，长 10 ~ 25 cm，远比花长，通常宽 5 ~ 9 mm，少数可窄到 2 mm 或宽达 12 mm，上面

▼老鸦瓣植株

无毛。花单朵顶生，靠近花的基部具 2 枚对生的苞片，苞片狭条形，长 2 ~ 3 cm；花被片狭椭圆状披针形，长 20 ~ 30 mm，宽 4 ~ 7 mm，白色，背面有紫红色纵条纹；雄蕊 3 长 3 短，花丝无毛，中部稍扩大，向两端逐渐变窄或从基部向上逐渐变窄；子房长椭圆形；花柱长约 4 mm。蒴果近球形，有长喙。花期 4—5 月，果期 5—6 月。

生　　境　生于山坡、草地及路旁等处。

分　　布　吉林集安、临江等地。辽宁丹东、大连等地。山东、江苏、安徽、浙江、陕西、湖北、湖南、江西。朝鲜、日本。

采　　制　春、秋季采挖鳞茎，洗净，除去须根及外皮，水潦或稍蒸后晒干备用。

性味功效　味甘、辛，性寒。有毒。有解毒、散结、行血、化瘀的功效。

▼老鸦瓣花（侧）

▲老鸦瓣植株（侧）

▼老鸦瓣果实

主治用法　用于咽喉肿痛、瘰疬、痈疽、疮肿、产后瘀滞等。水煎服。外用捣烂敷患处。

用　　量　5～10g。外用适量。

附　　方

（1）治咽喉肿痛：老鸦瓣5g，水煎服。

（2）治无名肿痛：老鸦瓣适量，捣敷。

（3）治脸上起小疥疮：老鸦瓣磨汁搽。

附　　注　本品秋水仙碱的毒性很大，但毒性发生较慢，往往在用药3～6h后才发生，有恶心、呕吐、腹泻、衰竭、虚脱及呼吸麻痹症状，继续应用可能产生粒性白细胞缺乏症和再生障碍性贫血等严重后果。

◎参考文献◎

[1] 江苏新医学院．中药大辞典（上册）[M]．上海：上海科学技术出版社，1977:880-881.

[2] 朱有昌．东北药用植物[M]．哈尔滨：黑龙江科学技术出版社，1989:171-172.

▲藜芦花

藜芦属 *Veratrum* L.

藜芦 *Veratrum nigrum* L.

别　名　大藜芦　黑藜芦

俗　名　老旱葱　老汉葱　老寒葱　旱葱　芦藜　芦莲　山苞米　大叶芦　喷嚏草　大芦藜　药蝇子草　山棒葱　老棒子葱　鹿莲　山白菜

药用部位　百合科藜芦的干燥根及根状茎。

原植物　多年生草本。植株高可达 1 m，通常粗壮，基部的鞘枯死后残留为有网眼的黑色纤维网。叶椭圆形、宽卵状椭圆形或卵状披针形，大小常有较大变化，通常长 22 ~ 25 cm，宽约 10 cm，薄革质，基部无柄或生于茎上部的具短柄。圆锥花序密生黑紫色花；侧生总状花序近直立伸展，长 4 ~ 22 cm，通常具雄花；顶生总状花序常较侧生花序长 2 倍以上，几乎全部着生两性花；小苞片披针形，花梗长约 5 mm，约等长于小苞片；花被片开展或在两性花中略反折，矩圆形，长 5 ~ 8 mm，宽约 3 mm，先端钝或浑圆，基部略收狭，全缘；雄蕊长为花被片的一半；子房无毛。花期 7—8 月，果期 8—9 月。

生　境　生于山坡、林下及林缘等处，常聚集成片生长。

▼藜芦花序

▲藜芦幼株

▲藜芦幼苗

▼藜芦根及根状茎

▲藜芦种子

分　布　黑龙江呼玛、黑河市区、伊春、北安、萝北、依兰、克山、宁安、尚志、牡丹江市区、阿城、密山、虎林等地。吉林长白山各地及前郭、九台、伊通等地。辽宁丹东市区、本溪、桓仁、建昌、凤城、岫岩、新宾、清原、抚顺、西丰、开原、铁岭、鞍山市区、海城、盖州、庄河、大连市区、营口市区、北镇、义县、葫芦岛市区、兴城、绥中、凌源、喀左、建平等地。内蒙古额尔古纳、根河、新巴尔虎左旗、新巴尔虎右旗、牙克石、鄂伦春旗、鄂温克旗、科尔沁右翼前旗、通辽、扎鲁特旗、科尔沁右翼中旗、克什克腾旗、东乌珠穆沁旗、西乌珠穆沁旗等地。河北、河南、山东、山西、陕西、湖北、四川、贵州。亚洲北部、欧洲。

采　制　春、秋季采挖根及根状茎，剪去须根，除去泥土，洗净，晒干。

性味功效　味辛、苦，性寒。有剧毒。有涌吐风痰、杀虫疗疮、止痒的功效。

主治用法　用于中风痰壅、癫痫、黄疸、久疟、泻痢、头痛、鼻息肉、疥癣、恶疮、毒蛇咬伤、秃疮等。水煎服，研末或入丸。外用研末、搐鼻或调敷。体虚气弱者及孕妇忌服，藜芦及同属的其他种类不能与人参、党参、沙参、丹参、玄参、苦参、太子参、峨参等参类药材及细辛、芍药等同用。

用　　量　0.3 ~ 0.6 g。外用适量。

附　　方

（1）治疟疾：藜芦3根（每根约3 cm长），鸡蛋1个，将藜芦3根插入鸡蛋内煮熟，去药吃蛋，在发病前1 ~ 2 h服（禁忌鱼腥，孕妇及溃疡病患者忌服）。

（2）治骨折：藜芦须根洗净晒干研细粉，加等量小檗碱，制成含量10 mg片剂，成人一日量30 mg，每日总量90 mg，凉开水送下（经整复后再服药）。藜芦有毒，注意用量，切不可将每日总量一次服下。

（3）治白秃头疮、疥癣：藜芦适量研末，加猪油调和外涂，涂前先用盐水洗患处，每日换药1次。

（4）治秃疮：藜芦75 g，苦参、枯矾各50 g，共研细末，芝麻油调涂。或用藜芦150 g，煎水洗头，连续使用。

附　　注　全草有毒，人误食后会引起胃发热疼痛、流涎、恶心、呕吐、疝痛、下痢、无力、出汗、意识丧失、便血、心律不齐、震颤、谵语、昏迷，严重者甚至死亡。

◎参考文献◎

［1］江苏新医学院.中药大辞典（下册）[M].上海：上海科学技术出版社，1977:2692-2695.

［2］朱有昌.东北药用植物[M].哈尔滨：黑龙江科学技术出版社，1989:172-174.

［3］《全国中草药汇编》编写组.全国中草药汇编(上册)[M].北京：人民卫生出版社，1975:930-931.

▲ 藜芦植株

▲ 藜芦花（背）

▲ 藜芦果实

▲ 藜芦群落

毛穗藜芦 *Veratrum maackii* Regel

俗　　名　老旱葱　鹿莲

药用部位　百合科毛穗藜芦的干燥根及根状茎。

原植物　多年生草本。植株高60～120 cm。茎较纤细，基部稍粗，连叶鞘直径约1 cm，被棕褐色、有网眼的纤维网。叶折扇状，长矩圆状披针形至狭长矩圆形，长约30 cm，宽1～8 cm，基部收狭为柄，叶柄长达10 cm。圆锥花序通常疏生较短的侧生花序；总轴和枝轴密生绵状毛；花多数，疏生；花被片黑紫色，开展或反折，近倒卵状矩圆形，通常长5～7 mm，宽2～3 mm，先端钝，基部无柄，全缘；花梗长约为花被片的2倍，长可达1 cm或更长，在侧生花序上的花梗比顶生花序上的花梗短；小苞片长3～4 mm，背面和边缘生毛；雄蕊长约为花被片的一半。花期7—8月，果期8—9月。

生　　境　生于林下、灌丛、山坡、草甸及林缘等处。

分　　布　黑龙江塔河、呼玛、黑河、伊春、密山、虎林、萝北、牡丹江市区、宁安、汤原、依兰等地。吉林白山、柳河、辉南、蛟河、珲春、汪清等地。辽宁本溪、西丰、清原、桓仁、岫岩等地。内蒙古鄂伦春旗。河北、山东、山西。朝鲜、俄罗斯（西伯利亚）、日本。

▲ 毛穗藜芦幼苗

▲ 毛穗藜芦果实

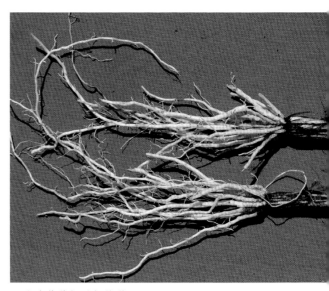

▲ 毛穗藜芦根及根状茎

▲ 毛穗藜芦花（背）

▲ 毛穗藜芦种子

附　注　其采制、性味功效、主治用法及用量同藜芦。

◎参考文献◎

［1］江苏新医学院．中药大辞典（下册）[M].上海：上海科学技术出版社，1977:2692-2695.

［2］朱有昌．东北药用植物[M].哈尔滨：黑龙江科学技术出版社，1989:172-174.

［3］《全国中草药汇编》编写组.全国中草药汇编（上册）[M].北京：人民卫生出版社，1975:930-931.

▲ 毛穗藜芦花

▲ 毛穗藜芦花序

▲ 毛穗藜芦幼株

▲ 兴安藜芦花

兴安藜芦 *Veratrum dahuricum* （Turcz.）Loes. F.

俗　　名　老旱葱 鹿莲

药用部位　百合科兴安藜芦的干燥根及根状茎。

原 植 物　多年生草本。植株高 70 ~ 150 cm，基部具浅褐
色或灰色的、无网眼的纤维束。叶椭圆形或卵状椭圆形，长
13 ~ 23 cm，宽 5 ~ 11 cm，基部无柄，抱茎，背面密生银白
色短柔毛。圆锥花序近纺锤形，长 20 ~ 60 cm，具多数近等长
的侧生总状花序，顶端总状花序；总轴和枝轴密生白色短绵状毛；
花密集，花被片淡黄绿色带苍白色边缘，椭圆形或卵状椭圆形，
长 8 ~ 12 mm，宽 3 ~ 4 mm，先端锐尖或稍钝，基部具柄，
边缘啮蚀状，背面具短毛；花梗短，长约 2 mm；小苞片比花梗
长，卵状披针形，背面和边缘有毛；雄蕊长约为花被片的一半；
子房近圆锥形，密生短柔毛。花期 6—7 月，果期 8—9 月。

生　　境　生于草甸、湿草地、林下及林缘等处，常聚集成片
生长。

分　　布　黑龙江塔河、呼玛、黑河、伊春、密山、虎林、尚志、
宁安、牡丹江市区、海林、林口等地。吉林白山、汪清、珲春、

▼ 兴安藜芦花（半侧）

▼ 兴安藜芦根及根状茎

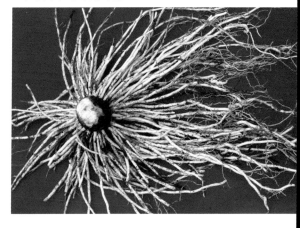

▲兴安藜芦花序

▲兴安藜芦幼株

▲兴安藜芦果实

安图、抚松、长白等地。内蒙古额尔古纳、根河、牙克石、鄂伦春旗、科尔沁右翼前旗、东乌珠穆沁旗等地。朝鲜、俄罗斯（西伯利亚）、日本。

附 注 其采制、性味功效、主治用法及用量同藜芦。

◎参考文献◎

［1］江苏新医学院.中药大辞典（下册）[M].上海：上海科学技术出版社，1977:2692-2695.

［2］朱有昌.东北药用植物 [M].哈尔滨：黑龙江科学技术出版社，1989:172-174.

［3］《全国中草药汇编》编写组.全国中草药汇编（上册）[M].北京：人民卫生出版社，1975:930-931.

▲兴安藜芦植株

▲尖被藜芦群落（湿地型）

▼尖被藜芦果实

尖被藜芦 *Veratrum oxysepalum* Turcz.

别 名	光脉藜芦
俗 名	老旱葱 鹿莲
药用部位	百合科尖被藜芦的干燥根及根状茎。

原 植 物 多年生草本。植株高达 1 m，基部密生无网眼的纤维束。叶椭圆形或矩圆形，长 3 ～ 29 cm，宽达 14 cm，先端渐尖或短急尖，有时稍缢缩而扭转，基部无柄，抱茎。圆锥花序长 30 ～ 50 cm，密生或疏生多数花，侧生总状花序近等长，长约 10 cm，顶生花序多少等长于侧生花序，花序轴密生短绵状毛；花被片背面绿色，内面白色，矩圆形至倒卵状矩圆形，长 7 ～ 11 mm，宽 3 ～ 6 mm，先端钝圆或稍尖，基部明显收狭，边缘具细牙齿，外花被片背面基部略生短毛；花梗比小苞片短；雄蕊长为花被片的 1/2 ～ 3/4；子房疏生短柔毛或乳突状毛，长约 2 cm，宽约 1 cm。花期 7—8 月，果期 8—9 月。

生 境 生于草甸、湿草地、林下、林缘及亚高山草地上，常成单优势的大面积群落。

分 布 黑龙江伊春。吉林长白山各地。辽宁本溪、桓仁、清原、西丰、

▲尖被藜芦幼株

▼尖被藜芦花序

▲尖被藜芦种子

▲市场上的尖被藜芦根及根状茎

▲尖被藜芦群落（山坡型）

▲尖被藜芦幼苗

▲尖被藜芦花

▼尖被藜芦花（背）

▲尖被藜芦根

岫岩等地。朝鲜、俄罗斯（西伯利亚）、日本。

附　注　其采制、性味功效、主治用法及用量同藜芦。

◎参考文献◎

[1] 朱有昌. 东北药用植物 [M]. 哈尔滨：黑龙江科学技术出版社，
　　1989:172-174.

[2] 钱信忠. 中国本草彩色图鉴（第二卷）[M]. 北京：人民卫生出
　　版社，2003:432-433.

[3] 中国药材公司. 中国中药资源志要 [M]. 北京：科学出版社，
　　1994:1401.

▲尖被藜芦植株

▲ 棋盘花雄花

棋盘花属 *Zigadenus* Michx.

棋盘花 *Zigadenus sibiricus*（L.）A. Gray

▼ 棋盘花雌花

药用部位 百合科棋盘花的全草。

原 植 物 多年生草本。植株高 30 ~ 50 cm；鳞茎小葱头状，外层鳞茎皮黑褐色，有时上部稍撕裂为纤维。叶基生，条形，长 12 ~ 33 cm，宽 2 ~ 8 mm，在花葶下部常有 1 ~ 2 枚短叶。总状花序或圆锥花序具疏松的花；花梗长 7 ~ 20 mm，基部有苞片；花被片绿白色，倒卵状矩圆形至矩圆形，长 6 ~ 9 mm，宽约 2.5 mm，内面基部上方有一顶端 2 裂的肉质腺体；雄蕊稍短于花被片，花丝向下部逐渐扩大，花药近肾形；子房圆锥形，长约 4 mm；花柱 3，近果期稍伸出花被外，外卷。蒴果圆锥形，长约 15 mm，室间开裂。种子近矩圆形，长约 5 mm，有狭翅。花期 7—8 月，果期 8—9 月。

▲棋盘花花序

▲棋盘花植株

生　　境　生于林下、山坡草地及高山砾质地等处。

分　　布　黑龙江塔河、呼玛、黑河市区、嫩江、海林、伊春等地。吉林长白、敦化等地。内蒙古额尔古纳、牙克石、鄂伦春旗、宁城等地。河北、山西、湖北、四川等。广布于亚洲北部温带地区。

附　　注　本品在俄罗斯被收为药用植物。

◎参考文献◎

［1］江纪武 . 药用植物辞典 [M]. 天津：天津科
　　学技术出版社，2005:872.

▲棋盘花果实

▲内蒙古自治区得耳布尔林业局卡鲁奔森林秋季景观

▲ 穿龙薯蓣幼株

▼ 市场上的穿龙薯蓣根状茎（干）

▼ 市场上的穿龙薯蓣根状茎（鲜）

薯蓣科 Dioscoreaceae

本科共收录 1 属、2 种。

薯蓣属 *Discorea* L.

穿龙薯蓣 *Dioscorea nipponica* Makino

别　　名　穿山龙
俗　　名　穿地龙　土龙骨　串山龙　地龙骨　野山药　穿龙骨　鞭梢子菜　穿山甲　穿山虎　爬山虎　山爬山虎　铁山药　土龙骨　大串地龙　洋铁丝根
药用部位　薯蓣科穿龙薯蓣的根状茎（入药称"穿山龙"）。
原 植 物　缠绕草质藤本。根状茎横生，圆柱形。茎左旋，长达5 m。单叶互生，叶柄长 10 ~ 20 cm；叶片掌状心形，茎基部叶长 10 ~ 15 cm，宽 9 ~ 13 cm；叶表面黄绿色，有光泽，无毛或有稀疏的白色细柔毛，尤以脉上较密。花雌雄异株。雄花序为腋生的穗状花序，花序基部常由 2～4 朵集成小伞状，至花序顶端常为单花；苞片披针形，顶端渐尖，短于花被；花被碟形，6 裂，裂片顶端钝圆；雄蕊 6，着生于花被裂片的中央，药内向；雌花序穗状，单生；雌花具有退化雄蕊，有时雄蕊退化仅留有花丝；雌蕊柱头 3 裂，裂片再 2 裂。花期 6—7 月，果期 9—10 月。

生　境　生于林缘、灌丛及沟谷等处。

分　布　黑龙江牡丹江市区、宁安、东宁、海林、尚志、五常、林口、阿城、虎林、密山、通河、铁力、庆安、宾县、方正、木兰、通河、汤原、伊春市区、依兰等地。吉林长白山各地。辽宁宽甸、凤城、本溪、桓仁、清原、新宾、鞍山市区、岫岩、海城、盖州、营口市区、绥中、北镇、义县、凌源、建昌、建平等地。内蒙古鄂伦春旗、鄂温克旗、牙克石、科尔沁右翼前旗、扎赉特旗、科尔沁右翼中旗、扎鲁特旗、突泉、科尔沁左翼后旗、科尔沁左翼中旗、奈曼旗、克什克腾旗、巴林左旗、巴林右旗、喀喇沁旗、翁牛特旗、阿鲁科尔沁旗、宁城、东乌珠穆沁旗、西乌珠穆沁旗、正蓝旗、正镶白旗、太仆寺旗、多伦、镶黄旗等地。河北、河南、江西、山东、山西、陕西、四川、甘肃、宁夏、青海。朝鲜、俄罗斯（西伯利亚中东部）、日本。

▲ 穿龙薯蓣果实

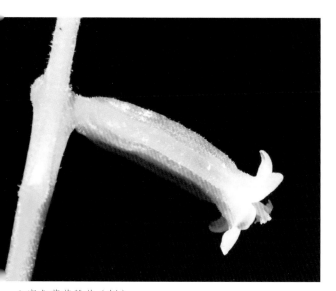

▲ 穿龙薯蓣雌花（侧）

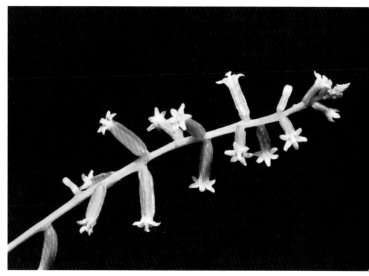

▲ 穿龙薯蓣雌花序

采　　制　春、秋季采挖根状茎，剪掉须根，除去泥土，切段，洗净，鲜用或晒干。

性味功效　味苦、甘，性平。有小毒。有祛风除湿、舒筋活血、祛痰、止咳平喘、消食利水、止痛、截疟的功效。

主治用法　用于风寒湿痹、风湿性关节炎、筋骨麻木、慢性气管炎、消化不良、劳损扭伤、闪腰岔气、劳伤无力、疟疾、痈肿恶疮、咳嗽痰喘、大骨节病、跌打损伤等。水煎服或浸酒。外用捣烂敷患处。

用　　量　25～50 g（鲜品50～100 g）。

附　　方

（1）治风湿热、风湿关节痛：穿山龙15 g，水煎服。

（2）治风湿性关节炎：穿山龙100 g，白酒0.5 L，泡7 d，每服10～15 ml，每日2～3次。

（3）治腰腿酸痛、筋骨麻木：鲜穿山龙根状茎100 g，水一壶，可煎5～6次，加红糖效力更佳（东北民间方）。

（4）治跌打损伤、闪腰岔气、扭伤作痛：穿山龙25 g，水煎，日服3次，以酒为引（东北民间方）。又方：穿山龙100 g，接骨木500 g，白酒500 ml，浸泡7～10 d，每次服浸液一酒盅，日服3次（吉林民间方）。

▲穿龙薯蓣雄花序

▲穿龙薯蓣雄花

▲穿龙薯蓣雌花

▲ 穿龙薯蓣幼苗（前期）

▲ 穿龙薯蓣幼苗（后期）

（5）治慢性气管炎：鲜穿山龙50 g，削去根须，洗净、切片、加水，慢火煎2 h，共煎2次，合并滤液，浓缩至100 ml，早晚分2次服用。10 d为一个疗程。

（6）治甲状腺瘤及甲状腺功能亢进：穿山龙干品10 kg，切片或研粉，以60度白酒50 L，浸泡1周后过滤，滤液减压蒸馏，每1 000 ml浸液中蒸出白酒600 ml后即成穿山龙浸膏（含生药0.5 mg/g）。日服3次，每次10～20 ml。一般服2～3个月即可治好。

（7）治急性化脓性骨关节炎：穿山龙根状茎，洗净、切片、晒干。成人每日90 g，儿童每日60 g，早晚各煎服1次。

▲ 市场上的穿龙薯蓣根状茎（切段）

▲ 穿龙薯蓣植株

（8）治痈肿恶疮：鲜穿山龙根、鲜苎麻根各等量，捣烂外敷患处。

（9）治劳损：穿山龙 25 g，水煎冲红糖、黄酒。每日早、晚各服 1 次。

附　注　本品为《中华人民共和国药典》（2020 年版）收录的药材。

◎参考文献◎

[1] 江苏新医学院.中药大辞典（下册）[M].上海：上海科学技术出版社，1977:1725-1726.

[2] 朱有昌.东北药用植物 [M].哈尔滨：黑龙江科学技术出版社，1989:176-178.

[3] 《全国中草药汇编》编写组.全国中草药汇编（上册）[M].北京：人民卫生出版社，1975:571-572.

▲ 市场上的穿龙薯蓣幼苗

▲ 穿龙薯蓣种子

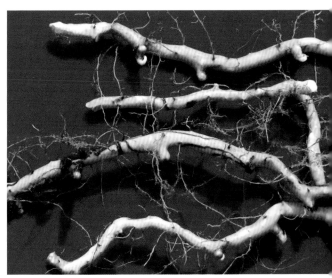

▲ 穿龙薯蓣根状茎

▲薯蓣植株

薯蓣 *Dioscorea polystachya* Turcz.

别　　名	山药　山芋　零余子　长山药
俗　　名	山药蛋
药用部位	薯蓣科薯蓣的块茎、茎叶及珠芽（入药称"零余子"）。
原 植 物	缠绕草质藤本。茎通常带紫红色，右旋。单叶，在茎下部的互生，中部以上的对生；叶片变异大，卵状三角形至宽卵形或戟形，长 3 ~ 16 cm，宽 2 ~ 14 cm，边缘常 3 浅裂至 3 深裂，中裂片卵状椭圆形至披针形，侧裂片耳状；幼苗时一般叶片为宽卵形或卵圆形，基部深心形。叶腋内常有珠芽。雌雄异株。雄花序为穗状花序，长 2 ~ 8 cm，近直立，2 ~ 8 个着生于叶腋，偶尔呈圆锥状排列；花序轴明显地呈"之"字状曲折；苞片和花被片有紫褐色斑点；雄花的外轮花被片为宽卵形，内轮卵形，较小；雄蕊 6；雌花序为穗状花序，1 ~ 3 个着生于叶腋。花期 6—7 月，果期 8—9 月。
生　　境	生于向阳山坡林边或灌丛中。
分　　布	吉林集安。辽宁丹东市区、大连、绥中、凤城、凌源、锦州、喀左、建昌等地。河北、河南、山东、安徽、江苏、浙江、江西、福建、台湾、陕西、湖北、湖南、四川、广西、贵州、山西、甘肃、云南。朝鲜、日本。

▼薯蓣幼株

▼市场上的薯蓣块茎

▲ 薯蓣珠芽

采 制 春、秋季采挖块茎，除去泥土，刮去粗皮，洗净，晒干或风干，为毛山药；或再浸软，搓压为圆柱状，磨光，为光山药，润透，切片。生用或炒用。夏、秋季采摘茎叶，鲜用或晒干。秋季采摘珠芽，除去杂质，晒干。

性味功效 根：味甘，性平。有补脾养胃、生津益肺、止咳平喘、补肾涩精、止泻的功效。茎叶：味甘，性平。有清热解毒的功效。珠芽：味甘，性温。有补虚、强腰脚、益肾的功效。

▲ 薯蓣雄花序

主治用法 根：用于脾虚食少、消化不良、肠炎、久泻不止、肺虚喘咳、肾虚遗精、带下病、糖尿病、尿频、虚热消渴等。水煎服。补阴宜生用，健脾止泻宜炒用。茎叶：用于皮肤湿疹、丹毒等。水煎服。珠芽：用于脾虚食少、久泻不止、肺虚喘咳、肾虚遗精等。水煎服。

用 量 根：15～30 g（大剂量：60～250 g）。茎叶：20～360 g。珠芽：25～50 g。

附 方

（1）治脾虚久泻：薯蓣、党参各20 g，白术、茯苓各15 g，六曲10 g。水煎服。

（2）治小儿腹泻（水泻）：薯蓣、白术各15 g，滑石粉、车前子各5 g，甘草2.5 g。水煎服。

（3）治糖尿病：薯蓣、天花粉、沙参各25 g，知母、五味子各15 g。水煎服。

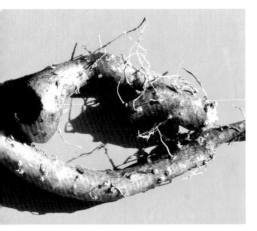
▲薯蓣块茎

▲薯蓣果实

▲市场上的薯蓣珠芽

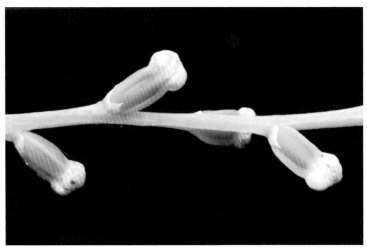
▲薯蓣雌花

（4）治颈后结核或赤肿硬痛：生薯蓣一梃（去皮），蓖麻子2个，同研贴之。

（5）治小便多、滑数不禁：白茯苓（去黑皮），干薯蓣（去皮，白矾水内蘸过，慢火焙干用之）。上二味，各等量，研为细末，稀米汤饮调服。

（6）治噤口痢：干薯蓣一半炒黄色，一半生用，研为细末，米汤饮调下。

附注 本品为《中华人民共和国药典》（2020年版）收录的药材。

▲薯蓣雄花

◎参考文献◎

［1］江苏新医学院.中药大辞典（上册）[M].上海：上海科学技术出版社，1977:166-168.

［2］江苏新医学院.中药大辞典（下册）[M].上海：上海科学技术出版社，1977:2470.

［3］朱有昌.东北药用植物 [M].哈尔滨：黑龙江科学技术出版社，1989:174-176.

［4］《全国中草药汇编》编写组.全国中草药汇编（上册）[M].北京：人民卫生出版社，1975:109-110.

▲黑龙江挠力河国家级自然保护区湿地夏季景观

雨久花科 Pontederiaceae

本科共收录 1 属、2 种。

雨久花属 *Monochoria* Presl.

雨久花 *Monochoria korsakowii* Regel et Maack

别　　名　蓝鸟花
俗　　名　兰花菜　水菠菜　水白菜　蓝花草　露水豆

药用部位 雨久花科雨久花的全草(入药称"雨菲")。

原植物 一年生直立水生草本。根状茎粗壮,具柔软须根;茎直立,高30～70 cm,全株光滑无毛,基部有时带紫红色。叶基生和茎生;基生叶宽卵状心形,长4～10 cm,宽3～8 cm,顶端急尖或渐尖,基部心形,全缘,具多数弧状脉;叶柄长达30 cm,有时膨大成囊状;茎生叶叶柄渐短,基部增大成鞘,抱茎。总状花序顶生,有时再聚成圆锥花序;花10余朵,具5～10 mm长的花梗;花被片椭圆形,长10～14 mm,顶端圆钝,蓝色;雄蕊6,其中1枚

▲ 雨久花种子

▲ 雨久花植株

▼ 雨久花果实

较大，花药长圆形，浅蓝色，其余各枚较小，花药黄色，花丝丝状。蒴果长卵圆形，长 10 ～ 12 mm，包于宿存花被片内。花期 7—8 月，果期 9—10 月。

生　境　生于池塘、湖沼靠岸的浅水处及稻田中，常成单优势的大面积群落。

分　布　黑龙江尚志、五常、海林、宁安、东宁、穆棱、绥芬河、密山、虎林、饶河、抚远、同江、依兰等地。吉林省各地。辽宁新民、彰武、康平、开原、西丰、沈阳市区、凤城、庄河、大连市区、营口、辽中等地。内蒙古莫力达瓦旗、科尔沁右翼前旗、科尔沁左翼后旗等地。山东、安徽、江苏、陕西。朝鲜、日本、俄罗斯（西伯利亚）。

采　制　夏、秋季采收全草，除去杂质，切段，洗净，鲜用或晒干。

性味功效　味甘，性凉。有清热解毒、止咳平喘、祛湿消肿、明目的功效。

主治用法　用于高热、咳喘、小儿丹毒、疔肿、痔疮。水煎服。外用鲜品适量捣烂或研末敷患处。

用　量　10 ～ 15 g。外用适量。

附　方　治小儿高热咳嗽：雨久花 10 g，水煎，日服 2 次。

▲雨久花花序（粉色）

▲雨久花花序（蓝色）

◎参考文献◎

［1］江苏新医学院.中药大辞典(上册)[M].上海:
上海科学技术出版社，1977:1315－1316.

［2］朱有昌.东北药用植物[M].哈尔滨:黑龙
江科学技术出版社，1989:129－130.

［3］中国药材公司.中国中药资源志要[M].北京:
科学出版社，1994:1417.

▲雨久花花

▲鸭舌草群落

▲鸭舌草花

▼鸭舌草花（背）

鸭舌草 *Monochoria vaginalis*（Burm. f.）Presl

别　　名	窄叶鸭舌草

俗　　名 鸭嘴菜　肥猪草　鸭儿嘴　鸭舌头草　猪耳草

药用部位 雨久花科鸭舌草的干燥全草。

原 植 物 一年生水生草本。茎直立或斜上，高 12 ～ 35 cm。叶片形状和大小变化较大，由心状宽卵形、长卵形至披针形，长 2 ～ 7 cm，宽 0.8 ～ 5.0 cm，顶端短突尖或渐尖，基部圆形或浅心形，全缘，具弧状脉；叶柄长 10 ～ 20 cm，基部扩大成开裂的鞘，鞘长 2 ～ 4 cm，顶端有舌状体，长 7 ～ 10 mm。总状花序从叶柄中部抽出，该处叶柄扩大成鞘状；花序梗短，长 1.0 ～ 1.5 cm，基部有一披针形苞片；花序在花期直立，果期下弯；花通常 3 ～ 5，蓝色；花被片卵状披针形或长圆形，长 10 ～ 15 mm；花梗长不及 1 cm；雄蕊 6，其中 1 枚较大；花药长圆形，其余 5 枚较小；花丝丝状。花期 8—9 月，果期 9—10 月。

生　　境 生于稻田、池沼及水沟边等处。

分　　布 黑龙江密山、虎林、宁安、东宁、绥芬河、穆棱、饶河、抚远等地。吉林安图、集安、蛟河、珲春等地。辽宁康平、沈阳市区、盖州、辽中、铁岭、昌图、西丰、本溪、

▲ 鸭舌草植株

桓仁、丹东市区、宽甸、东港、凤城、抚顺、新宾、清原等地。内蒙古扎赉特旗。全国南北各省区。朝鲜、日本、马来西亚、菲律宾、印度、尼泊尔、不丹、马来西亚。非洲热带地区。

采　　制　夏、秋季采收全草，切段，洗净，晒干。

性味功效　味苦，性凉。有清热解毒、清肝凉血、消肿止痛的功效。

主治用法　用于肠炎、泄泻、痢疾、暴热、哮喘、乳蛾、牙龈脓肿、咽喉肿痛、急性扁桃体炎、吐血、血崩、小儿丹毒、疮疖、痈疽肿毒、毒蛇咬伤等。水煎服或捣汁。外用鲜品捣烂敷患处。

用　　量　25 ～ 40 g（鲜品 50 ～ 100 g）。外用适量。

附　　方

（1）治咯血：鲜鸭舌草 50 ～ 100 g，捣烂绞汁，调蜜服。

（2）治尿血：鲜鸭舌草、鲜灯芯草各 50 ～ 100 g，水煎服。

（3）治风火赤眼：鸭舌草鲜叶，捣烂外敷眼睑。

（4）治丹毒、痈肿、疮疖：鲜鸭舌草适量，捣烂敷患处。

◎参考文献◎

［1］江苏新医学院.中药大辞典（下册）[M].上海：上海科学技术出版社，1977:1843-1844.

［2］朱有昌.东北药用植物 [M].哈尔滨：黑龙江科学技术出版社，1989:130-131.

［3］中国药材公司.中国中药资源志要 [M].北京：科学出版社，1994:1417.

▲ 鸭舌草果实

▲内蒙古自治区得耳布尔林业局卡鲁奔湿地秋季景观

▲ 射干花

▲ 射干花（背）

▼ 射干根状茎

鸢尾科 Iridaceae

本科共收录 2 属、12 种、1 变型。

射干属 *Belamcanda* Adans.

射干 *Belamcanda chinensis*（L.）DC.

别　　名　射干鸢尾

俗　　名　金盏花　蝴蝶花　山蒲扇　扁竹　剪刀草　绞剪草
后老婆扇子　扁竹梅　扇子草

药用部位　鸢尾科射干的根状茎。

原 植 物　多年生草本。茎高 1.0 ～ 1.5 m。叶互生，嵌
迭状排列，剑形，长 20 ～ 60 cm，宽 2 ～ 4 cm，基部
鞘状抱茎，顶端渐尖。花序顶生，叉状分枝，每分枝的顶
端聚生有数朵花；花梗细，长约 1.5 cm；花梗及花序的
分枝处均包有膜质的苞片，苞片披针形或卵圆形；花橙红
色，散生紫褐色的斑点，直径 4 ～ 5 cm；花被裂片 6，2

▲射干群落

轮排列，外轮花被裂片倒卵形或长椭圆形，长约 2.5 cm，宽约 1 cm，顶端钝圆或微凹，内轮较外轮花被裂片略短而狭；雄蕊 3，长 1.8 ~ 2.0 cm，花药条形，外向开裂，花丝近圆柱形；花柱顶端 3 裂，子房下位，倒卵形，3 室，中轴胎座，胚珠多数。花期 7—8 月，果期 8—9 月。

生　　境　生于干山坡、草甸草原及向阳草地等处。

分　　布　黑龙江泰来、杜尔伯特、肇东、肇州、肇源等地。吉林扶余、蛟河、通化、集安、梅河口、东丰、安图、和龙、长白、抚松等地。辽宁沈阳、本溪、桓仁、宽甸、新宾、凤城、岫岩、西丰、丹东市区、营口市区、海城、盖州、瓦房店、大连市区、长海、北镇、建昌、喀左等地。内蒙古扎赉特旗。河北、山东、河南、安徽、江苏、浙江、福建、江西、台湾、山西、陕西、湖北、湖南、广东、广西、甘肃、四川、贵州、云南、西藏。朝鲜、俄罗斯（西伯利亚中东部）、日本、印度、越南。

采　　制　春、秋季采挖根状茎，剪去须根，除去泥沙，洗净，晒干，切片，生用。

性味功效　味苦，性寒。有小毒。有清热解毒、祛痰利咽、活血祛瘀的功效。

主治用法　用于咽喉肿痛、痰咳气喘、扁桃体炎、腮腺炎、支气管炎、乳腺炎、牙根肿烂、便秘、闭经、肝脾肿大、淋巴结结核、跌打损伤、水田皮炎等。水煎服，入散或鲜叶捣汁。外用鲜品捣烂敷患处或研末吹喉。无实火及脾虚便溏者不宜服用，孕妇忌服。

用　　量　4.0 ~ 7.5 g。

附　　方

（1）治咽喉肿痛：射干 15 g，水煎服。或射干、山豆根各 10 g，桔梗、金银花、玄参各 15 g，水煎服。或将射干及山豆根阴干为末，吹喉。

（2）治水田皮炎：射干 0.75 kg，加水 13 L，煎 1 h，加食盐 125 g，保持药液温度在 30 ~ 40 ℃，搽患部。

（3）治肝昏迷：射干、虎杖各 25 g，猪胆 3 个，酒酿 200 ml。前两药水煎，取药液加猪胆汁，用酒酿冲匀，每日 1 剂，分 4 次灌服。

▲射干花（8 瓣）

▲射干花（重瓣）

▼射干种子

▲射干花（橙色）

▲射干果实及种子

（4）治腮腺炎：射干鲜根 15 ~ 25 g，酌加水煎，饭后服，日服 2 次。

附　注

（1）花和种子入药，泡酒服可治疗筋骨痛。

（2）本品为《中华人民共和国药典》（2020 年版）收录的药材。

◎参考文献◎

［1］江苏新医学院.中药大辞典（下册）[M].上海：上海科学技术出版社，1977:1883-1885.

［2］朱有昌.东北药用植物 [M].哈尔滨：黑龙江科学技术出版社，1989:178-179.

［3］《全国中草药汇编》编写组.全国中草药汇编(上册）[M].北京：人民卫生出版社，1975:711-712.

野鸢尾根

▲ 野鸢尾群落

鸢尾属 *Iris* L.

野鸢尾 *Iris dichotoma* Pall.

别　　名　射干鸢尾　二歧鸢尾　白射干
俗　　名　后老婆扇子　扇扇草　蒲扇草　扁竹兰　芭蕉扇
药用部位　鸢尾科野鸢尾的根状茎及全草。
原　植　物　多年生草本。叶在花茎基部互生，两面灰绿色，剑形，长 15 ~ 35 cm，宽 1.5 ~ 3.0 cm，顶端多弯曲呈镰刀形，基部鞘状抱茎。花茎实心，高 40 ~ 60 cm，上部二歧状分枝，分枝处生有披针形的茎生叶，下部有 1 ~ 2 枚抱茎的茎生叶，花序生于分枝顶端；苞片 4 ~ 5，长 1.5 ~ 2.3 cm，内包含有花 3 ~ 4；花蓝紫色或浅蓝色，有棕褐色的斑纹，直径 4.0 ~ 4.5 cm；花梗细，常超出苞片，长 2.0 ~ 3.5 cm；花被管甚短，外花被裂片宽倒披针形，长 3.0 ~ 3.5 cm，宽约 1 cm，内花被裂片狭倒卵形，长约 2.5 cm，宽 6 ~ 8 mm，顶端微凹；雄蕊长 1.6 ~ 1.8 cm；花柱分枝扁平，花瓣状。花期 7—8 月，果期 8—9 月。
生　　境　生于向阳草地、干山坡、固定沙丘及沙质地等处。
分　　布　黑龙江大庆、肇东、泰来、宁安等地。吉林四平、通榆、镇赉、洮南、前郭、蛟河、通化、集安、安图等地。辽宁凌源、建昌、建平、凌海、北镇、阜新、铁岭、西丰、沈阳、丹东、鞍山、营口、

▲ 野鸢尾花

▲ 野鸢尾花（侧）

▲ 野鸢尾幼株

▲ 野鸢尾花（背）

▲ 野鸢尾种子

庄河等地。内蒙古额尔古纳、根河、科尔沁右翼前旗、扎鲁特旗、科尔沁右翼中旗、扎赉特旗、科尔沁左翼中旗、阿鲁科尔沁旗、克什克腾旗、翁牛特旗、东乌珠穆沁旗、西乌珠穆沁旗、阿巴嘎旗、苏尼特左旗、苏尼特右旗等地。河北、山西、山东、河南、安徽、江苏、江西、陕西、甘肃、宁夏、青海。朝鲜、俄罗斯、蒙古。

采　制　春、秋季采挖根状茎，除去泥土，洗净，晒干。夏、秋季采收全草，除去杂质，切段，洗净，鲜用或晒干。

性味功效　味苦，性寒。有小毒。有清热解毒、活血消肿的功效。

主治用法　用于咽喉肿痛、扁桃体炎、乳腺炎、肝炎、肝大、胃痛、乳痈、牙龈肿痛等。水煎服。

用　量　5 ~ 15 g。

附　方

（1）治咽喉肿痛：野鸢尾全草 15 g，水煎当茶饮。

（2）治肝炎、胃痛：野鸢尾全草 25 ~ 50 g，水煎服。

（3）治牙龈肿痛：野鸢尾鲜根，捣汁内服或将根状茎切片贴痛牙处。

◎参考文献◎

[1] 中国药材公司.中国中药资源志要[M].北京：科学出版社，1994:1419.

[2] 江纪武.药用植物辞典[M].天津：天津科学技术出版社，2005:420.

▲ 野鸢尾果实

▲野鸢尾植株

▲ 山鸢尾花（浅紫色）

山鸢尾 *Iris setosa* Pall. ex Link.

别　　名　刚毛鸢尾

俗　　名　马兰花

药用部位　鸢尾科山鸢尾的根状茎及花。

原　植　物　多年生草本。叶剑形或宽条形，长 30 ~ 60 cm，宽 0.8 ~ 1.8 cm，顶端渐尖，基部鞘状。花茎光滑，高 60 ~ 100 cm，上部有 1 ~ 3 个细长的分枝，并有茎生叶 1 ~ 3；每个分枝处生有苞片 3，披针形至卵圆形，长 2 ~ 4 cm，宽 0.8 ~ 1.6 cm；花蓝紫色，直径 7 ~ 8 cm；花梗细，长 2.5 ~ 3.5 cm；花被管短，喇叭形，长约 1 cm，外花被裂片宽倒卵形，长

▲山鸢尾群落

4.0 ～ 4.5 cm，宽 2.0 ～ 2.5 cm，上部反折下垂，爪部楔形，黄色，
有紫红色脉纹，无附属物，内花被裂片较外花被裂片明显短而狭，
狭披针形，长约 2.5 cm，宽约 5 mm，直立；雄蕊长约 2 cm，花
药紫色，花柱分枝扁平，子房圆柱形。花期 7—8 月，果期 8—9 月。

生　　境　生于湿草甸、沼泽地及亚高山湿草甸上，常聚集成片生
长。

分　　布　黑龙江尚志、五常、海林、东宁、宁安等地。吉林安图、
长白、抚松、敦化、汪清、江源、柳河、临江等地。朝鲜、俄罗斯
（西伯利亚）、日本。

采　　制　春、秋季采挖根状茎。夏季采摘花，阴干药用。

性味功效　味苦，性凉。有清热解毒、消肿止痛的功效。

主治用法　根状茎：用于疔疮、牙痛。水煎服。花：用于脓肿、疮
痈。水煎服。外用鲜品捣烂敷患处。

▲山鸢尾果实

▲山鸢尾花（白色）

▲山鸢尾花（紫色）

▼山鸢尾花（深紫色）

▲山鸢尾种子

用　　量　根状茎：15 ~ 25 g。花：15 ~ 25 g。外用适量。

◎参考文献◎

[1] 朱有昌.东北药用植物 [M].哈尔滨：黑龙江科学技术出版社，1989:179-180.

[2] 钱信忠.中国本草彩色图鉴（第一卷）[M].北京：人民卫生出版社，2003:203-204.

[3] 中国药材公司.中国中药资源志要 [M].北京：科学出版社，1994:1421.

▲山鸢尾植株

马蔺 *Iris lactea* Pall. var. *chinensis*（Fisch.）Koidz

别　　名　蠡实　尖瓣马蔺
俗　　名　马莲　马兰花　马莲子
药用部位　鸢尾科马蔺的根、花、叶及种子（称"蠡实"或"马蔺子"）。
原 植 物　多年生密丛草本，通常集成多花，叶大丛。根状茎木质，粗壮，通常斜伸，植株基部及根状茎外面均密被残留的老叶纤维，须根细长而坚韧。叶基生，坚韧，条形或剑形，长约40 cm，宽4～6 mm。花茎高10～30 cm，下部具茎生叶2～3，上端着生花2～4；苞片3～5，狭长圆状披针形，长6～7 cm；花蓝色、淡蓝色或蓝紫色，直径5～6 cm；花梗长4～6 cm；花被管极短，约3 mm，外花被裂片倒披针形，长4～6 cm，先端尖，中部有黄色条纹，内花被裂片披针形，较小而直立；雄蕊长2.5～3.2 cm，花药黄色，花丝白色；花柱分枝3，花瓣状，顶端2裂。蒴果长椭圆形。花期5—6月，果期8—9月。
生　　境　生于干燥沙质草地、路边、山坡草地等处，常聚集成片生长。
分　　布　黑龙江呼玛、黑河、牡丹江市区、宁安、东宁、

▲马蔺果实

▼马蔺群落（草地型）

▲ 马蔺植株

海林、尚志、五常、林口、阿城、虎林、密山、通河、铁力、庆安、勃利、大庆市区、肇源、肇东、杜尔伯特、泰来、克山、克东、巴彦等地。吉林省各地。辽宁宽甸、凤城、本溪、桓仁、清原、新宾、西丰、昌图、开原、鞍山市区、岫岩、海城、长海、大连市区、营口、北镇、凌海、凌源、兴城、建昌、建平、阜新、彰武、绥中等地。内蒙古满洲里、新巴尔虎左旗、新巴尔虎右旗、科尔沁右翼前旗、扎鲁特旗、扎赉特旗、科尔沁右翼中旗、突泉、科尔沁左翼后旗、科尔沁左翼中旗、奈曼旗、克什克腾旗、巴林左旗、巴林右旗、喀喇沁旗、翁牛特旗、阿鲁科尔沁旗、宁城、敖汉旗、东乌珠穆沁旗、西乌珠穆沁旗、正蓝旗、正镶白旗、

▲ 马蔺花（侧）

▲ 马蔺花

▲ 马蔺植株（侧）

▼ 马蔺花（浅蓝色）

▼ 白花马蔺花（纯白色）

太仆寺旗、多伦、镶黄旗等地。河北、山西、山东、河南、安徽、江苏、浙江、湖北、湖南、陕西、甘肃、宁夏、青海、新疆、四川、西藏。朝鲜、俄罗斯、蒙古、印度。

采 制 春、秋季采挖根，除去泥土，洗净，晒干。夏季采收叶，阴干。夏季采摘花，除去杂质，阴干。秋季采摘果实，晒干，打取种子，除去杂质，再晒干。

性味功效 根：味甘，性平。有清热解毒的功效。叶：味酸、咸，性平。有清热解毒的功效。花：味咸、酸、苦，性微凉。有清热凉血、止血、利尿消肿的功效。种子：味甘，性平。有清热利湿、止血解毒的功效。

主治用法 根：用于急性咽喉肿痛、病毒性肝炎、痔疮、牙痛、风湿痹痛等。水煎服。叶：用于喉部肿块、淋病、痈疽等。水煎服。花：用于吐血、咯血、衄血、咽喉肿痛、小便淋痛、痈疖疮疡、外伤出血。水煎服。种子：用于黄疸、泄泻、吐血、衄血、血崩、带下病、喉痹、痈肿、骨结核、肿瘤、外伤出血等。水煎服。外用捣烂敷患处。

用 量 根：5 ~ 15 g。叶：5 ~ 15 g。花：5 ~ 10 g。种子：5 ~ 15 g。外用适量。

附 方

（1）治骨结核：马蔺子，炒干研粉，每服 5 ~ 7 g，每日 3 次，

▲ 白花马蔺植株

小儿酌减。外用马蔺子粉 2 份，凡士林 5 份，共搅匀成膏，涂患处。用药时间最长 8 个月，最短 2 个月。对淋巴结结核亦有一定效果。

（2）治急性黄疸型传染性肝炎、小便少而色黄：马蔺子 15 g，水煎服。

（3）治鼻衄、吐血：马蔺子 10 g，白茅根 50 g，仙鹤草 25 g，水煎服。

（4）治喉痹咽塞，喘息不通：马蔺根叶 150 g，切碎，水煎，去渣，研细服用；或用马蔺花、蔓荆子各 50 g，研成细末，每服不计时候，以温水调下 5 g。

（5）治喉痹垂死：马蔺根一握。捣碎，少以水绞取汁，稍拗咽下。口噤以物拗灌之。

（6）治急性咽炎、咽喉肿痛：马蔺根、升麻、牛蒡子各 10 g，水煎服；或用马蔺子 1 g，牛蒡子 15 g，大青叶 50 g，水煎服。

（7）治风湿性关节炎：马蔺根、苍耳根各 100 g，糖 50 g，加水 2 000 ml，煮成 1 000 ml。每日 3 次，每次服 70 ~ 80 ml。

（8）治慢性气管炎：马蔺根 25 g，水煎 2 次内服；或碾粉，水泛为丸，日服 10 g，均连服 10 d。

（9）治小便不通：马蔺花（炒）、茴香（炒）、葶苈（炒）。研成末，每次以酒送服 10 g。

▼ 白花马蔺花（侧）

▼ 白花马蔺花（乳白色）

▲ 白花马蔺花（过渡型）

▲ 马蔺种子

（10）治痈肿、疮疖：马蔺花 10 g，马齿苋、蒲公英各 50 g，水煎服。

附 注 白花马蔺 *Iris lactea* Pall. 为变种马蔺的原种。

◎参考文献◎

[1] 江苏新医学院. 中药大辞典（上册）[M]. 上海：上海科学技术出版社，1977:298-300.

[2] 朱有昌. 东北药用植物 [M]. 哈尔滨：黑龙江科学技术出版社，1989:180-182.

[3] 《全国中草药汇编》编写组. 全国中草药汇编（上册）[M]. 北京：人民卫生出版社，1975:84-85.

▲ 紫苞鸢尾植株

▼ 紫苞鸢尾果实

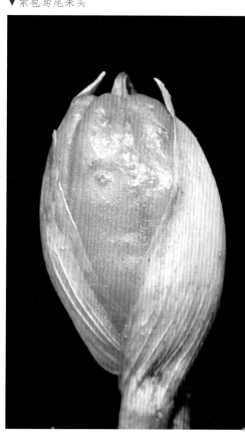

紫苞鸢尾 *Iris ruthenica* Ker-Gawl.

别　　名　细茎鸢尾　俄罗斯鸢尾　苏联鸢尾

药用部位　鸢尾科紫苞鸢尾的根状茎及种子。

原 植 物　多年生草本，植株基部围有短的鞘状叶。叶条形，灰绿色，长 20～25 cm，宽 3～6 mm，顶端长渐尖，基部鞘状，有 3～5 条纵脉。花茎纤细，略短于叶，高 15～20 cm，有茎生叶 2～3；苞片 2，边缘带红紫色，披针形或宽披针形，长约 3 cm，宽 0.8～1.0 cm，中脉明显，内包含有花 1；花蓝紫色，直径 5.0～5.5 cm；花梗长 0.6～1.0 cm；花被管长 1.0～1.2 cm，外花被裂片倒披针形，长约 4 cm，宽 0.8～1.0 cm，有白色及深紫色的斑纹，内花被裂片直立，狭倒披针形，长 3.2～3.5 cm，宽约 6 mm；雄蕊长约 2.5 cm，花药乳白色；花柱分枝扁平，顶端裂片狭三角形，子房狭纺锤形。花期 5—6 月，果期 7—8 月。

生　　境　生于向阳草地及向阳山坡等处。

分　　布　黑龙江塔河、伊春市区、嘉荫、牡丹江、密山、虎林等地。吉林通化、集安、安图、蛟河、柳河等地。辽宁绥中、建平、建昌、北镇、开原、沈阳、凤城、丹东市区、大连等地。内蒙古科尔沁右翼前旗、克什克腾旗、翁牛特旗、东乌珠穆沁旗、西乌珠穆沁旗等地。全国各地

▲ 紫苞鸢尾花

（除华南外）。朝鲜、俄罗斯（西伯利亚中东部）。亚洲（中部）。

采　制　春、秋季采挖根状茎，除去泥土，洗净，晒干。秋季采收果实，晒干，打下种子，除去杂质，再晒干。

性味功效　根状茎：味苦，性寒。有毒。有活血祛瘀、接骨、止痛的功效。种子：有解毒杀虫、驱虫、祛腐生肌的功效。

主治用法　根状茎：用于跌打损伤。种子：用于烧伤。

用　量　适量。

附　注　全草入药，可治疗疮疡肿毒，烧灰可乌发。花入药，有明目的功效。根入药，可治疗雀斑、皮癣。

◎参考文献◎

［1］中国药材公司.中国中药资源志要[M].北京：科学出版社，1994:1421.

［2］江纪武.药用植物辞典[M].天津：天津科学技术出版社，2005:421.

▲ 紫苞鸢尾花（背）

单花鸢尾 *Iris uniflora* Pall. ex Link.

药用部位 鸢尾科单花鸢尾的种子。

原植物 多年生草本。叶条形或披针形，花期叶长5～20 cm，宽0.4～1.0 cm，果期长可达30～45 cm，基部鞘状。花茎纤细，中下部有1枚膜质、披针形的茎生叶；苞片2，质硬，干膜质，黄绿色，披针形或宽披针形，长2.0～3.5 cm，宽0.8～1.0 cm，内包含有花1；花蓝紫色，直径4.0～4.5 cm；花梗甚短；花被管细，长约1.5 cm，上部膨大成喇叭形，外花被裂片狭倒披针形，长约3 cm，宽约8 mm，上部卵圆形，平展，内花被裂片条形或狭披针形，长约3 cm，宽约3 mm，直立；雄蕊长约1.5 cm，花丝细长；花柱分枝扁平，顶端裂片近半圆形，边缘有稀疏的牙齿，子房柱状纺锤形。花期5—6月，果期7—8月。

生境 生于干山坡、林缘、路旁及林中旷地等处，常聚集成片生长。

分布 黑龙江塔河、呼玛、黑河、嘉荫、尚志、宁安、哈尔滨市区等地。吉林长白、通化、安图、柳河、蛟河、梨树、吉林等地。辽宁本溪、桓仁、西丰、开原、法库、沈阳市区、北镇、阜新等地。内蒙古额尔古纳、根河、牙克石、扎兰屯、新巴尔虎左旗、阿尔山、科尔沁右翼前旗、东乌珠穆沁旗等地。朝鲜、俄罗斯（西伯利亚）。亚洲（中部）。

采制 秋季采收果实，晒干，打下种子，除去杂质，再晒干。

性味功效 味甘，性平。有小毒。有清热解毒、利湿退黄、通便利尿的功效。

主治用法 用于咽喉肿痛、疮疡痈肿、湿热、黄疸、小便不利、便秘等。水煎服。

用量 适量。

附注 根状茎入药，有泻下、逐腹腔积液、通便利尿的功效。

▲ 单花鸢尾果实

▲ 单花鸢尾花（侧）

▲ 单花鸢尾花

▲单花鸢尾植株

◎参考文献◎

［1］中国药材公司 . 中国中药资源志要 [M]. 北京：科学出版社，1994:1422.

［2］江纪武 . 药用植物辞典 [M]. 天津：天津科学技术出版社，2005:422.

▲北陵鸢尾群落

北陵鸢尾 *Iris typhifolia* Kitagawa

别　　名　香蒲叶鸢尾

俗　　名　马兰花

药用部位　鸢尾科北陵鸢尾的干燥根、根状茎及种子。

原 植 物　多年生草本，植株基部红棕色。叶条形，扭曲，花期叶长 30 ~ 40 cm，宽约 2 mm，果期长达 90 cm，宽 2 ~ 3 mm，基部鞘状，中脉明显。花茎平滑，中空，高 50 ~ 60 cm，有 2 ~ 3 枚披针形的茎生叶；苞片 3 ~ 4，膜质，披针形，长 5.5 ~ 6.0 cm，宽 1.0 ~ 1.2 cm，中脉明显；花深蓝紫色，直径 6 ~ 7 cm；花梗长 1 ~ 5 cm；花被管长约 5 mm，外花被裂片倒卵形，长 5.0 ~ 5.5 cm，宽约 2 cm，爪部狭楔形，中央下陷呈沟状，内花被裂片直立，倒披针形，顶端微凹，长 4.5 ~ 5.0 cm；雄蕊长约 3 cm，花药黄褐色，花丝白色；花柱分枝长约 3.5 cm，宽 1.0 ~ 1.2 cm，顶端裂片三角形，子房钝三棱状柱形。花期 5—6 月，果期 8—9 月。

生　　境　生于沼泽地、水边湿地及草甸等处。

▲北陵鸢尾果实

▲北陵鸢尾花（背）

▼北陵鸢尾花（淡蓝色）

分　布　黑龙江塔河、呼玛、黑河、密山、虎林、哈尔滨、杜尔伯特等地。吉林双辽、洮南、扶余、磐石等地。辽宁沈阳。内蒙古牙克石、阿尔山、科尔沁右翼前旗、扎鲁特旗、克什克腾旗、翁牛特旗、东乌珠穆沁旗、西乌珠穆沁旗等地。朝鲜、俄罗斯（西伯利亚中东部）。

采　制　春、秋季采挖根及根状茎，除去泥土，洗净，晒干。秋季采摘果实，晒干，打取种子，除去杂质，再晒干。

性味功效　具有解热抗菌、催吐泻下的功效。

主治用法　用于外伤感染、乳痈、口疮。水煎服，外用捣烂敷患处。

用　量　适量。

▼北陵鸢尾花

◎参考文献◎

［1］中国药材公司.中国中药资源志要[M].北京：科学出版社，1994:1422.

［2］江纪武.药用植物辞典[M].天津：天津科学技术出版社，2005:422.

▲ 北陵鸢尾植株

▲溪荪花（紫色）

▲溪荪花（背）

溪荪 *Iris sanguinea* Donn ex Horn.

别　　名　东方鸢尾

俗　　名　马兰花

药用部位　鸢尾科溪荪的干燥根及根状茎（入药称"豆豉草"）。

原 植 物　多年生草本。叶条形，长 20 ~ 60 cm，宽 0.5 ~ 1.3 cm，基部鞘状，中脉不明显。花茎光滑，实心，高 40 ~ 60 cm，具茎生叶 1 ~ 2；苞片 3，膜质，绿色，长 5 ~ 7 cm，宽约 1 cm，内包含有花 2；花天蓝色，直径 6 ~ 7 cm；花被管短而粗，长 0.8 ~ 1.0 cm，直径约 4 mm，外花被裂片倒卵形，长 4.5 ~ 5.0 cm，宽约 1.8 cm，基部有黑褐色的网纹及黄色的斑纹，爪部楔形，中央下陷呈沟状，无附属物，内花被裂片直立，狭倒卵形，长约 4.5 cm，宽约 1.5 cm；雄蕊长约 3 cm，花药黄色，花丝白色，丝状；花柱分枝扁平，顶端裂片钝三角形，有细齿，子房三棱状圆柱形。花期 6—7 月，果期 8—9 月。

生　　境　生于沼泽地、湿草地或向阳坡地等处，常成单优势的大面积群落。

▼溪荪植株

▲溪荪植株（侧）

▲ 溪荪群落

▲ 溪荪居群

▼ 溪荪果实　　　▼ 溪荪幼株

▲ 溪荪花（蓝色）

▲ 白花溪荪花

分　　布　黑龙江塔河、呼玛、宁安、牡丹江市区、黑河、伊春市区、密山、嘉荫等地。吉林长白山各地及洮南、前郭等地。辽宁桓仁。内蒙古海拉尔、根河、牙克石、额尔古纳、科尔沁右翼前旗、扎赉特旗、东乌珠穆沁旗等地。朝鲜、俄罗斯（西伯利亚）、日本。

采　　制　春、秋季采挖根及根状茎，除去泥土，洗净，晒干。

性味功效　味辛，性平。有消积行水、行气止痛的功效。

主治用法　用于胃痛、腹痛、食积、蓄水疼痛、大便不通、疝气等。水煎服。

用　　量　6～9g。

附　　注　在东北有 1 变型：

白花溪荪 f. *albiflora* Makino，花白色。产于长白县，其他与原种同。

◎参考文献◎

[1] 钱信忠.中国本草彩色图鉴（第三卷）[M].北京：人民卫生出版社，2003:76-77.

[2] 中国药材公司.中国中药资源志要[M].北京：科学出版社，1994:1421.

[3] 江纪武.药用植物辞典[M].天津：天津科学技术出版社，2005:421.

▲ 玉蝉花群落

玉蝉花 *Iris ensata* Thunb.

别 名	花菖蒲　紫花鸢尾　东北鸢尾
俗 名	马兰花
药用部位	鸢尾科玉蝉花的根状茎。
原 植 物	多年生草本。叶条形，长 30 ~ 80 cm，宽 0.5 ~ 1.2 cm，基部鞘状，两面中脉明显。花茎圆

柱形，高 40 ~ 100 cm，实心，有茎生叶 1 ~ 3；苞片 3，近革质，顶端急尖、渐尖或钝，平行脉明显而
突出，内包含有花 2；花深紫色，直径 9 ~ 10 cm；花梗长 1.5 ~ 3.5 cm；花被管漏斗形，长 1.5 ~ 2.0 cm，
外花被裂片倒卵形，长 7.0 ~ 8.5 cm，宽 3.0 ~ 3.5 cm，爪部细长，中央下陷呈沟状，中脉上有黄色斑
纹，内花被裂片小，直立，狭披针形或宽条形，长约 5 cm，宽 5 ~ 6 mm；雄蕊长约 3.5 cm，花药紫色，

▲ 玉蝉花种子

▲ 玉蝉花幼株

玉蝉花植株

▲ 玉蝉花果实

较花丝长；花柱分枝扁平，紫色，略呈拱形弯曲，顶端裂片三角形，子房圆柱形。花期6—7月，果期8—9月。

生　　境　生于湿草甸子、沼泽地、林缘等处。

分　　布　黑龙江黑河市区、嫩江、北安、呼玛、密山、虎林、宁安、萝北、富裕、依兰、伊春、尚志等地。吉林通化、安图、靖宇、珲春、汪清、敦化、临江等地。辽宁西丰、岫岩、北镇等地。内蒙古鄂伦春旗。山东。朝鲜、俄罗斯（西伯利亚中东部）、日本。

采　　制　春、秋季采挖根状茎，除去泥土，洗净，晒干。

性味功效　味辛、苦。有小毒。有清热解毒、消食、开胸消胀的功效。

主治用法　用于食积饱胀、胃痛、气胀水肿等。水煎服。

用　　量　适量。

附　　注　花入药，有清热凉血、利尿消肿的功效。种子入药，有清热利湿的功效。

◎参考文献◎

［1］中国药材公司.中国中药资源志要[M].北京:科学出版社，1994:1419.

［2］江纪武.药用植物辞典[M].天津:天津科学技术出版社，2005:420.

▲ 玉蝉花花（浅粉色）

▲ 玉蝉花花（柱头正面白色）

▲玉蝉花花（背）

▼玉蝉花花（侧）

▲ 燕子花群落

▲ 燕子花果实

燕子花 *Iris laevigata* Fisch.

别　　名　平叶鸢尾　光叶鸢尾
俗　　名　钢笔水花　马兰花
药用部位　鸢尾科燕子花的根状茎。
原 植 物　多年生草本。叶灰绿色，剑形或
宽条形，长 40 ~ 100 cm，宽 0.8 ~ 1.5 cm。
花茎实心，高 40 ~ 60 cm，中、下部有茎
生叶 2 ~ 3；苞片 3 ~ 5，膜质，披针形，
内包含有花 2 ~ 4；花大，蓝紫色，直径

9 ～ 10 cm；花梗长 1.5 ～ 3.5 cm；花被
管上部稍膨大，似喇叭形，长约 2 cm，直
径 5 ～ 7 mm；外花被裂片倒卵形或椭圆
形，长 7.5 ～ 9.0 cm，上部反折下垂，爪
部楔形，中央下陷呈沟状，鲜黄色，内花
被裂片直立，倒披针形，长 5.0 ～ 6.5 cm；
雄蕊长约 3 cm，花药白色；花柱分枝扁平，
花瓣状，长 5 ～ 6 cm，顶端裂片半圆形，
长 1.5 ～ 2.0 cm，子房钝三角状圆柱形，
上部略膨大。花期 5—6 月，果期 7—8 月。

▲ 燕子花花（浅粉色）

▲ 燕子花植株

▼ 燕子花花（白色）

▲ 燕子花种子

生　　境　　生于沼泽地、湿草甸以及河岸水边等阳光较为充足的地方，常聚集成片生长。

分　　布　　黑龙江伊春市区、嘉荫、逊克、密山、虎林、富锦等地。吉林通化、柳河、梅河口、辉南、集安、磐石、临江、长白、敦化、和龙、汪清、安图、珲春等地。内蒙古牙克石、鄂伦春旗、阿尔山、科尔沁右翼前旗等地。朝鲜、日本、俄罗斯（西伯利亚）。

采　　制　　春、秋季采挖根状茎，除去杂质，洗净，晒干。

性味功效　　有祛痰的功效。

主治用法　　用于哮喘、气管炎等。

用　　量　　适量。

◎参考文献◎

[1] 江纪武. 药用植物辞典 [M]. 天津：天津科学技术出版社，2005:421.

▲燕子花花（深蓝色）

▼燕子花花（浅蓝色）

▲ 粗根鸢尾植株

▼ 粗根鸢尾根

粗根鸢尾 *Iris tigridia* Bge.

别　　名　拟虎鸢尾　粗根马莲
俗　　名　马兰花
药用部位　鸢尾科粗根鸢尾的根、根状茎及种子。
原 植 物　多年生草本。叶深绿色，有光泽，狭条形，花期叶长
5～13 cm，宽1.5～2.0 mm，果期可长达30 cm，宽约3 mm，基
部鞘状，膜质，无明显的中脉。花茎细，长2～4 cm；苞片2，黄绿
色，膜质，内包含有花1；花蓝紫色，直径3.5～3.8 cm；花梗长约
5 mm；花被管长约2 cm，上部逐渐变粗，外花被裂片狭倒卵形，长
约3.5 cm，宽约1 cm，有紫褐色及白色的斑纹，爪部楔形，中脉上
有黄色须毛状的附属物，内花被裂片倒披针形，长2.5～2.8 cm，宽
4～5 mm，顶端微凹，花盛开时略向外倾斜；雄蕊长约1.5 cm；花
柱分枝扁平，顶端裂片狭三角形，子房绿色，狭纺锤形。花期5月，
果期6—8月。
生　　境　生于固定沙丘、沙质草原、灌丛及干山坡上。
分　　布　黑龙江大庆市区、泰来、杜尔伯特、肇源等地。吉林双辽、
乾安、磐石等地。辽宁凌源、北镇、建平、义县、阜新、沈阳、铁岭、
鞍山、大连等地。内蒙古海拉尔、牙克石、新巴尔虎左旗、扎兰屯、
阿尔山、科尔沁右翼前旗、克什克腾旗、东乌珠穆沁旗、西乌珠穆沁
旗、阿巴嘎旗、苏尼特左旗、苏尼特右旗等地。山西。朝鲜、俄罗斯（西

伯利亚）。

采　制　春、秋季采挖根及根状茎，除去泥土，洗净，晒干。夏季采摘花，除去杂质，阴干。秋季采摘果实，晒干，打取种子，除去杂质，再晒干。

性味功效　根状茎及根：味甘，性平。有清热解毒的功效。种子：味甘，性平。有养血安胎的功效。

主治用法　根状茎及根：用于急性咽喉炎。水煎服。种子：用于胎动不安、血崩等。水煎服。

用　量　根状茎及根：6～9g。种子：6～9g。

◎参考文献◎

[1] 钱信忠.中国本草彩色图鉴（第四卷）[M].北京：人民卫生出版社，2003:356-357
[2] 中国药材公司.中国中药资源志要[M].北京：科学出版社，1994:1422.
[3] 江纪武.药用植物辞典[M].天津：天津科学技术出版社，2005:422

▲粗根鸢尾果实

▲粗根鸢尾花（侧）　　　▼粗根鸢尾花

▲ 细叶鸢尾居群

▲ 细叶鸢尾花（背）

细叶鸢尾 *Iris tenuifolia* Pall.

别　　名　细叶马蔺　丝叶马蔺
俗　　名　老牛拽
药用部位　鸢尾科细叶鸢尾的种子及根。
原 植 物　多年生密丛草本。植株基部存留有红褐色
或黄棕色折断的老叶叶鞘，叶质地坚韧，丝状或狭条
形，长 20 ~ 60 cm，宽 1.5 ~ 2.0 mm，扭曲。花茎
长度随埋沙深度而变化，通常甚短，不伸出地面；苞

片 4，披针形，长 5 ～ 10 cm，宽 8 ～ 10 mm，顶端长渐尖或尾状尖，边缘膜质，中肋明显，内包含有花 2 ～ 3；花蓝紫色，直径约 7 cm；花梗细，长 3 ～ 4 mm；花被管长 4.5 ～ 6.0 cm，外花被裂片匙形，长 4.5 ～ 5.0 cm，宽约 1.5 cm，爪部较长，中央下陷呈沟状，内花被裂片倒披针形，长约 5 cm，宽约 5 mm；雄蕊长约 3 cm，花丝与花药近等长；花柱分枝，顶端裂片狭三角形，子房细圆柱形。花期 4—5 月，果期 8—9 月。

▲细叶鸢尾花

▲细叶鸢尾植株

▲细叶鸢尾种子

生　境　生于固定沙丘、沙质草原、灌丛及干山坡上。

分　布　黑龙江杜尔伯特、肇源、肇东、泰来等地。吉林双辽、通榆、镇赉等地。辽宁彰武、沈阳等地。内蒙古满洲里、海拉尔、新巴尔虎左旗、新巴尔虎右旗、扎赉特旗、翁牛特旗、东乌珠穆沁旗、西乌珠穆沁旗、阿巴嘎旗、苏尼特左旗、苏尼特右旗等地。河北、山西、陕西、宁夏、甘肃、青海、新疆、西藏。俄罗斯（西伯利亚）、蒙古、

▲细叶鸢尾植株（侧）

▼细叶鸢尾果实

阿富汗、土耳其。

采　制　秋季采摘果实，晒干，打取种子，除去杂质，再晒干。春、秋季采挖根，除去泥土，洗净，切段，晒干。

性味功效　种子：味甘，性平。有清热利湿、止血解毒的功效。根：味苦，性凉。有安胎养血的功效。

主治用法　种子：用于黄疸、泄泻、吐血、衄血、血崩、带下病、喉痹、痈肿、肿瘤等。水煎服。外用捣烂敷患处。根：用于胎动血崩。

用　量　种子：3～10 g。外用适量。根：适量。

◎参考文献◎

［1］中国药材公司 . 中国中药资源志要 [M]. 北京：科学出版社，1994:1422.

［2］江纪武 . 药用植物辞典 [M]. 天津：天津科学技术出版社，2005:422.

▲灯芯草花序

灯芯草科 Juncaceae

本科共收录1属、4种。

灯芯草属 *Juncus* L.

灯芯草 *Juncus effusus* L.

别　名　水灯芯　铁灯芯　灯心草

俗　名　灯草　秧草　野席草　水葱　老葱　山蓑衣草

药用部位　灯芯草科灯芯草的茎髓（称"灯芯草"）、根及根状茎。

原植物　多年生草本，高27～91 cm。茎丛生，淡绿色，具纵条纹，茎内充满白色的髓心。叶全部为低出叶，呈鞘状或鳞片状，包围在茎的基部，长1～22 cm，基部红褐至黑褐色；叶片退化为刺芒状。聚伞花序假侧生，含多花，排列紧密或疏散；总苞片圆柱形，生于顶端，似茎的延伸，直立，长5～28 cm，顶端尖锐；小苞片2，宽卵形，膜质，顶端尖；花淡绿色；花被片线状披针形，长2.0～12.7 mm，宽约0.8 mm，顶端锐尖，背脊增厚突出，黄绿色，边缘膜质，外轮者稍长于内轮；雄蕊3，花药长圆形，黄色，稍短于花丝；雌蕊具3室子房；花柱极短；柱头3分叉。花期6—7月，果期8—9月。

生　境　生于草甸、湿草地、沟边及林缘等处，常聚集成片生长。

分　布　黑龙江伊春市区、铁力、勃利、尚志、五常、海林、林口、宁安、东宁、绥芬河、穆棱、木兰、延寿、密山、虎林、饶河、宝清、桦南、汤原、

▲灯芯草植株

方正、通河、呼兰、肇源、安达、林甸、杜尔伯特、富锦、五大连池、桦川、萝北、绥滨、同江、宝清、抚远等地。吉林长白山各地及九台、德惠、伊通、榆树、公主岭、扶余、农安、前郭、大安、乾安、长岭、通榆、洮南等地。辽宁本溪、桓仁、丹东市区、宽甸、东港、清原、西丰、铁岭、开原、鞍山市区、台安、瓦房店、长海、大连市区、兴城、建昌、绥中、凌源等地。河北、河南、山东、江苏、安徽、浙江、江西、福建、台湾、陕西、湖北、湖南、广东、广西、四川、贵州、甘肃、云南、西藏。朝鲜、俄罗斯（西伯利亚）、日本。

采　制　夏末秋初割取地上茎,晒干,取出茎髓,理直,扎成小把,生用、朱砂拌用或煅炭用。春、秋季采挖根及根状茎,洗净,晒干。

性味功效　茎髓:味甘、淡,性寒。有清心降火、利尿通淋的功效。根及根状茎:味甘,性寒。有清热解毒的功效。

主治用法　茎髓:用于淋病、水肿、小便赤涩、湿热黄疸、心烦不寐、小儿夜啼、喉痹、咳嗽、咽炎、口舌生疮、尿路感染、膀胱炎、尿道炎、创伤、疟疾等。水煎服。根及根状茎:用于黄疸、痈肿等。水煎服。

用　量　茎髓:2.5~4.0 g(鲜草单用:25~50 g)。根及根状茎:25~50 g。

▲灯芯草幼株

附　方

（1）治心烦口渴失眠:灯芯草5 g,竹叶、麦门冬各15 g,夜交藤20 g。水煎服。或用灯芯草30 g,煎汤代茶服用。亦可用灯芯草5 g,淡竹叶15 g,开水沏,当茶喝。

（2）治疟疾:灯芯草根25 g,于发作前2~3 h加少量白糖,空腹顿服。

（3）治膀胱炎、尿道炎、肾炎水肿:鲜灯芯草50~100 g,鲜车前100 g,薏米50 g,海金沙50 g,水煎服。

（4）治乳痈初起:灯芯草根50 g,猪瘦肉500 g,炖汤,撇去浮油,以汤煎药服。

（5）治急性咽炎、咽部生颗粒或舌炎、口疮:灯芯草5 g,麦门冬15 g,水煎服。亦可用灯芯炭5 g,加冰片0.5 g,同研,吹喉。

（6）治小儿心烦夜啼:灯芯草25 g,煎2次,分2次服。

（7）治衄血不止:灯芯草50 g为末,入丹砂5 g,米饮调下,每服10 g。

（8）治小便不利、淋沥涩痛之症:与木通、瞿麦、车前子等同用。

（9）治湿热黄疸:灯芯草根200 g。酒水各半,入瓶内,煮半日,露一夜,温服。

（10）治乳痈初起:灯芯草根50 g,同猪精肉200 g,炖汤,撇去浮油,以汤煎药服。

附　注　本品为《中华人民共和国药典》（2020年版）收录的药材。

◎参考文献◎

［1］江苏新医学院.中药大辞典（上册）[M].上海:上海科学技术出版社,1977:946-948.

［2］朱有昌.东北药用植物 [M].哈尔滨:黑龙江科学技术出版社,1989:131-132.

［3］《全国中草药汇编》编写组.全国中草药汇编（上册）[M].北京:人民卫生出版社,1975:321-322.

▲小灯芯草植株

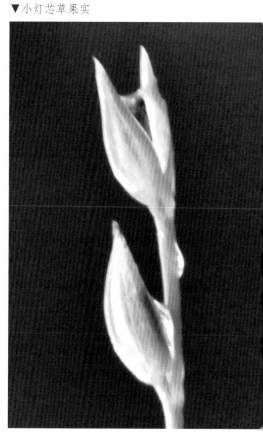

小灯芯草 *Juncus bufonius* L.

别　　名　小灯心草

药用部位　灯芯草科小灯芯草的茎髓。

原 植 物　一年生草本，高 4 ~ 30 cm。茎丛生，细弱，基部常红褐色。茎生叶常 1；叶片线形，扁平，长 1 ~ 13 cm，宽约 1 mm，顶端尖；叶鞘具膜质边缘，无叶耳。花序呈二歧聚伞状，或排列成圆锥状，生于茎顶，花序分枝细弱而微弯；叶状总苞片长 1 ~ 9 cm；花排列疏松，具花梗和小苞片；小苞片 2 ~ 3，三角状卵形，膜质，长 1.3 ~ 2.5 mm，宽 1.2 ~ 2.2 mm；花被片披针形，外轮者长 3.2 ~ 6.0 mm，宽 1.0 ~ 1.8 mm，背部中间绿色，边缘宽膜质，白色，顶端锐尖，内轮者稍短，顶端稍尖；雄蕊 6；花药长圆形，淡黄色；花丝丝状；雌蕊具短花柱；柱头 3，外向弯曲。花期 6—7 月，果期 8—9 月。

生　　境　生于湿草地、湖岸、河边、沼泽地等处。

分　　布　黑龙江塔河、呼玛、黑河市区、密山、伊春市区、北安、哈尔滨、牡丹江、大庆等地。吉林通榆、镇赉、洮南、前郭、大安、汪清、敦化、蛟河、抚松、长白、通化等地。辽宁沈阳、丹东市区、

▲小灯芯草花

宽甸、清原、长海、大连、建平、北镇、彰武等地。内蒙古额尔古纳、牙克石、科尔沁右翼前旗、突泉、扎鲁特旗、翁牛特旗、克什克腾旗、阿鲁科尔沁旗、巴林左旗、巴林右旗、东乌珠穆沁旗、西乌珠穆沁旗、阿巴嘎旗、苏尼特左旗、苏尼特右旗等地。华北、西北、华东、西南等。朝鲜、日本、俄罗斯（西伯利亚）。亚洲（中部）、欧洲、北美洲。

采　　制　夏末秋初割取地上茎，晒干，取出茎髓，理直，扎成小把，生用、朱砂拌用或煅炭用。

性味功效　有清热、祛水利湿、通淋、利尿、止血的功效。

用　　量　适量。

◎参考文献◎

［1］中国药材公司.中国中药资源志要 [M].北京：科学出版社，1994:1424.

［2］江纪武.药用植物辞典 [M].天津：天津科学技术出版社，2005:429.

扁茎灯芯草 *Juncus compressus* Jacq.

| 别　　名 | 细灯芯草　细灯心草　扁茎灯心草 |

别　　名　细灯芯草　细灯心草　扁茎灯心草
药用部位　灯芯草科扁茎灯芯草的茎髓。
原 植 物　多年生草本，高 15 ~ 50 cm。茎丛生，圆柱形或稍扁。叶基生和茎生，长 1.5 ~ 3.0 cm，淡褐色；基生叶 2 ~ 3；叶片线形，长 3 ~ 15 cm，宽 0.5 ~ 1.0 mm；茎生叶 1 ~ 2；叶片线形，扁平，长 10 ~ 20 cm；叶鞘长 2 ~ 9 cm；叶耳圆形。顶生复聚伞花序；叶状总苞片通常 1，线形；从总苞叶腋中发出多个花序分枝，花序分枝纤细；花单生，彼此分离；小苞片 2，宽卵形，长约 1 mm，顶端钝，膜质；花被片披针形或长圆状披针形，长 1.8 ~ 2.6 mm，宽 0.9 ~ 1.1 mm，顶端钝圆；雄蕊 6；花药长圆形，基部略成箭形；子房长圆形；花柱很短；柱头 3 分叉。花期 6—7 月，果期 7—8 月。
生　　境　生于河岸、塘边、田埂上、沼泽及草原湿地等处。
分　　布　黑龙江黑河、伊春、哈尔滨市区、尚志、海林等地。吉林白城、双辽、通榆、镇赉、前郭、长白、抚松、安图、敦化、汪清、和龙、临江等地。辽宁清原、沈阳、辽阳、盖州、长海、大连市区、北镇、彰武等地。内蒙古额尔古纳、牙克石、阿尔山、科尔沁右翼前旗、科尔沁右翼中旗、扎鲁特旗、克什克腾旗、巴林右旗、东乌珠穆沁旗、西乌珠穆沁旗等地。山东及长江流域诸省区。华北、西北。朝鲜、俄罗斯（西伯利亚）、日本。
采　　制　夏末秋初割取地上茎，晒干，取出茎髓，理直，扎成小把，生用、朱砂拌用或煅炭用。
性味功效　有清热解毒、祛水利湿、利水消肿、安眠镇惊的功效。
用　　量　适量。

◎参考文献◎

［1］中国药材公司 . 中国中药资源志要 [M]. 北京：科学出版社，1994:1424.
［2］江纪武 . 药用植物辞典 [M]. 天津：天津科学技术出版社，2005:429.

▼扁茎灯芯草花

▲扁茎灯芯草植株

栗花灯芯草 *Juncus castaneus* Smith.

别　名　栗色灯芯草　三头灯芯草
栗花灯心草

药用部位　灯芯草科栗花灯芯草的全
草。

原植物　多年生草本，高15～
40 cm。茎直立，基生叶2～4，长
6～25 cm，边缘常内卷或折叠；叶
鞘长5～11 cm，边缘膜质，松弛抱茎，
无叶耳；茎生叶1或缺，较短；叶片
扁平或边缘内卷。花序由2～8个头
状花序排成顶生聚伞状，花序梗不等
长，长1～4 cm；叶状总苞片1～2，
线状披针形，顶端细长，常超出花序；
头状花序含花4～10，直径7～8 mm；
苞片2～3，披针形，常短于花；花
具长约2 mm的花梗；花被片披针形，
长4～5 mm，顶端渐尖，外轮者背
脊明显，稍长于内轮，暗褐色至淡褐
色；雄蕊6，短于花被片；花药黄色；
花丝线形，柱头3分叉。花期7—8月，
果期8—9月。

生　境　生于湿草地、水边、林缘
及亚高山草地等处。

分　布　黑龙江塔河、呼玛等地。
吉林安图、和龙等地。内蒙古额尔古
纳、根河、阿尔山、科尔沁右翼前旗、
东乌珠穆沁旗等地。河北、山西、陕西、
宁夏、甘肃、青海、四川、云南。朝鲜、
俄罗斯（东西伯利亚）、蒙古。欧洲、
北美洲。

采　制　夏末秋初割取全草，切段，
晒干或鲜用。

性味功效　有清热利尿的功效。

主治用法　用于热病烦渴、咽喉痛、咳嗽、小儿烦躁、夜啼、眼赤目昏、小便不利等。水煎服。

用　量　适量。

▲栗花灯芯草植株

◎参考文献◎

［1］中国药材公司.中国中药资源志要[M].北京：科学出版社，1994:1425.
［2］江纪武.药用植物辞典[M].天津：天津科学技术出版社，2005:429.

▲吉林莫莫格国家级自然保护区湿地夏季景观

▲ 鸭跖草群落

▲ 鸭跖草花

鸭跖草科 Commelinaceae

本科共收录3属、4种。

鸭跖草属 *Commelina* L.

鸭跖草 *Commelina communis* L.

别 名	淡竹叶

俗 名	三夹子菜 竹节菜 蓝花菜 鸭爪草 鸡舌草 鸭舌草 帽

子花 三角菜 菱角草 牛耳朵草 蓝雀菜

药用部位	鸭跖草科鸭跖草的全草。

原植物	一年生披散草本。茎匍匐生根，多分枝，长可达1 m，

下部无毛，上部被短毛。叶披针形至卵状披针形，长3 ~ 9 cm，
宽1.5 ~ 2.0 cm。总苞片佛焰苞状，有1.5 ~ 4.0 cm的柄，与
叶对生，折叠状，展开后为心形，顶端短急尖，基部心形，长
1.2 ~ 2.5 cm，边缘常有硬毛；聚伞花序，下面一枝仅有花1，
具长8 mm的梗，不孕；上面一枝具花3 ~ 4，具短梗，几乎不

▲ 鸭跖草植株

伸出佛焰苞。花梗花期长仅3mm，果期弯曲，长不过6mm；萼片膜质，长约5mm，内面2枚常靠近或合生；花瓣深蓝色；内面2枚具爪，长近1cm。蒴果椭圆形，2室，2片裂，有种子4。花期7—8月，果期8—9月。

生　境　生于田野、路旁、沟边、林缘等较潮湿处，是一种常见的农田杂草。

分　布　东北地区广泛分布。华北、华南、西南。朝鲜、俄罗斯（西伯利亚）、蒙古、日本、越南。北美洲。

采　制　夏、秋季采收全草，切段，洗净，鲜用或晒干。

性味功效　味甘、淡，性寒。有清热解毒、利水消肿、退热凉血的功效。

主治用法　用于感冒发热、丹毒、腮腺炎、黄疸型肝炎、咽喉肿痛、急性扁桃体炎、淋病、小便不利、尿血、肾炎水肿、脚气、痢疾、疟疾、鼻衄、血崩、白带异常、尿路感染、结石、痈疽疔疮、跌打损伤、筋骨疼痛、毒蛇咬伤及犬咬伤等。水煎服或捣汁。外用捣烂敷患处或捣汁点喉。

用　量　15～25g（鲜品100～150g。大剂量250～350g）。外用适量。

▲ 鸭跖草花（粉色）

▲ 鸭跖草花（淡蓝色）

▲ 鸭跖草幼株

▼ 鸭跖草花（白色）

▼ 鸭跖草果实

附　　方

（1）治流行性感冒：鸭跖草 50 g，紫苏、马兰根、竹叶、麦门冬各 15 g，豆豉 25 g，水煎服。每日 1 次。

（2）治上呼吸道感染：鸭跖草、蒲公英、桑叶（或水蜈蚣）各 50 g。水煎服。

（3）治急性咽炎，腺窝性扁桃体炎：鲜鸭跖草 50 g，水煎服。又方：鲜鸭跖草 150 ~ 200 g，捣烂，加凉开水挤汁，频频含咽。

（4）治四肢水肿：鸭跖草 25 g，赤小豆 100 g，水煎，每日分 3 次服。

（5）治宫颈糜烂：鸭跖草、蒲公英、小蜡树、白背叶各 1 kg。加水 4 倍，制成流浸膏 500 ml，用高锰酸钾溶液冲洗阴道，除净白带，擦干，充分暴露糜烂面，用蘸有流浸膏消毒的棉花塞（直径 4 cm，厚度 0.8 cm，中间有一蒂，系线一根，以便上药当天晚上病人自己从阴道取出），将棉塞紧贴子宫颈糜烂面。每周上药 2 ~ 3 次，10 次为一个疗程。

（6）治小便不通：鸭跖草、车前草各 50 g，捣汁，加蜂蜜少许，空腹服用。

（7）治黄疸型肝炎：鸭跖草 200 g，瘦猪肉 100 g，水炖，连汤带肉一起服用，每日 1 剂。

（8）治流行性腮腺炎：鸭跖草每日 100 g，水煎服。

附　注　本品为《中华人民共和国药典》（2020 年版）收录的药材。

◎参考文献◎

[1] 江苏新医学院. 中药大辞典（下册）[M]. 上海：上海科学技术出版社，1977:1845-1846.

[2] 朱有昌. 东北药用植物 [M]. 哈尔滨：黑龙江科学技术出版社，1989:127-128.

[3] 江纪武. 药用植物辞典 [M]. 天津：天津科学技术出版社，2005:202.

▼鸭跖草种子

▲鸭跖草花（双花）

▼鸭跖草幼苗

▲ 饭包草植株

▼ 饭包草幼株

饭包草 *Commelina bengalensis* L.

别　　名　火柴头　卵叶鸭跖草　圆叶鸭跖草

药用部位　鸭跖草科饭包草的全草（入药称"竹叶菜"）。

原　植　物　多年生披散草本。茎大部分匍匐，节上生根，上部及分枝上部上升，长可达 70 cm，被疏柔毛。叶有明显的叶柄；叶片卵形，长 3 ~ 7 cm，宽 1.5 ~ 3.5 cm，顶端钝或急尖，近无毛；叶鞘口沿有疏而长的睫毛。总苞片漏斗状，与叶对生，常数个集于枝顶，下部边缘合生，长 8 ~ 12 mm，被疏毛，顶端短急尖或钝，柄极短；花序下面一枝具细长梗，具 1 ~ 3 朵不孕的花，伸出佛焰苞，上面一枝有花数朵，结实，不伸出佛焰苞；萼片膜质，披针形，长 2 mm，无毛；花瓣蓝色，圆形，长 3 ~ 5 mm；内面 2 枚具长爪。蒴果椭圆状，3 室，腹面 2 室，每室具 2 种子。花期 7—8 月，果期 8—9 月。

生　境　生于田野、路旁、沟边、林缘等较潮湿的地方。

分　布　辽宁长海。山东、河北、河南、湖南、湖北、江西、安徽、江苏、浙江、福建、陕西、四川、云南、广东、台湾、广西、海南。亚洲和非洲的热带、亚热带。

采　制　夏、秋季采收全草，切段，洗净，鲜用或晒干。

性味功效　味苦，性寒。无毒。有清热解毒、利水消肿的功效。

主治用法　用于水肿、肾炎、小便短赤涩痛、赤痢、小儿肺炎、疔疮肿毒。水煎服。外用捣烂敷患处。

用　量　50～100 g。外用适量。

附　方

（1）治上呼吸道感染，咽喉、扁桃体炎：鲜竹叶菜全草洗净捣烂绞汁，每服1酒杯，以温水冲服，一日2～3次。或用全草60～90 g，水煎服。

（2）治急性膀胱炎、小便频急：竹叶菜30 g，车前草30 g，甘草9 g，水煎去渣，一日2～3次分服。

（3）治风湿性心肌炎、心脏病：竹叶菜30～60 g，肥玉竹、生地各12 g，甘草6 g，水煎，一日2～3次分服。

▲饭包草花

▼饭包草花（侧）

◎参考文献◎

［1］江苏新医学院.中药大辞典（上册）[M].上海：上海科学技术出版社，1977:905.

［2］中国药材公司.中国中药资源志要[M].北京：科学出版社，1994:1427.

［3］江纪武.药用植物辞典[M].天津：天津科学技术出版社，2005:402.

▲ 疣草花

水竹叶属 *Murdannia* Royle.

疣草 *Murdannia keisak*（Hassk.）Hand.-Mazz.

▼ 疣草果实

别　　名　水竹叶

药用部位　鸭跖草科疣草的根。

原 植 物　一年生草本，全株柔软，稍肉质，光滑，无毛。茎长而多分枝，匍匐生根，分枝常上升。叶2列互生，无柄，叶柄基部抱茎，叶狭披针形，长4～8cm，宽5～10mm，具数条至10余条平行脉。聚伞花序腋生或顶生，有花1～3，腋生者多为单花，花初开时直立向上，花开后至果期花序梗及花梗通常伸长，下弯，使花果下垂；苞片披针形，长0.5～2.0cm；花梗长0.5～1.5cm；萼片3，披针形，长7～9mm；花瓣蓝紫色或粉红色，倒卵圆形，比萼长；能育雄蕊3，对萼，不育雄蕊3，短小，与花瓣相对，子房3室，花柱细圆柱状，柱头头状，花丝生长须毛。花期7—8月，果期8—9月。

生　　境　生于田野、路旁、沟边及林缘等较潮湿的地方。

分　　布　黑龙江尚志。吉林柳河、辉南、通化、集安、珲春等地。辽宁沈阳市区、新民、辽中、北镇、凤城、桓仁等地。浙江、江西、福建。朝鲜、俄罗斯（西伯利亚中东部）、日本。北美洲。

▲疣草花（侧）

▲疣草植株

▲疣草幼株

采　制　秋季采挖根，除去杂质，洗净，
晒干。

性味功效　味甘，性平。有清热解毒、利
尿消肿的功效。

主治用法　用于小便淋痛、瘰疬、毒蛇咬

▲疣草种子

伤。水煎服。外用捣烂敷患处。

用　量　15 ~ 25 g（鲜品 50 ~ 100 g）。外用适量。

▲疣草花（背）

◎参考文献◎

[1] 江苏新医学院. 中药大辞典（上册）[M]. 上海：上海科学
　　技术出版社, 1977:527-528.

[2] 中国药材公司. 中国中药资源志要 [M]. 北京：科学出版社,
　　1994:1429.

[3] 江纪武. 药用植物辞典 [M]. 天津：天津科学技术出版社,
　　2005:531.

▲ 竹叶子幼苗

竹叶子属 *Streptolirion* Edgew.

竹叶子 *Streptolirion volubile* Edgew.

俗　　名　猪耳草

药用部位　鸭跖草科竹叶子的全草。

原 植 物　多年生攀援草本，极少茎近于直立。茎长 0.5～6.0 m，常于贴地的节处生根。单叶互生，叶柄长 3～10 cm，叶柄基部的闭合叶鞘可达 2.5 cm，鞘口通常有长纤毛；叶片心状圆形，有时心状卵形，长 5～15 cm，宽 3～15 cm，顶端常尾尖，基部深心形，上面多少被柔毛。蝎尾状聚伞花序有花一至数朵，集成圆锥状，圆锥花序下面的总苞片叶状，长 2～6 cm，上部的小而卵状披针形；花无梗；萼片长 3～5 mm，顶端急尖；花瓣白色、淡紫色而后变白色，线形，略比萼长；雄蕊 6，花丝通常在中上部生有白色丝状毛；子房三棱状卵形，花柱通常明显伸出花冠外，柱头头状无裂。花期 7—8 月，果期 8—9 月。

竹叶子花（背）

▲ 竹叶子幼株

▲竹叶子植株

生　境　生于山谷、灌丛、密林下或草地等处。

分　布　吉林集安、临江、长白等地。辽宁丹东市区、宽甸、凤城、桓仁、西丰、昌图、鞍山、庄河、大连市区、锦州等地。内蒙古科尔沁左翼中旗、科尔沁左翼后旗、科尔沁右翼中旗等地。河北、陕西、山西、甘肃、湖北、浙江。中南、西南等。朝鲜、日本、不丹、老挝、越南。

采　制　夏、秋季采收全草，切段，洗净，鲜用或晒干。

性味功效　味涩，性凉。有祛风除湿、养阴、清热解毒、利尿的功效。

主治用法　用于肺痨、风湿痹痛、白带过多、跌打损伤、痈疮肿毒、感冒发热、咽喉肿痛、口渴心烦、热淋、小便不利等。水煎服。外用捣烂敷患处。

用　量　15 ~ 30 g（鲜品30 ~ 60 g）。外用适量。

◎参考文献◎

［1］钱信忠.中国本草彩色图鉴（第二卷）[M].北京：人民卫生出版社，2003:480-481.

［2］中国药材公司.中国中药资源志要[M].北京：科学出版社.1994:1431.

［3］江纪武.药用植物辞典[M].天津：天津科学技术出版社，2005:778.

▼竹叶子果实

▲吉林圆池国家级自然保护区湿地夏季景观

谷精草科 Eriocaulaceae

本科共收录 1 属、2 种。

谷精草属 *Eriocaulon* L.

长苞谷精草 *Eriocaulon decemflorum* Maxim.

别　　名　小谷精草

药用部位　谷精草科长苞谷精草的花序。

原 植 物　一年生草本。叶丛生，线形，长 4 ~ 13 cm，半透明，横格不明显，脉 3 ~ 11。花葶约 10，长 10 ~ 20 cm，具 3 ~ 5 棱；鞘状苞片长 3 ~ 5 cm，口部膜质，斜裂；花序熟时倒圆锥形至半球形，禾秆色，连总苞片长 4 ~ 5 mm；总苞片共约 14，禾秆色；苞片倒披针形至长倒卵形；雄花：花萼常 2 深裂，有时其中 1 裂片缩小成单个裂片，裂片舟形，长 1.6 ~ 2.2 mm；花冠裂片 1 ~ 2，长卵形至椭圆形，近顶端有黑色至棕色的腺体；雄蕊常 4，花药黑色；雌花：花萼 2 裂至单个裂片，长 1.8 ~ 2.3 mm；花瓣 2，倒披针状线形，近肉质；子房 1 ~ 2 室；花柱分枝 1 ~ 2。花期 8—9 月，果期 9—10 月。

生　　境　生于湿地及稻田等处。

分　　布　黑龙江萝北。吉林敦化。辽宁海城、鞍山市区、大连等地。江苏、浙江、江西、福建、湖南、广东。朝鲜、日本、俄罗斯（西伯利亚中东部）。

采　　制　夏、秋季采摘带茎的花序，洗净，晒干。

性味功效　味辛、甘，性平。有疏散风热、明目、退翳的功效。

主治用法　用于风热目赤、肿痛畏光、眼生翳膜、风热头痛等。水煎服。

用　　量　适量。

◎参考文献◎

[1] 中国药材公司.中国中药资源志要[M].北京：科学出版社，1994:1432.

[2] 江纪武.药用植物辞典[M].天津：天津科学技术出版社，2005:301.

▲ 宽叶谷精草植株

▲ 宽叶谷精草花序

宽叶谷精草 *Eriocaulon robustius*（Maxim.）Makino

药用部位 谷精草科宽叶谷精草的全草。

原 植 物 一年生草本。叶线形，丛生，长 6 ~ 15 cm，宽 2 ~ 6 mm，半透明，具横格，脉 7 ~ 12。
花葶多数，长 9 ~ 15 cm，扭转，具棱 4 ~ 5；鞘状苞片长 5 ~ 6 cm，口部斜裂；花序熟时近球形，长
2.5 ~ 3.5 mm，宽 4 ~ 5 mm，黑褐色；总苞片宽卵形到矩圆形，禾秆色，硬膜质，长 1.5 ~ 2.5 mm，
宽 1.5 ~ 2.2 mm；苞片倒卵形至倒披针形；雄花：花萼佛焰苞状，顶端 3 浅裂，长 1.4 ~ 1.8 mm，无
毛或顶端有少数毛；花冠 3 裂，裂片锥形，各具黑色腺体 1；雄蕊 6，花药黑色；雌花：花萼佛焰苞状，
3 浅裂，长 1.5 ~ 2.0 mm；花瓣 3，披针状匙形；子房 3 室，花柱分枝 3，短于花柱。花期 7—8 月，果
期 8—9 月。

生 境 生于河滩水边及沼泽湿地中。

分 布 黑龙江萝北。吉林安图、和龙、抚松、临江等地。辽宁丹东。内蒙古扎兰屯。河北、河南。朝鲜、
俄罗斯（西伯利亚中东部）、日本。

采 制 夏、秋季采收全草，洗净，晒干。

性味功效 有疏散风热、明目退翳、清肝、祛风的功效。

用 量 适量。

◎参考文献◎

［1］中国药材公司．中国中药资源志要 [M]．北京：科学出版社，1994:1433.
［2］江纪武．药用植物辞典 [M]．天津：天津科学技术出版社，2005:301.

▲黑龙江南瓮河国家级自然保护区湿地夏季景观

▲ 菰群落

▲ 菰雄总花序

▲ 菰雄花

禾本科 Gramineae

本科共收录 33 属、43 种、1 变种。

菰属 *Zizania* L.

菰 *Zizania latifolia*（Griseb）Stapf

别　　名	沼生菰 茭白
俗　　名	白草
药用部位	禾本科菰的果实（称"茭白子"）、根、根状茎及菌瘿（称"茭白"）。

原 植 物　多年生草本。秆高大直立，高 1～2 m，直径约 1 cm，具多数节，基部节上生不定根。叶鞘长于其节间，肥厚，有小横脉；叶舌膜质，长约 1.5 cm，顶端尖；叶片扁平宽大，长 50～90 cm，宽 15～30 mm。圆锥花序长 30～50 cm，分枝多数簇生，上升，果期开展；雄小穗长 10～15 mm，两侧压扁，着生于花序下部或分枝上部，带紫色，外稃具 5 脉，顶端渐尖具小尖头，内稃具 3 脉，中脉成脊，具毛，雄蕊 6，花药长 5～10 mm；雌小穗圆筒

形，长 18～25 mm，宽 1.5～2.0 mm，着生于花序上部和分枝下方与主轴贴生处，外稃之 5 脉粗糙，芒长 20～30 mm，内稃具 3 脉。花期 7—8 月，果期 8—9 月。

生　境　生于沼泽、池塘、水沟边及湿地等处。

分　布　黑龙江五大连池、伊春、阿城、哈尔滨市区、密山、虎林、饶河等地。吉林长白山各地。辽宁新民、沈阳等地。内蒙古海拉尔、额尔古纳、根河、科尔沁右翼前旗、扎赉特旗、科尔沁右翼中旗、科尔沁左翼后旗、科尔沁左翼中旗等地。河北、江西、福建、广东、台湾、湖北、湖南、四川、陕西、甘肃。朝鲜、俄罗斯（西伯利亚中东部）、日本。欧洲。

采　制　秋季采收果实。春、秋季采挖根及根状茎和采收菌瘿，洗净，晒干。

性味功效　果实：味甘，性温。有止渴、解烦热、调肠胃的功效。根状茎及根：味甘，性寒。有除胸中烦、解酒、消食的功效。菌瘿：味甘，性凉。有解热毒、除烦渴、利二便的功效。

主治用法　果实：用作利尿剂。根状茎及根：用于消渴、汤火伤等。水煎服。外用烧存性研末调敷。菌瘿：用于热病烦渴、酒精中毒、二便不利、乳汁不通、痢疾、风疮、目赤等。水煎服。

用　量　果实：10～15 g。根状茎及根：10～15 g。外用适量。菌瘿：50～100 g。

附　方

（1）治乳汁不畅：茭白 25～50 g，通草 15 g，猪蹄煮食。

（2）治小儿风疹经久不愈：茭白烧灰，研末外敷。

（3）治烫火伤尚未成疮者：菰根适量洗净，烧灰，调和鸡蛋黄涂患处。

（4）治暑热腹痛：鲜菰根 100～150 g，水煎服。

附　注　菰植物体内寄生食用黑粉菌，这些菌丝体能随着植株的生长而生长。在菰抽穗期的时候，花茎组织由于受菌丝体代谢产物——吲哚乙酸的刺激，膨大成肥厚的肉质茎称"菌瘿"，入药称"茭白"。

◎参考文献◎

［1］江苏新医学院. 中药大辞典（下册）[M]. 上海：上海科学技术出版社，1977:2016.

［2］朱有昌. 东北药用植物 [M]. 哈尔滨：黑龙江科学技术出版社，1989:100–101.

［3］钱信忠. 中国本草彩色图鉴（第三卷）[M]. 北京：人民卫生出版社，2003:459–460.

▲ 菰植株

▲ 菰雌花序

▲ 日本苇群落

芦苇属 *Phragmites* Trin.

日本苇 *Phragmites japonica* Steud.

▲ 日本苇花序

俗　　名	山苇子

药用部位　禾本科日本苇的根状茎、茎、叶、嫩苗、花。

原植物　多年生草本。具地下横走根状茎，地面具发达的匍匐茎。秆高约 1.5 m，直径 4 ~ 5 mm，约有 16 节，最长节间长约 15 cm。叶鞘与其节间等长或稍长；叶舌膜质，边缘具短纤毛；叶片长约 20 cm，宽 2 cm，顶端渐尖，边缘具锯齿状粗糙。圆锥花序长约 20 cm，宽 5 ~ 8 cm，主轴与花序以下秆的部分贴生柔毛；小穗柄长 6 ~ 7 mm，基部具柔毛；小穗长 11 mm，含小花 3 ~ 4，带紫色，第一颖长 5 mm，脊微糙；第二颖长 5.5 mm；第一外稃长 8 mm，第二外稃长 9 mm，先端渐尖成尖头，第三外稃长 8 mm，基盘下部 1/3 裸露，上部 2/3 生丝状柔毛，毛长为稃体的 3/4，花药长 1.5 mm。花期 7—8 月，果期 8—9 月。

生　　境　生于水中或沼泽地等处。

▲ 日本苇植株

分 布 吉林安图、和龙、抚松、临江、珲春等地。辽宁丹东。朝鲜、俄罗斯（西伯利亚中东部）、日本。

采 制 春、秋季采挖根状茎，除去芽、不定根、膜状叶及泥土，洗净，鲜用或晒干。夏、秋季刈割茎，切段，晒干。夏、秋季采摘叶，晒干。春季采挖嫩苗（笋）和芽，除去泥沙，洗净，晒干。夏、秋季采摘花序，除去杂质，洗净，晒干。

附 注 本种收录为日本药用植物。

◎参考文献◎

［1］江纪武.药用植物辞典[M].天津：天津科学技术出版社，2005:596.

▲ 日本苇幼株

▲ 芦苇群落

▼ 芦苇根状茎

芦苇 *Phragmites australis*（Cav.）Trin. ex Steud.

别　　名	热河芦苇
俗　　名	苇子　芦苇子　大苇　芦草
药用部位	禾本科芦苇的根状茎、茎、叶、嫩苗、花。

原 植 物　多年生草本。根状茎十分发达。秆高 1～3 m，第 4～6 节节间长 20～25 cm，其他较短，节下被腊粉。叶鞘长于其节间；叶舌边缘密生一圈短纤毛；叶片披针状线形，长 30 cm，宽 2 cm。圆锥花序大型，长 20～40 cm，宽约 10 cm，分枝多数，着生稠密下垂的小穗；小穗柄长 2～4 mm，无毛；小穗长约 12 mm，含花 4；颖具 3 脉，第一颖长 4 mm，第二颖长约 7 mm；第一不孕外稃雄性，长约 12 mm，第二外稃长 11 mm，具 3 脉，顶端长渐尖，基盘延长，两侧密生丝状柔毛，与无毛的小穗轴相连接处具明显关节，成熟后易自关节上脱落；内稃长约 3 mm，两脊粗糙；雄蕊 3，花药黄色。花期 7—8 月，果期 8—9 月。

生　　境　生于江河沿岸、湖泽、池塘、沟渠附近等处，常成单优势的大面积群落。

分　　布　东北地区广泛分布。全国绝大部分地区。全球温带地区。

采　　制　春、秋季采挖根状茎，除去芽、不定根、膜状叶及泥土，洗净，鲜用或晒干。夏、秋季刈割茎，切段，晒干。夏、秋季采摘叶，晒干。春季采挖嫩苗（笋）和芽，

▲芦苇果穗

▲芦苇幼株

除去泥沙，洗净，晒干。夏、秋季采摘花序，除去杂质，洗净，晒干。

性味功效 根状茎：味甘，性寒。有清热生津、清胃止呕、清肺止咳的功效。茎：味甘，性寒。有止血的功效。叶：味甘，性寒。无毒。有止血的功效。嫩苗及芽：味甘，性寒。有清热解毒的功效。花：味甘，性寒。有止血、解毒的功效。

主治用法 根状茎：用于热病高热、麻疹、反胃、牙龈出血、鼻出血、肺脓肿、大叶性肺炎、气管炎、黄疸、水肿、食物中毒、河豚中毒。水煎服。茎和叶：用于上吐下泻、吐血、衄血、肺痈、发背。水煎服。嫩苗及芽：热病口渴、淋病、小便不利等。水煎服。花：用于衄血、血崩、上吐下泻等。水煎服。

用 量 根状茎：25 ～ 50 g（鲜品 100 ～ 200 g）。茎：25 ～ 50 g（鲜品 100 ～ 200 g）。叶：50 ～ 100 g。嫩苗及芽：25 ～ 50 g。花：25 ～ 50 g。

附 方

（1）预防麻疹：鲜芦苇根状茎、鲜茅根各 1 kg，赤小豆、绿豆、黑大豆各 0.75 kg，加水 10 L，煎煮至豆烂后取汁，每服 20 ～ 30 ml，每日 1 次，可供 150 人服用，连服 7 d。

（2）治急性支气管炎、咳嗽：芦苇根状茎、白茅根、丝瓜根各 100 g，水煎分 3 次服。

（3）治肺脓肿：芦苇根状茎、金银花各 50 g，冬瓜仁 20 g，杏仁 15 g，薏米 25 g，桔梗 15 g，水煎服。

（4）治急性传染病退热后口干、恶心：鲜芦苇根状茎、鲜白茅根各 50 g，水煎，当茶饮。

（5）治麻疹初起时咳嗽、发热、心烦、口渴：鲜芦苇根状茎 50 g，水煎服。

（6）治诸般血病：芦花、红花、槐花、白鸡冠花、茅花各等量，水 2 碗，煎成 1 碗服。

（7）治肺脓肿、支气管扩张，咳嗽、痰多或带脓血：芦苇根状茎 25 g，薏米、冬瓜子各 20 g，桃仁 15 g，水煎服。

（8）治肺热吐血：芦笋 500 g，捣取汁加白糖服。

附 注 本品为《中华人民共和国药典》（2020 年版）收录的药材。

▲ 芦苇花序（后期）

▲ 芦苇植株

▲ 芦苇花序（前期）

◎参考文献◎

［1］江苏新医学院.中药大辞典（上册）[M].上海：上海科学技术出版社，1977:1075-1079.

［2］朱有昌.东北药用植物[M].哈尔滨：黑龙江科学技术出版社，1989:95-97.

［3］《全国中草药汇编》编写组.全国中草药汇编(上册)[M].北京：人民卫生出版社，1975:446.

▲獐毛居群

獐毛属 *Aeluropus* Trin.

▼獐毛花序

獐毛 *Aeluropus sinensis* （Debeaux）Tzvel.

别　　名	小叶芦苇
药用部位	禾本科獐毛的全草（入药称"马绊草"）。

原 植 物　多年生草本。通常有长匍匐枝，秆高 15 ~ 35 cm，直径 1.5 ~ 2.0 mm，具多节，节上多少有柔毛。叶鞘通常长于节间或上部者可短于节间，鞘口常有柔毛，其余部分常无毛或近基部有柔毛；叶舌截平，长约 0.5 mm；叶片无毛，通常扁平，长 3 ~ 6 cm，宽 3 ~ 6 mm。圆锥花序穗形，其上分枝密接而重叠，长 2 ~ 5 cm，宽 0.5 ~ 1.5 cm；小穗长 4 ~ 6 mm，有小花 4 ~ 6，颖及外稃均无毛，或仅背脊粗糙，第一颖长约 2 mm，第二颖长约 3 mm，第一外稃长约 3.5 mm。花期 6—7 月，果期 7—8 月。

生　　境	生于海边沙地及盐碱地上。
分　　布	辽宁盖州、瓦房店、长海、营口市区等地。内蒙古陈巴尔虎旗、新巴尔虎左旗、新巴尔虎右旗、正蓝旗等地。河北、山东、江苏、河南、山西、甘肃、宁夏、新疆。俄罗斯、蒙古。
采　　制	夏、秋季采收全草，除去杂质，洗净，鲜用或晒干。
性味功效	味甘、淡，性平。有清热利尿、退黄的功效。
主治用法	用于黄疸型肝炎、胆囊炎、肝硬化腹腔积液等。水煎服。
用　　量	250 g。

▲獐毛植株

◎参考文献◎

[1] 钱信忠. 中国本草彩色图鉴（第一卷）[M]. 北京：人民卫生出版社，2003:349−350.

[2] 中国药材公司. 中国中药资源志要 [M]. 北京：科学出版社，1994:1434.

[3] 江纪武. 药用植物辞典 [M]. 天津：天津科学技术出版社，2005:23.

▲ 虎尾草植株

虎尾草属 *Chloris* Sw.

虎尾草 *Chloris virgata* Sw.

别　　名	刷子头
俗　　名	刷帚头草
药用部位	禾本科虎尾草的全草。
原 植 物	一年生草本。秆直立或基部膝屈，高 12 ~ 75 cm。

叶片线形，长 3 ~ 25 cm，宽 3 ~ 6 mm。穗状花序指状
着生于秆顶；小穗无柄，长约 3 mm；颖膜质，1 脉；第一
颖长约 1.8 mm，第二颖等长或略短于小穗，中脉延伸成长
0.5 ~ 1.0 mm 的小尖头；第一小花两性，外稃纸质，两侧压
扁，呈倒卵状披针形，长 2.8 ~ 3.0 mm，3 脉，两侧边缘上
部 1/3 处有长 2 ~ 3 mm 的白色柔毛，顶端尖或有时具 2 微齿，
芒自背部顶端稍下方伸出，长 5 ~ 15 mm；内稃膜质，略短
于外稃，具 2 脊；基盘有毛；第二小花不孕，长楔形，仅存
外稃，顶端截平或略凹，芒长 4 ~ 8 mm，自背部边缘稍下方
伸出。花期 7—8 月，果期 8—9 月。

▲ 虎尾草果穗

▲虎尾草群落

▲虎尾草颖果

生　　境　生于田野、荒地、路旁及住宅附近，常聚集成片生长。

分　　布　东北地区广泛分布。全国绝大部分地区。全球温带和热带地区。

采　　制　夏、秋季采收全草，除去杂质，洗净，晒干。

性味功效　有清热除湿、杀虫、止痒的功效。

用　　量　适量。

◎参考文献◎

[1] 中国药材公司.中国中药资源志要 [M].北京：科学出版社，1994:1439.

[2] 江纪武.药用植物辞典 [M].天津：天津科学技术出版社，2005:171.

隐子草属 *Cleistogenes* Keng

多叶隐子草 *Cleistogenes polyphylla* Keng

药用部位 禾本科多叶隐子草的全草。

原 植 物 多年生草本。秆直立，丛生，粗壮，高 15 ~ 40 cm，直径 1.0 ~ 2.5 mm，具多节，干后叶片常自鞘口处脱落，秆上部左右弯曲，与鞘口近于叉状分离。叶鞘多少具疣毛，层层包裹直达花序基部；叶舌截平，长约 5 mm，具短纤毛；叶片披针形至线状披针形，长 2 ~ 7 cm，宽 2 ~ 4 mm，多直立上升，扁平或内卷，坚硬。花序狭窄，基部常为叶鞘所包，长 4 ~ 7 mm，宽 4 ~ 10 mm；小穗长 8 ~ 13 mm，绿色或带紫色，含小花 3 ~ 7。颖披针形或长圆形，具 1 ~ 5 脉，第一颖长 1.5 ~ 4.0 mm，第二颖长 3 ~ 5 mm；外稃披针形，5 脉，第一外稃长 4 ~ 5 mm，先端具长 0.5 ~ 1.5 mm 的短芒；内稃与外稃近等长；花药长约 2 mm。花期 7—8 月，果期 9—10 月。

生 境 生于干燥山坡、沟岸及灌丛等处。

分 布 黑龙江安达、泰来等地。吉林双辽、通榆、镇赉、洮南、长岭、前郭等地。辽宁庄河、凌源、建平、锦州、北镇等地。内蒙古额尔古纳、扎兰屯、扎鲁特旗、翁牛特旗、宁城等地。河北、山西、陕西、山东。朝鲜。

采 制 夏、秋季采收全草，除去杂质，洗净，鲜用或晒干。

性味功效 有利尿消肿的功效。

用 量 适量。

▲ 多叶隐子草花序

◎ 参考文献 ◎

［1］中国药材公司 . 中国中药资源志要 [M]. 北京：科学出版社，1994:1439-1440.

［2］江纪武 . 药用植物辞典 [M]. 天津：天津科学技术出版社，2005:126.

▲多叶隐子草植株

穆属 *Eleusine* Gaertn.

牛筋草 *Eleusine indica* （L.）Gaertn.

别　　名	蟋蟀草　千金草
俗　　名	锁驴草
药用部位	禾本科牛筋草的带根全草。

原 植 物　一年生草本。须根较细而稠密，秆丛生，直立或基部膝屈，高 10 ~ 90 cm。叶鞘两侧压扁而具脊，松弛，无毛或疏生疣毛；叶舌长约 1 mm；叶片平展，线形，长 10 ~ 15 cm，宽 3 ~ 5 mm，无毛或上面被疣基柔毛。穗状花序 2 ~ 7 个指状着生于秆顶，很少单生，长 3 ~ 10 cm，宽 3 ~ 5 mm；小穗长 4 ~ 7 mm，宽 2 ~ 3 mm，含小花 3 ~ 6；颖披针形，具脊，脊粗糙；第一颖长 1.5 ~ 2.0 mm，第二颖长 2 ~ 3 mm；第一外稃长 3 ~ 4 mm，卵形，膜质，具脊，脊上有狭翼；内稃短于外稃，具 2 脊，脊上具狭翼。囊果卵形，长约 1.5 mm，基部下凹，具明显的波状皱纹；鳞被 2，折叠，具 5 脉。花期 7—8 月，果期 8—9 月。

生　　境　生于田野、荒地、路旁、山坡、丘陵及住宅附近。

分　　布　黑龙江哈尔滨市区、大庆、牡丹江市区、五常、东宁、海伦等地。吉林临江、珲春等地。辽宁沈阳、朝阳、鞍山市区、海城、大连等地。全国各省区。全世界温带和热带地区。

采　　制　夏、秋季采收带根全草，除去杂质，洗净，鲜用或晒干。

性味功效　味甘、酸，性平。有清热解毒、祛风利湿、散瘀止血的功效。

主治用法　用于流行性乙型脑炎、流行性脑脊髓膜炎、风湿性关节炎、黄疸、小儿消化不良、泄泻、痢疾、肠炎、小便淋痛、尿道炎、跌打损伤、外伤出血、狂犬咬伤。外用鲜品捣烂敷患处。

▲ 牛筋草花序

▲牛筋草植株

用　　量　　15 ~ 25 g（鲜品 50 ~ 100 g）。外用适量。

附　　方

（1）防治流行性乙型脑炎：牛筋草 50 g，水煎当茶饮，连服 3 d；隔 10 d 再连服 3 d。又方：牛筋草 100 ~ 200 g，1 次煎服，连服 3 ~ 5 d。

（2）治流行性脑脊髓膜炎：鲜牛筋草 100 g，大青叶 50 g，黄芩 25 g，连翘 25 g，甘草 10 g。水煎服。

（3）治腰部挫闪疼痛：牛筋草、丝瓜络各 50 g，炖酒服。

（4）治淋浊：鲜牛筋草 100 g，水煎服。

（5）治高热、抽筋神昏：鲜牛筋草 200 g，水 3 碗，煎成 1 碗，加食盐少许，12 h 内服尽。

（6）治小儿热结、小腹胀满、小便不利：鲜牛筋草根 100 g，酌加水煎成 1 碗，分 3 次，饭前服。

◎参考文献◎

［1］江苏新医学院. 中药大辞典（上册）[M]. 上海：上海科学技术出版社，1977:430-431.

［2］朱有昌. 东北药用植物 [M]. 哈尔滨：黑龙江科学技术出版社，1989:87-88.

［3］《全国中草药汇编》编写组. 全国中草药汇编（上册）[M]. 北京：人民卫生出版社，1975:204.

画眉草属 *Eragrostis* Wolf

画眉草 *Eragrostis pilosa*（L.）Beauv.

▲ 画眉草果穗

别　　名　星星草　蚊子草

药用部位　禾本科画眉草的全草及花序。

原 植 物　一年生草本。秆丛生，直立或基部膝屈，高
15 ~ 60 cm，通常具 4 节，光滑。叶鞘松裹茎，扁压，鞘
缘近膜质，鞘口有长柔毛；叶舌为一圈纤毛；叶片线形扁
平或卷缩，长 6 ~ 20 cm，宽 2 ~ 3 mm，无毛。圆锥花序，
长 10 ~ 25 cm，宽 2 ~ 10 cm，分枝单生，簇生或轮生，
多直立向上，腋间有长柔毛，小穗具柄，长 3 ~ 10 mm，
宽 1.0 ~ 1.5 mm，含小花 4 ~ 14；颖为膜质，披针形，
先端渐尖，第一颖长约 1 mm，无脉，第二颖长约 1.5 mm，
具 1 脉；第一外稃长约 1.8 mm，广卵形，先端尖，具 3 脉；
内稃长约 1.5 mm，稍作弓形弯曲，脊上有纤毛；雄蕊 3，
花药长约 0.3 mm。花期 7—8 月，果期 8—9 月。

生　　境　生于荒芜田野草地上。

分　　布　黑龙江嫩江、五大连池、孙吴、伊春、萝北、

▼ 画眉草花序

▲ 画眉草植株

虎林、宁安、尚志、阿城、泰来、杜尔伯特、大庆市区、肇东、肇源、肇州、安达、齐齐哈尔市区、富裕、哈尔滨市区等地。吉林长白山及西部草原各地。辽宁本溪、桓仁、沈阳、鞍山、庄河、盖州、长海、大连市区、锦州、彰武等地。内蒙古额尔古纳、陈巴尔虎旗、牙克石、鄂伦春旗、鄂温克旗、新巴尔虎左旗、新巴尔虎右旗、科尔沁右翼前旗、扎赉特旗、科尔沁右翼中旗、扎鲁特旗、突泉、科尔沁左翼后旗、科尔沁左翼中旗、奈曼旗、克什克腾旗、巴林左旗、巴林右旗、喀喇沁旗、翁牛特旗、阿鲁科尔沁旗、宁城、东乌珠穆沁旗、西乌珠穆沁旗、正蓝旗、正镶白旗、太仆寺旗、多伦、镶黄旗等地。全国绝大部分地区。全球温带地区。

采　制　夏、秋季采收全草，除去杂质，切段，晒干。夏、秋季盛花时采摘花序，晒干药用。

性味功效　全草：味甘、淡，性凉。有清热解毒、利尿的功效。花序：味甘、淡，性凉。有解毒止痒的功效。

主治用法　全草：用于膀胱结石、肾结石、肾炎、膀胱炎、结膜炎、角膜炎、跌打损伤等。花序：用于脓疱疮、黄水疮等。外用鲜品捣烂敷患处。

用　量　全草：50 ~ 100 g。花序：外用适量。

附　方

（1）治膀胱结石：画眉草200 g，食盐5 g，白糖100 g。画眉草与食盐水煎冲白糖内服。

（2）治眼生云翳、角膜或结膜发炎：画眉草50 g，水煎服，并外洗。

（3）治尿路感染：画眉草、向日葵秆心各50 g，水煎服。

（4）治子宫出血：画眉草研细末，每服25 g，每天3次。

（5）治大便干结、小便不利：鲜画眉草200 g，水煎服。

（6）治黄水疮：画眉草花序一把，炒黑存性，研细，用芝麻油调成糊状敷患处。每日1次，连敷3 ~ 5次，使皮肤无分泌物渗出，以后逐步恢复正常。

◎ 参考文献 ◎

[1] 江苏新医学院 . 中药大辞典（上册）[M]. 上海：上海科学技术出版社，1977:1279.

[2] 朱有昌 . 东北药用植物 [M]. 哈尔滨：黑龙江科学技术出版社，1989:88−89.

[3] 《全国中草药汇编》编写组 . 全国中草药汇编（上册）[M]. 北京：人民卫生出版社，1975:599−600.

小画眉草 *Eragrostis minor* Host

俗　　名　蚊蚊草 星星草

药用部位　禾本科小画眉草的全草及花序。

原植物　一年生草本。秆纤细，丛生，膝屈上升，高 15～50 mm，具 3～4 节，节下具有一圈腺体。叶鞘较节间短，松裹茎；叶片线形，平展或卷缩，长 3～15 cm，宽 2～4 mm，主脉及边缘都有腺体。圆锥花序开展而疏松，每节一分枝，花序轴、小枝及柄上都有腺体；小穗长圆形，长 3～8 mm，宽 1.5～2.0 mm，含小花 3～16；小穗柄长 3～6 mm；颖锐尖，具 1 脉，脉上有腺点，第一颖长 1.6 mm，第二颖长约 1.8 mm；第一外稃长约 2 mm，广卵形，先端圆钝，具 3 脉，侧脉明显并靠近边缘，主脉上有腺体；内稃长约 1.6 mm，弯曲，脊上有纤毛，宿存；雄蕊 3，花药长约 0.3 mm。花期 7—8 月，果期 8—9 月。

生　　境　生于荒芜田野、草地及路旁等处。

分　　布　黑龙江塔河、呼玛、黑河、泰来、杜尔伯特、大庆市区、肇东、肇源、肇州、安达、齐齐哈尔市区、富裕、哈尔滨等地。吉林长白山及西部草原各地。辽宁沈阳、大连、锦州、朝阳、建昌、彰武等地。内蒙古额尔古纳、陈巴尔虎旗、牙克石、鄂伦春旗、鄂温克旗、新巴尔虎左旗、新巴尔虎右旗、科尔沁右翼前旗、扎赉特旗、科尔沁右翼中旗、扎鲁特旗、突泉、科尔沁左翼后旗、科

▲ 小画眉草花序

▲ 小画眉草果实

▲ 小画眉草花

▲小画眉草植株

尔沁左翼中旗、奈曼旗、克什克腾旗、巴林左旗、巴林右旗、喀喇沁旗、翁牛特旗、阿鲁科尔沁旗、宁城、东乌珠穆沁旗、西乌珠穆沁旗、正蓝旗、正镶白旗、太仆寺旗、多伦、镶黄旗等地。全国绝大部分地区。全球温带地区。

附　　方

（1）治膀胱结石：小画眉草200 g，食盐5 g，白糖100 g。小画眉草与食盐水煎冲白糖服。

（2）治黄水疮：小画眉草花序一把，炒黑存性，研细，用芝麻油调成糊状敷患处，每日1次，连服3～5次，使皮肤无分泌物渗出，以后逐步恢复正常。

附　　注　　其采制、性味功效、主治用法及用量同画眉草。

◎参考文献◎

［1］江苏新医学院.中药大辞典（上册）[M].上海：上海科学技术出版社，1977:268.

［2］朱有昌.东北药用植物 [M].哈尔滨：黑龙江科学技术出版社，1989:88-89.

［3］《全国中草药汇编》编写组.全国中草药汇编（上册）[M].北京：人民卫生出版社，1975:599-600.

▲ 龙常草花

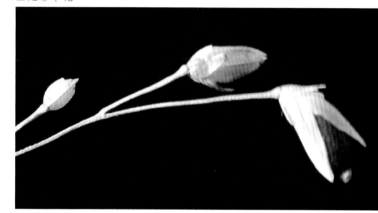

▲ 龙常草果实

▲ 龙常草植株

龙常草属 *Diarrhena* Beauv.

龙常草 *Diarrhena manshurica* Maxim.

别　名　棕心草　东北龙常草

药用部位　禾本科龙常草的全草。

原植物　多年生草本。具短根状茎，及被鳞状苞片之芽体，须根纤细。秆直立，高 60 ～ 120 cm，具 5 ～ 6 节。叶鞘短于其节间；叶舌长约 1 mm；叶片线状披针形，长 15 ～ 30 cm，宽 5 ～ 20 mm，质地较薄，上面密生短毛，下面粗糙，基部渐狭。圆锥花序有角棱，基部主枝长 5 ～ 7 cm，贴向主轴，直伸，通常单纯而不分枝，各枝具小穗 2 ～ 5；小穗轴节间约 2 mm，被微毛；小穗含小花 2 ～ 3，长 5 ～ 7 mm；颖膜质，通常具 1 ～ 3 脉，第一颖长 1.5 ～ 2.0 mm，第二颖长 2.5 ～ 3.0 mm；外稃具 3 ～ 5 脉，脉糙涩，长 4.5 ～ 5.0 mm；内稃与其外稃几等长，脊上部 2/3 具纤毛；雄蕊 2。花期 7—8 月，果期 8—9 月。

生　境　生于低山带林缘、灌木丛中及草地上。

分　布　黑龙江伊春、萝北、饶河、宝清、密山、宁安、东宁、尚志、海林、阿城等地。吉林抚松、汪清、敦化、和龙、安图、珲春等地。辽宁沈阳、本溪、桓仁、清原、凤城、鞍山等地。河北、山西。朝鲜、俄罗斯（西伯利亚）、日本。

采　制　夏、秋季采收全草，除去杂质，切段，晒干。

性味功效　味咸，性温。无毒。有主轻身、益阴气的功效。

主治用法　用于痹证寒湿。水煎服。外用捣烂敷患处。

用　量　适量。

◎参考文献◎

[1] 中国药材公司.中国中药资源志要 [M].北京：科学出版社，1994:1442.

[2] 江纪武.药用植物辞典 [M].天津：天津科学技术出版社，2005:260.

▲ 结缕草植株

▲ 结缕草花序

结缕草属 *Zoysia* Willd.

结缕草 *Zoysia japonica* Steud.

别　　名　锥子草

药用部位　禾本科结缕草的全草。

原 植 物　多年生草本。秆直立，高 15 ～ 20 cm。叶鞘无毛，下部者松弛而互相跨覆，上部者紧密裹茎；叶舌纤毛状，长约 1.5 mm；叶片扁平或稍内卷，长 2.5 ～ 5.0 cm，宽 2 ～ 4 mm，表面疏生柔毛，背面近无毛。总状花序呈穗状，长 2 ～ 4 cm，宽 3 ～ 5 mm；小穗柄通常弯曲，长可达 5 mm；小穗长 2.5 ～ 3.5 mm，宽 1.0 ～ 1.5 mm，卵形，淡黄绿色或带紫褐色，第一颖退化，第二颖质硬，略有光泽，具 1 脉，顶端钝头或渐尖，于近顶端处由背部中脉延伸成小刺芒；外稃膜质，长圆形，长 2.5 ～ 3.0 mm；雄蕊 3，花丝短，花药长约 1.5 mm；花柱 2，柱头帚状，开花时伸出稃体外。花期 6—7月，果期 7—8 月。

生　　境　生于平原、山坡及海滨草地上。

分　　布　吉林抚松。辽宁丹东市区、凤城、东港、庄河、盖州、瓦房店、长海、大连市区、绥中等地。河北、山东、江苏、安徽、浙江、福建、台湾。朝鲜、日本。

采　　制　夏、秋季采收全草，除去杂质，切段，晒干。

附　　注　本品入药，被收录在《中国民族药志》中。

◎参考文献◎

［1］江纪武．药用植物辞典 [M]．天津：天津科学技术出版社，2005:872.

▲ 看麦娘居群

看麦娘属 *Alopecurus* L.

看麦娘 *Alopecurus aequalis* Sobol.

▲ 看麦娘花序

药用部位 禾本科看麦娘的干燥全草。

原植物 一年生丛生草本。须根细而柔软。秆少数丛生，软弱，光滑，基部通常膝屈，高 15 ~ 40 cm。叶鞘光滑，通常短于节间，其内因常具分歧而松弛；叶舌薄膜质，长 2 ~ 5 mm；叶片扁平，质薄，长 3 ~ 10 cm，宽 2 ~ 6 mm。圆锥状花序圆柱状；小穗椭圆形或卵状矩圆形，长 2 ~ 3 mm，宽约 1.5 mm，含小花 1；颖膜质，彼此等长，基部互相联合，具 3 脉，脊上生有纤毛，侧脉下部无毛；外稃膜质或薄膜质，先端钝，等长或稍长于颖，其下部边缘互相联合，芒长 2 ~ 3 mm，约在稃体下部 1/4 处伸出，隐藏或略伸出颖外，内稃缺，花药橙黄色，长 0.5 ~ 0.8 mm；颖果长约 1 mm。花期 6—7 月，果期 8—9 月。

生 境 生于路边、沟边、湿地及水田梗上，常聚集成片生长。

分 布 黑龙江呼玛、伊春市区、铁力、勃利、甘南、龙江、富裕、富锦、尚

志、五常、海林、林口、宁安、东宁、绥芬河、穆棱、木兰、延寿、密山、虎林、饶河、宝清、桦南、汤原、方正、安达、杜尔伯特、呼兰等地。吉林省各地。辽宁丹东市区、凤城、东港、新宾、鞍山、沈阳、北镇、兴城、绥中等地。内蒙古牙克石、阿尔山、扎赉特旗、科尔沁右翼中旗等地。全国绝大部分地区。在欧亚大陆的寒温和温暖地区与北美洲也有分布。

采制 春、夏季采收全草，除去杂质，晒干。

性味功效 味淡，性平。有解毒消肿、利水消肿的功效。

主治用法 用于水肿、水痘、泄泻、小儿消化不良、毒蛇咬伤等。水煎服。外用捣烂敷患处。

用量 9～15 g。外用适量。

附方 治小儿消化不良：看麦娘草适量，煎水洗脚。

附注 种子入药，主治水肿、水痘等。

▲ 看麦娘植株

◎参考文献◎

[1] 钱信忠.中国本草彩色图鉴（第三卷）[M].北京：人民卫生出版社，2003:529-530.

[2] 中国药材公司.中国中药资源志要[M].北京：科学出版社，1994:1434.

[3] 江纪武.药用植物辞典[M].天津：天津科学技术出版社，2005:37.

▲ 菵草群落

▼ 菵草花序

菵草属 *Beckmannia* Host.

菵草 *Beckmannia syzigachne*（Steud.）Fern.

别　　名	菵米
俗　　名	水稗子
药用部位	禾本科菵草的种子及全草。
原 植 物	一年生或二年生草本，疏丛型。秆直立，基部节微膝屈，高 45 ~ 80 cm，

光滑，无毛，具 2 ~ 4 节。叶鞘无毛，叶鞘较节间为长；叶舌透明，膜质，长 3 ~ 10 mm；叶片扁平，两面粗糙，长 6 ~ 15 mm，宽 3 ~ 10 mm。圆锥花序狭窄，长 10 ~ 25 cm，由多数直立长为 1 ~ 5 cm 的穗状花序稀疏排列而成；小穗通常单生，灰绿色，压扁，近圆形，基部有节，脱落于颖之下，通常含小花 1 ~ 2，

▲ 茵草植株

长约 3 mm；内、外颖半圆形，泡状膨大，背面弯曲，稍草质，背部灰绿色，具淡色的横纹；内、外稃等长，外稃披针形，膜质，有 5 脉，常具伸出颖外之短尖头；花药黄色，长约 1 mm。花期 7—8 月，果期 8—9 月。

生　　境　生于沟边、湿地及沼泽等处，常聚集成片生长。

分　　布　黑龙江塔河、呼玛、嫩江、孙吴、伊春市区、铁力、勃利、甘南、龙江、富裕、富锦、尚志、五常、海林、林口、宁安、东宁、绥芬河、穆棱、木兰、延寿、密山、虎林、饶河、宝清、桦南、汤原、方正、安达、大庆市区、肇东、肇源、杜尔伯特、呼兰等地。吉林省各地。辽宁丹东、抚顺、本溪、沈阳、长海、兴城、绥中、彰武等地。内蒙古额尔古纳、根河、牙克石、阿尔山、科尔沁右翼前旗、扎鲁特旗、科尔沁右翼中旗、扎赉特旗等地。全国绝大部分地区。世界温带和热带地区。

采　　制　秋季采收成熟果穗，晒干，打下种子，除去杂质，再晒干。夏、秋季采收全草，除去杂质，切段，洗净，鲜用或晒干。

性味功效　味甘，性寒。有清热、利肠胃、益气的功效。

主治用法　用于感冒发热、食滞胃肠、身体乏力等。水煎服。

用　　量　种子 5 ~ 15 g。全草 10 ~ 20 g。

◎参考文献◎

[1] 中国药材公司.中国中药资源志要 [M]. 北京：科学出版社，1994:1438.

[2] 江纪武.药用植物辞典 [M]. 天津：天津科学技术出版社，2005:99.

▲ 菵草果穗

▲ 菵草果实

▲ 菵草颖果

▲ 拂子茅群落

▼ 拂子茅花序

拂子茅属 *Calamagrostis* Adans.

拂子茅 *Calamagrostis epigeios*（L.）Roth

药用部位　禾本科拂子茅的全草。

原 植 物　多年生草本。秆直立，高 45 ~ 100 cm。叶鞘平滑或稍粗糙，短于或基部者长于节间；叶舌膜质，长 5 ~ 9 mm，长圆形，先端易破裂；叶片长 15 ~ 27 cm，宽 4 ~ 8 mm，扁平或边缘内卷。圆锥花序紧密，圆筒形，劲直、具间断，长 10 ~ 25 cm，中部径 1.5 ~ 4.0 cm，分枝粗糙，直立或斜向上升；小穗长 5 ~ 7 mm，淡绿色或带淡紫色；两颖近等长或第二颖微短，先端渐尖，具 1 脉，第二颖具 3 脉，主脉粗糙；外稃透明膜质，长约为颖之半，顶端具 2 齿，基盘的柔毛几与颖等长，芒自稃体背中部附近伸出，长 2 ~ 3 mm；内稃长约为外稃的 2/3；小穗轴不延伸于内稃之后；雄蕊 3，花药黄色。花期 7—8 月，果期 8—9 月。

生　　境　生于潮湿地及河岸沟渠旁等处，常聚集成片生长。

分　　布　黑龙江塔河、呼玛、黑河市区、嫩江、孙吴、伊春市区、铁力、勃利、甘南、龙江、富裕、富锦、尚志、五常、海林、林口、宁安、东宁、绥芬河、穆棱、木兰、延寿、密山、虎林、饶河、宝清、桦南、汤原、方正、安达、大庆市区、肇东、肇源、杜尔伯特、呼兰等地。吉林省各地。辽宁丹东、抚顺、清原、本溪、沈阳、鞍山、盖州、长海、大连市区、营口市区、锦州、北镇、葫芦岛市区、兴城、绥中、建平、彰武等地。内蒙古额尔古纳、牙克石、阿尔山、科尔沁右翼前旗、扎赉特旗、科尔沁右翼中旗、扎鲁特旗、突泉、科尔沁左翼后旗、科尔沁左翼中旗、奈曼旗、克什克腾旗、巴林左旗、巴林右旗、喀喇沁旗、翁牛特旗、阿鲁科尔沁旗、宁城、东乌珠穆沁旗、西乌珠穆沁旗、

▲拂子茅植株

正蓝旗、正镶白旗、太仆寺旗、多伦、镶黄旗等地。全国绝大部分地区。欧亚大陆温带区。

采　　制　夏、秋季采收全草，除去杂质，切段，洗净，鲜用或晒干。

性味功效　有催产助生的功效。

主治用法　用于催产、产后出血。水煎服。

用　　量　适量。

附　　注　本种为麦角菌寄生植物。麦角菌为产后止血及促进子宫收缩药。

◎参考文献◎

［1］江纪武. 药用植物辞典 [M]. 天津：天津科学技术出版社，2005:129.

▼ 梯牧草总花序

梯牧草属 *Phleum* Trin.

梯牧草 *Phleum pratense* L.

俗　　名　猫尾草

药用部位　禾本科梯牧草的全草。

原 植 物　多年生。须根稠密，有短根状茎。秆直立，基部常球状膨大并宿存枯萎叶鞘，高 40 ～ 120 cm，具 5 ～ 6 节。叶鞘松弛，短于或下部者长于节间，光滑无毛；叶舌膜质，长 2 ～ 5 mm；叶片扁平，两面及边缘粗糙，长 10 ～ 30 cm，宽 3 ～ 8 mm。圆锥花序圆柱状，灰绿色，长 4 ～ 15 cm，宽 5 ～ 6 mm；小穗长圆形；颖膜质，长约 3 mm，具 3 脉，脊上具硬纤毛，顶端平截，具长 0.5 ～ 1.0 mm 的尖头；外稃薄膜质，长约 2 mm，具 7 脉，脉上具微毛，顶端钝圆；内稃略短于外稃；花药长约 1.5 mm。颖果长圆形，长约 1 mm。花期 7—8 月，果期 8—9 月。

▲梯牧草植株

▼梯牧草花序

生　境　生于田野、荒地、路旁及住宅附近,常聚集成片生长。

分　布　原产欧洲。在东北已从人工种植逸为野生,成为新的归化植物。分布于吉林安图、临江、汪清、通化、长白等地。

采　制　夏、秋季采收全草,切段,洗净,晒干。

性味功效　有助消化、止泻、利尿的功效。

主治用法　用于消化不良、泄泻、痢疾、小便淋痛不利等。水煎服。

用　量　适量。

◎参考文献◎

[1]中国药材公司.中国中药资源志要[M].北京:科学出版社,
　　1994:1452.

[2]江纪武.药用植物辞典[M].天津:天津科学技术出版社,
　　2005:593.

▼野燕麦花序

燕麦属 *Avena* L.

野燕麦 *Avena fatua* L.

别　　名　燕麦草 乌麦

药用部位　禾本科野燕麦的全草（入药称"燕麦草"）及种子（入药称"野麦子"）。

原 植 物　一年生草本。秆直立，光滑无毛，高60～120 cm，具2～4节。叶鞘松弛，光滑或基部者被微毛；叶舌透明膜质，长1～5 mm；叶片扁平，长10～30 cm，宽4～12 mm，微粗糙，或上面和边缘疏生柔毛。圆锥花序开展，金字塔形，长10～25 cm，分枝具棱角，粗糙；小穗长18～25 mm，含小花2～3，其柄弯曲下垂，顶端膨胀；小穗轴密生淡棕色或白色硬毛，其节脆硬易断落，第一节间长约3 mm；颖草质，几相等，通常具9脉；外稃质地坚硬，第一

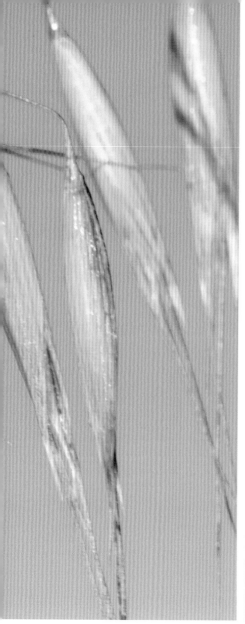

▲ 野燕麦植株

外稃长 15 ～ 20 mm，背面中部以下具淡棕色或白色硬毛，芒自稃体中部稍下处伸出，长 2 ～ 4 cm，膝屈，芒柱棕色，扭转。花期 7—8 月，果期 8—9 月。

生　境　生于田野、林缘、山坡及草地等处。

分　布　黑龙江尚志、人庆、牡丹江等地。吉林长白山各地。辽宁丹东、本溪、铁岭、锦州等地。内蒙古翁牛特旗。欧、亚、非三洲的温、寒带地区。

采　制　秋季采收全草，除去杂质，切段，洗净，晒干。秋季采收果穗，打下种子，除去杂质，晒干。

性味功效　全草：味甘，性温。无毒。有补虚、收敛止血、固表止汗的功效。种子：味甘，性温。无毒。有温补的功效。

主治用法　全草：用于发热、吐血、白带异常、自汗、盗汗、崩漏等。水煎服。种子：用于虚汗不止。水煎服。

用　量　全草：25 ～ 100 g。种子：15 ～ 25 g。

附　方

（1）治虚汗不止及吐血后体弱：野燕麦适量炖猪肉（血脖肉）服用。

（2）治妇女血崩：野燕麦配鲜鸡血和酒炖服。

◎参考文献◎

［1］江苏新医学院．中药大辞典（下册）[M]．上海：上海科学技术出版社，1977:2136，2655.

［2］朱有昌．东北药用植物 [M]．哈尔滨：黑龙江科学技术出版社，1989:82-83.

［3］中国药材公司．中国中药资源志要 [M]．北京：科学出版社，1994:1436.

▲ 光稃茅香花   ▲ 光稃茅香花序

茅香属 *Anthoxanthum* L.

光稃茅香 *Anthoxanthum glabrum*（Trin.）Veldkamp

别　　名　光稃香草

药用部位　禾本科光稃茅香的全草及根。

原植物　多年生草本。根状茎细长。秆高 15 ～ 22 cm，具 2 ～ 3 节，上部常裸露。叶鞘密生微毛，长于节间；叶舌透明膜质，长 2 ～ 5 mm，先端啮蚀状；叶片披针形，质较厚，上面被微毛，秆生者较短，长 2 ～ 5 cm，宽约 2 mm，基生者较长而窄狭。圆锥花序长约 5 cm；小穗黄褐色，有光泽，长 2.5 ～ 3.0 mm；颖膜质，具 1 ～ 3 脉，等长或第一颖稍短；雄花外稃等长或较长于颖片，背部向上渐被微毛或几乎无毛，边缘具纤毛；两性花外稃锐尖，长 2.0 ～ 2.5 mm，上部被短毛。花期 7—8 月，果期 8—9 月。

生　　境　生于山坡及湿润草地等处。

分　　布　黑龙江伊春、哈尔滨市区、阿城、萝北、尚志、密山、泰来、大庆市区、杜尔伯特、肇源、肇州等地。吉林磐石、梅河口、安图、白城、松原等地。辽宁丹东市区、凤城、东港、新宾、沈阳、鞍山、庄河、盖州、兴城、彰武等地。内蒙古海拉尔、扎兰屯、科尔沁右翼前旗、科尔沁左翼后旗、扎赉特旗、巴林右旗、喀喇沁旗、敖汉旗、宁城、阿巴嘎旗、正蓝旗、阿鲁科尔沁旗、克什克腾旗、东乌珠穆沁旗、西乌珠穆沁旗等地。河北、青海。朝鲜、俄罗斯。欧亚大陆寒冷地区。

采　　制　春、夏季采收全草，除去杂质，晒干。春、秋季采挖根，洗净，鲜用或晒干。

性味功效　有清热利尿、凉血止血的功效。

主治用法　用于急性或慢性肾炎水肿、热淋、吐血、尿血等。水煎服。

用　　量　50 ～ 100 g。

附　　注　根状茎在陕西混作白茅用。

◎参考文献◎

［1］江纪武. 药用植物辞典 [M]. 天津：天津科学技术出版社，2005:393.

▲光稃茅香植株

薡草属 *Phalaris* L.

薡草 *Phalaris arundinacea* L.

别　　名	草芦

药用部位　禾本科薡草的全草。

原植物　多年生草本。具根状茎，须根稀疏。秆较粗壮，通常单生或少数丛生，高 60 ~ 150 cm，有 6 ~ 8 节。叶鞘无毛，下部长于而上部短于节间；叶舌薄膜质，长 2 ~ 3 mm，叶片扁平，幼嫩时稍粗糙，长 10 ~ 30 cm，宽 5 ~ 15 mm；灰绿色。圆锥花序紧密狭窄，长 8 ~ 15 cm，分枝具角棱，直向上升，密生小穗；小穗长 4 ~ 5 mm，无毛或被细小微毛，含小花 3，下方 2 枚退化为条形的不育外稃，顶生的两性；颖草质，等长，脊上粗糙，上部有极狭的翼；孕花外稃软骨质，披针形，长 3 ~ 4 mm，具 5 脉，上部具柔毛；内稃与外稃同长，具 2 脉，有 1 脊，脊的两旁疏生柔毛；花药黄色。花期 7—8 月，果期 8—9 月。

生　　境　生于沼泽、池塘、水沟边及湿地等处。

分　　布　黑龙江塔河、黑河、伊春、佳木斯、鹤岗、北安、宁安、尚志、阿城、泰来、龙江、安达、齐齐哈尔市区、富裕、大庆市区、肇东、肇源等地。吉林安图、和龙、珲春、抚松、白山、靖宇等地。辽宁沈阳、清原、彰武等地。内蒙古额尔古纳、根河、陈巴尔虎旗、牙克石、鄂温克旗、扎兰屯、阿尔山、科尔沁右翼前旗、扎鲁特旗、克什克腾旗、东乌珠穆沁旗、西乌珠穆沁旗等地。河北、山东、江苏、浙江、江西、山西、湖南、四川、陕西、甘肃、新疆。全球温带地区。

采　　制　夏、秋季采收全草，除去杂质，切段，洗净，晒干。

性味功效　有燥湿止带的功效。

主治用法　用于带下病、月经不调、妇女红、外阴湿痒等。水煎服。

用　　量	适量。

◎参考文献◎

[1] 中国药材公司.中国中药资源志要 [M].北京：科学出版社，1994:1452.

[2] 江纪武.药用植物辞典 [M].天津：天津科学技术出版社，2005:589.

▲ 薡草花

▲ 薡草花序

䓨草植株

▲ 臭草植株

▲ 臭草花序

▼ 臭草颖果

臭草属 *Melica* L.

臭草 *Melica scabrosa* Trin

别　名　肥马草 枪草 猫毛草

药用部位　禾本科臭草的全草（入药称"金丝草"）。

原植物　多年生草本。秆丛生，高 20 ～ 90 cm，基部密生分蘖。叶鞘闭合近鞘口，常撕裂；叶舌透明膜质，长 1 ～ 3 mm，顶端撕裂而两侧下延；叶片质较薄，干时常卷折，长 6 ～ 15 cm。圆锥花序狭窄，长 8 ～ 22 cm；分枝直立或斜向上升，主枝长达 5 cm；小穗柄短，纤细，上部弯曲；小穗淡绿色或乳白色，长 5 ～ 8 mm，含孕性小花 2 ～ 6，顶端由数个不育外稃集成小球形；小穗轴节间长约 1 mm；颖膜质，狭披针形，具 3 ～ 5 脉；外稃草质，顶端尖或钝且为膜质，具 7 条隆起的脉，背面颖粒状粗糙，第一外稃长 5 ～ 8 mm；内稃短于外稃或相等，倒卵形，顶端钝，具 2 脊；雄蕊 3。花期 6—7 月，果期 7—8 月。

生　境　生于山坡草地、荒芜田野及渠边路旁等处。

分　布　黑龙江尚志、阿城、牡丹江等地。吉林双辽。辽宁沈阳、鞍山、盖州、长海、大连市区、北镇等地。内蒙古满洲里、克什克腾旗、东乌珠穆沁旗、西乌珠穆沁旗等地。河北、山东、山西、江苏、安徽、河南、湖北、四川、陕西、宁夏、甘肃、云南、西藏。朝鲜、俄罗斯。

采　制　夏、秋季采收全草，切段，洗净，晒干。

性味功效　味甘，性凉。有清热解表、利水利尿、通淋的功效。

主治用法　用于尿路感染、小便赤红、淋痛、膀胱湿热、肾炎水肿、感冒发热、恶寒恶风、头痛眩晕、黄疸型肝炎、消渴、糖尿病等。水煎服。

用　量　50 ～ 100 g

◎参考文献◎

［1］江苏新医学院 . 中药大辞典（上册）[M]. 上海：上海科学技术出版社，1977:1387-1388.

［2］中国药材公司 . 中国中药资源志要 [M]. 北京：科学出版社，1994:1449.

［3］江纪武 . 药用植物辞典 [M]. 天津：天津科学技术出版社，2005:511.

▲ 硬质早熟禾植株

早熟禾属 *Poa* L.

硬质早熟禾 *Poa sphondylodes* Trin.

别　　名　龙须草

俗　　名　佛爷草

药用部位　禾本科硬质早熟禾的全草。

原 植 物　多年生密丛型草本。秆高 30 ～ 60 cm，具 3 ～ 4 节，顶节位于中部以下，上部常裸露，紧接花序以下和节下均多少糙涩。叶鞘基部带淡紫色，顶生者长 4 ～ 8 cm，长于其叶片；叶舌长约 4 mm，先端尖；叶片长 3 ～ 7 cm，宽 1 mm，稍粗糙。圆锥花序紧缩而稠密，长 3 ～ 10 cm，宽约 1 cm；分枝长 1 ～ 2 cm，4 ～ 5 枚着生于主轴各节，粗糙；小穗柄短于小穗，侧枝基部即着生小穗；小穗绿色，熟后草黄色，长 5 ～ 7 mm，含小花 4 ～ 6；颖具 3 脉，先端锐尖，硬纸质，稍粗糙，长 2.5 ～ 3.0 mm，第一颖稍短于第二颖；外稃坚纸质，具 5 脉，间脉不明显，先端极窄膜质下带黄铜色，脊下部 2/3 和边脉下部 1/2 具长柔毛，基盘具中量绵毛，第一外稃长约 3 mm；内稃等长或稍长于外稃，脊粗糙具微细纤毛，

▲硬质早熟禾花序

先端稍凹；花药长 1.0 ～ 1.5 mm。颖果长约 2 mm，腹面有凹槽。花期 6—7 月，果期 7—8 月。

生　境　生于草地、沙地及路旁等处。

分　布　黑龙江黑河、哈尔滨市区、阿城等地。吉林省各地。辽宁凤城、铁岭、沈阳、鞍山、盖州、大连、北镇、黑山、彰武等地。内蒙古额尔古纳、牙克石、鄂伦春旗、阿尔山、科尔沁右翼前旗、克什克腾旗、翁牛特旗、西乌珠穆沁旗等地。河北、山东、江苏、山西。朝鲜、俄罗斯。

采　制　夏、秋季采收全草，除去杂质，切段，洗净，晒干。

性味功效　味甘、淡，性平。有清热解毒、利尿通淋、止痛的功效。

主治用法　用于小便淋涩、黄水疮等。水煎服。

用　量　10 ～ 25 g。

附　方

（1）治小便淋涩：硬质早熟禾全草 10 ～ 15 g，水煎服。

（2）治黄水疮：硬质早熟禾穗 15 g，蝉蜕 10 g，水煎服。

◎参考文献◎

［1］江苏新医学院.中药大辞典（上册）[M].上海：上海科学技术出版社，1977:634.

［2］朱有昌.东北药用植物[M].哈尔滨：黑龙江科学技术出版社，1989:97-98.

［3］钱信忠.中国本草彩色图鉴（第二卷）[M].北京：人民卫生出版社，2003:50-51.

▲硬质早熟禾花

芨芨草属 *Achnatherum* Beauv.

芨芨草 *Achnatherum splendens*（Trin.）Nevski

别　　名	积机草
俗　　名	箕席草 席机草
药用部位	禾本科芨芨草的茎、根、花及种子。

原 植 物　多年生草本。秆直立，形成大的密丛，高 50 ~ 250 cm，直径 3 ~ 5 mm，节多聚于基部，具 2 ~ 3 节。叶舌三角形或尖披针形，长 5 ~ 15 mm；叶片纵卷，质坚韧，长 30 ~ 60 cm，宽 5 ~ 6 mm。圆锥花序长 15 ~ 60 cm，开花时呈金字塔形开展，分枝细弱，2 ~ 6 枚簇生，平展或斜向上升，长 8 ~ 17 cm，基部裸露；小穗长 4.5 ~ 7.0 mm；颖膜质，披针形，顶端尖或锐尖，第一颖长 4 ~ 5 mm，具 1 脉，第二颖长 6 ~ 7 mm，具 3 脉；外稃长 4 ~ 5 mm，厚纸质，顶端具 2 微齿，具 5 脉，基盘钝圆，长约 0.5 mm，芒自外稃齿间伸出，直立或微弯，粗糙，不扭转，长 5 ~ 12 mm，易断落；内稃长 3 ~ 4 mm，具 2 脉而无脊；花药长 2.5 ~ 3.5 mm。花期 7—8 月，果期 8—9 月。

生　　境　生于盐化草甸、草甸草原及微碱性的草滩上。

分　　布　黑龙江杜尔伯特、泰来、大庆市区、肇源、肇州等地。吉林通榆、镇赉、洮南、大安、前郭等地。内蒙古海拉尔、满洲里、新巴尔虎左旗、新巴尔虎右旗、科尔沁右翼前旗、扎赉特旗、科尔沁右翼中旗、扎鲁特旗、科尔沁左翼后旗、科尔沁左翼中旗、克什克腾旗、巴林左旗、巴林右旗、翁牛特旗、阿鲁科尔沁旗、东乌珠穆沁旗、西乌珠穆沁旗、阿巴嘎旗、苏尼特左旗、苏尼特右旗等地。河北、山西、陕西、宁夏、甘肃

青海、新疆。朝鲜、俄罗斯、蒙古。

采　制　全年采收茎、根，除去杂质，洗净，晒干。夏、秋季采花，阴干。秋季采收种子，除去杂质，晒干。

性味功效　茎、根及种子：有清热利尿的功效。花：有利尿、止血的功效。

主治用法　茎、根及种子：用于尿闭、尿路感染等。水煎服。花：用于小便不利、内出血等。水煎服。

用　量　茎、根及花：15～30 g。种子：10～15 g。

◎参考文献◎

［1］巴根那.中国大兴安岭蒙中药植物资源志[M].赤峰：内蒙古科学技术出版社，2011:485-486.

［2］朱有昌.东北药用植物[M].哈尔滨：黑龙江科学技术出版社，1989:71-72.

［3］中国药材公司.中国中药资源志要[M].北京：科学出版社，1994:1361.

▲ 芨芨草花序

▼ 芨芨草植株

冰草属 *Agropyron* Gaertn.

冰草 *Agropyron cristatum*（L.）Gaertn.

俗　　名　大麦子　野麦子　大麦草　麦穗草　山麦草
药用部位　禾本科冰草的根。
原 植 物　多年生草本。秆成疏丛，上部紧接花序部分被短柔毛或无毛，高 20 ~ 75 cm，有时分蘖横走或下伸成长达 10 cm 的根状茎。叶片长 5 ~ 20 cm，宽 2 ~ 5 mm，质较硬而粗糙，常内卷，上面叶脉强烈隆起成纵沟，脉上密被微小短硬毛。穗状花序较粗壮，矩圆形或两端微窄，长 2 ~ 6 cm，宽 8 ~ 15 mm；小穗紧密平行排列成两行，整齐呈篦齿状，含小花 3 ~ 7，长 6 ~ 12 mm；颖舟形，脊上连同背部脉间被长柔毛，第一颖长 2 ~ 3 mm，第二颖长 3 ~ 4 mm，具略短于颖体的芒；外稃被有稠密的长柔毛或显著地被稀疏柔毛，顶端具短芒长 2 ~ 4 mm；内稃脊上具短小刺毛。花期7—8月，果期8—9月。
生　　境　生于干燥草地、山坡、丘陵以及沙地等处。
分　　布　黑龙江呼玛、齐齐哈尔市区、泰来、大庆、安达、尚志、密山等地。吉林镇赉、通榆、洮南、前郭、长岭、大安、长春等地。

▲冰草果穗

▼冰草花

▲冰草植株　　　　　　　▲冰草花序

辽宁彰武。内蒙古额尔古纳、根河、牙克石、阿尔山、科尔沁右翼前旗、扎赉特旗、科尔沁右翼中旗、扎鲁特旗、科尔沁左翼后旗、科尔沁左翼中旗、克什克腾旗、巴林左旗、巴林右旗、翁牛特旗、阿鲁科尔沁旗、东乌珠穆沁旗、西乌珠穆沁旗、阿巴嘎旗、苏尼特左旗、苏尼特右旗、正蓝旗、正镶白旗、镶黄旗、多伦、太仆寺旗等地。河北、山西、甘肃、青海、新疆。俄罗斯、蒙古。北美洲。

采　制　春、秋季采挖根，洗净，鲜用或晒干。

性味功效　有止血、利尿的功效。

主治用法　用于尿血、肾盂肾炎、功能性子宫出血、月经不调、咯血、吐血、外伤出血等。水煎服。

用　量　适量。

附　方

（1）治鼻出血：冰草根、桑叶、菊花各50 g，水煎服。

（2）治哮喘、痰中带血：冰草根，加糖，水煎当茶饮。

（3）治赤白带下：冰草白穗25 g，败酱草50 g，水煎服。

（4）治淋病：冰草白穗50 g，水煎服。

◎参考文献◎

［1］中国药材公司.中国中药资源志要 [M].北京：科学出版社，1994:1433.

［2］江纪武.药用植物辞典 [M].天津：天津科学技术出版社，2005:27.

▲羊草群落

赖草属 *Leymus* Hochst.

▼羊草果穗

羊草 *Leymus chinensis*（Trin.）Tzvel.

别　　名	碱草
药用部位	禾本科羊草的根状茎及全草。

原 植 物　多年生草本。秆高 40 ～ 90 cm，具 4 ～ 5 节。叶鞘光滑，叶舌截平，顶具裂齿；叶片长 7 ～ 18 cm，宽 3 ～ 6 mm，上面及边缘粗糙。穗状花序直立，长 7 ～ 15 cm，宽 10 ～ 15 mm；穗轴边缘具细小睫毛，最基部的节长可达 16 mm；小穗含小花 5 ～ 10，通常 2 枚生于 1 节，粉绿色；小穗轴节间光滑；颖锥状，长 6 ～ 8 mm，等于或短于第一小花，不覆盖第一外稃的基部，质地较硬，具不显著 3 脉，背面中下部光滑，上部粗糙，边缘微具纤毛；外稃披针形，具狭窄膜质的边缘，顶端渐尖或形成芒状小尖头，背部具不明显的 5 脉，基盘光滑，第一外稃长 8 ～ 9 mm；内稃与外稃等长。花期 6—7 月，果期 7—8 月。

生　　境　生于盐碱地、沙质地、草地、山坡及平原等处。

分　　布　黑龙江呼玛、黑河、泰来、齐齐哈尔市区、富裕、甘南、大庆市区、杜尔伯特、肇东、肇源、肇州、安达等地。吉林通榆、镇赉、洮南、长岭、前

▲羊草植株

▲羊草花序

郭、大安、双辽、乾安等地。辽宁阜新、建平、建昌、凌源、喀左、彰武等地。内蒙古额尔古纳、鄂伦春旗、阿尔山、科尔沁右翼前旗、扎赉特旗、科尔沁右翼中旗、扎鲁特旗、科尔沁左翼后旗、科尔沁左翼中旗、克什克腾旗、巴林左旗、巴林右旗、翁牛特旗、阿鲁科尔沁旗、东乌珠穆沁旗、西乌珠穆沁旗、阿巴嘎旗、苏尼特左旗、苏尼特右旗、正蓝旗、正镶白旗、镶黄旗、多伦、太仆寺旗等地。河北、山西、陕西、新疆等。日本、朝鲜、俄罗斯。

采　　制	春、秋季采挖根状茎，洗净，鲜用或晒干。夏、秋季采收全草，除去杂质，切段，洗净，晒干。
性味功效	有清热利湿、止血的功效。
主治用法	用于感冒、淋病、赤白带下、衄血、痰中带血、水肿等。水煎服。
用　　量	适量。

◎参考文献◎

［1］中国药材公司. 中国中药资源志要 [M]. 北京：科学出版社，1994:1448.

［2］江纪武. 药用植物辞典 [M]. 天津：天津科学技术出版社，2005:456.

赖草 *Leymus secalinus*（Georgi）Tzvel.

| 别　名 | 老披碱草　老披碱　厚穗碱草 |
| 药用部位 | 禾本科赖草的根状茎及带菌果穗。 |

原 植 物　多年生草本，具下伸和横走的根状茎。秆高 40 ~
100 cm，具 3 ~ 5 节。叶鞘光滑无毛；叶舌膜质，截平；叶片
长 8 ~ 30 cm，宽 4 ~ 7 mm，扁平或内卷。穗状花序直立，长
10 ~ 15 cm，宽 10 ~ 17 mm，灰绿色；穗轴被短柔毛，节与边
缘被长柔毛，节间长 3 ~ 7 mm，基部者长达 20 mm；小穗通常
2 ~ 3，稀 1 或 4 枚生于每节，长 10 ~ 20 mm，含小花 4 ~ 10；
小穗轴贴生短毛；颖短于小穗，不覆盖第一外稃的基部，具不明显
的 3 脉，第一颖短于第二颖，长 8 ~ 15 mm；外稃披针形，边缘
膜质，背具 5 脉，第一外稃长 8 ~ 14 mm；内稃与外稃等长，先
端常微 2 裂；花药长 3.5 ~ 4.0 mm。花期 7—8 月，果期 8—9 月。

生　　境　生于沙地、平原绿洲及山地草原带等处。

分　　布　吉林洮南、通榆、乾安、长岭等地。辽宁沈阳、盖州、
黑山、建平等地。内蒙古海拉尔、满洲里、新巴尔虎左旗、新巴尔
虎右旗、科尔沁右翼前旗、扎赉特旗、科尔沁右翼中旗、扎鲁特旗、
科尔沁左翼后旗、科尔沁左翼中旗、克什克腾旗、巴林左旗、巴林
右旗、翁牛特旗、阿鲁科尔沁旗、东乌珠穆沁旗、西乌珠穆沁旗、
阿巴嘎旗、苏尼特左旗、苏尼特右旗、正蓝旗、正镶白旗、镶黄旗、
多伦、太仆寺旗等地。河北、山西、陕西、四川、甘肃、青海、新
疆等。朝鲜、俄罗斯、日本。

▲ 赖草植株

采　　制　春、秋季采挖根状茎，洗净，鲜用或晒干。夏、秋季采
收带菌果穗，除去杂质，洗净，晒干。

性味功效　根状茎：味苦，性微寒。有清热利湿、止血的功效。果
穗：味苦，性微寒。有清热利湿的功效。

主治用法　根状茎：用于淋病、赤白带下、哮喘、痰中带血、鼻出
血等。水煎服。果穗：用于淋病、赤白带下。水煎服。

用　　量　根状茎：25 ~ 50 g。果穗：25 ~ 50 g。

附　　方

（1）治鼻出血：赖草根、桑叶、菊花各 50 g，水煎服。

（2）治哮喘、痰中带血：赖草根，加糖，水煎当茶饮。

（3）治赤白带下：赖草白穗 25 g，败酱草 50 g，水煎服。

（4）治淋病：赖草白穗 50 g，水煎服。

▲ 赖草花

◎ 参考文献 ◎

［1］江苏新医学院. 中药大辞典（上册）[M]. 上海：上海科学技术出版社，1977:953-954.

［2］朱有昌. 东北药用植物 [M]. 哈尔滨：黑龙江科学技术出版社，1989:79-80.

［3］钱信忠. 中国本草彩色图鉴（第五卷）[M]. 北京：人民卫生出版社，2003:243-244.

▲ 荩草居群

▲ 荩草花序

荩草属 *Arthraxon* P. Beauv.

荩草 *Arthraxon hispidus*（Thunb.）Makino

别　　名	绿竹
俗　　名	马儿草　马草　马耳草　马耳朵草　大耳朵毛
药用部位	禾本科荩草的全草。

原植物　一年生草本。秆细弱，基部倾斜，高 30～60 cm，基部节着地易生根。叶鞘短于节间；叶舌膜质，长 0.5～1.0 mm，边缘具纤毛；叶片卵状披针形，长 2～4 cm，宽 0.8～1.5 cm，基部心形，抱茎。总状花序细弱，长 1.5～5.0 cm，2～10 个花序呈指状排列或簇生于茎顶，穗轴节间无毛，长为小穗的 2/3～3/4。无柄小穗卵状披针形，呈两侧压扁，长 3～5 mm，灰绿色或带紫；第一颖草质，边缘膜质，包住第二颖 2/3，具 7～9 脉，先端锐尖；第二颖近膜质，与第一颖等长，舟形，脊上

粗糙；第一外稃长圆形，透明膜质，长为第一颖的2/3；第二外稃与第一外稃等长，透明膜质，近基部伸出一膝屈的芒；芒下几不扭转；雄蕊2；花药黄色。花期8—9月，果期9—10月。

生　境　生于路边、沟边、湿地及水田梗上，常聚集成片生长。

分　布　黑龙江伊春市区、铁力、勃利、甘南、龙江、富裕、富锦、尚志、五常、海林、林口、宁安、东宁、绥芬河、穆棱、木兰、延寿、密山、虎林、饶河、宝清、桦南、汤原、方正、安达、大庆市区、肇东、肇源、杜尔伯特、呼兰等地。吉林省各地。辽宁本溪、西丰、鞍山市区、海城、锦州、大连、彰武等地。内蒙古扎兰屯、科尔沁右翼前旗、扎赉特旗、科尔沁右翼中旗、扎鲁特旗、科尔沁左翼后旗、科尔沁左翼中旗、克什克腾旗、巴林左旗、巴林右旗、翁牛特旗、阿鲁科尔沁旗、东乌珠穆沁旗、西乌珠穆沁旗、阿巴嘎旗、苏尼特左旗、苏尼特右旗、正蓝旗、正镶白旗、镶黄旗、多伦、太仆寺旗等地。全国绝大部分地区。欧亚温带地区。

采　制　春、夏季采收全草，除去杂质，晒干。

性味功效　味苦，性平。有清热解毒、消炎、止咳、定喘、杀虫的功效。

主治用法　用于久咳、上气喘逆、惊悸、肝炎、肺结核、咽喉炎、淋巴结炎、乳腺炎、痈疖、疥癣、皮肤瘙痒等。水煎服。外用适量捣烂敷或煎水洗。

用　量　10～20g。外用适量。

附　注

（1）治气喘上气：荩草20g，水煎服，每日2次。

（2）治恶疮、疥癣：荩草鲜草捣烂敷患处。

（3）治皮肤瘙痒、痈疖：荩草100g，煎水洗患处。

▲荩草植株

▼荩草果穗

◎参考文献◎

[1] 江苏新医学院.中药大辞典（下册）[M].上海：上海科学技术出版社，1977:1612-1613.

[2] 朱有昌.东北药用植物[M].哈尔滨：黑龙江科学技术出版社，1989:80-81.

[3] 中国药材公司.中国中药资源志要[M].北京：科学出版社，1994:1435.

白茅属 *Imerata* Cyr.

白茅 *Imerata cylindrica*（L.）Beauv.

别　　名　印度白茅　白茅根

俗　　名　万根草　茅草　红眼八　茅草根　蔓子草
红毛公　甜根草　甜草根

药用部位　禾本科白茅的根状茎、花序及初生未放
花序（入药称"白茅针"）

原 植 物　多年生草本。秆直立，高 30 ～ 80 cm。
叶鞘聚集于秆基；叶舌膜质，紧贴其背部或鞘口具
柔毛，分蘖叶片长约 20 cm，宽约 8 mm，扁平，
质地较薄；秆生叶片长 1 ～ 3 cm，窄线形，质硬，
被有白粉，基部上面具柔毛。圆锥花序稠密，长
20 cm，宽达 3 cm，小穗长 4.5 ～ 6.0 mm；两颖
草质及边缘膜质，具 5 ～ 9 脉，常具纤毛，脉间
疏生长丝状毛，第一外稃卵状披针形，长为颖片的
2/3，透明膜质，无脉，顶端尖或齿裂，第二外稃
与其内稃近相等，长约为颖之半，卵圆形，顶端具
齿裂及纤毛；雄蕊 2，花药长 3 ～ 4 mm；花柱细长，
基部多少连合，柱头 2，紫黑色，羽状。花期 7—8

月，果期 8—9 月。

生　　境　生于山坡、路旁、草地及沟岸边，常聚
集成片生长。

分　　布　黑龙江哈尔滨市区、阿城、尚志等地。
吉林通榆、镇赉、洮南、双辽、长岭等地。辽宁丹
东、铁岭、昌图、沈阳市区、新民、庄河、大连市区、
盘山、营口、北镇、义县、彰武、葫芦岛市区、绥
中等地。内蒙古扎赉特旗、科尔沁右翼中旗、扎鲁
特旗、科尔沁左翼后旗、科尔沁左翼中旗等地。河
北、山东、山西、陕西、新疆。朝鲜、俄罗斯、日本、
土耳其、伊拉克、伊朗。亚洲（中部）、高加索地区、
地中海、非洲（北部）。

采　　制　春、秋季采挖根状茎，除去须根和膜质
叶鞘，切段，洗净，晒干，生用或炒炭用。夏季采
摘花序，除去杂质，晒干。

性味功效　根状茎：味甘，性寒。有凉血止血、清
热利尿的功效。花序：味甘，性温。有止血的功效。

初生未放花序：味甘，性平。有止血的功效。

主治用法 根状茎：用于热病烦渴、吐血、衄血、肺热喘急、胃热喘逆、淋病、小便不利、水肿、高血压及湿热黄疸等。水煎服。脾胃虚寒、尿多不渴者忌服。花序：用于吐血、衄血、咯血、牙龈出血及刀伤等。水煎服。外用捣烂敷患处。初生未放花序：用于衄血、尿血及大便出血等。水煎服。

用 量 根状茎：15 ~ 30 g（鲜品 30 ~ 60 g）。花序：15 ~ 25 g。外用适量。初生未放花序：15 ~ 25 g。

附 方

（1）治麻疹口渴、疹出不透：白茅根 50 g，煎水频服。

（2）治鼻出血：白茅根 50 g，水煎，冷后服，亦可加藕节25 g，同煎服。

（3）治胃出血：白茅根、生荷叶各 50 g，侧柏叶、藕节各15 g，黑豆少许，水煎服。

（4）治急性肾炎：鲜白茅根 100 ~ 200 g，水煎分 2 ~ 3次服。

（5）治鼻衄不止：茅根 10 g，研为末，以米泔水送服。

（6）治鼻出血、牙龈出血、咳嗽痰中带血：白茅根 50 g，水煎，冷后服。亦可加藕节 25 g，同煎服。

（7）治急性肾炎、水肿、小便少：鲜白茅根 100 ~ 200 g，水煎分 2 ~ 3 次服，每日 1 剂。又方：白茅根（干品）250 g，洗净切碎，水煎，每日 2 ~ 3 次分服，连服 1 ~ 2 周或至痊愈。又方：白茅根、西瓜皮各 50 g，玉米须 15 g，赤小豆 20 g，水煎服。

（8）治血尿：白茅根、车前子各 50 g，白糖 25 g，水煎服。

（9）治乳糜尿：鲜茅根 250 g，加水 2 L 煎成约 1 200 ml，加糖适量。每日分 3 次内服，或代茶饮，连服 5 ~ 10 d 为一个疗程。

（10）治急性传染性肝炎：白茅根（干品）100 g，水煎，每日2 次分服。

附 注

（1）本品为《中华人民共和国药典》（2020 年版）收录的药材。

（2）叶入药，可治疗妇女产后风湿痛。

◎参考文献◎

[1] 江苏新医学院.中药大辞典（上册）[M].上海：上海科学技术出版社，1977:721-723，1312.

[2] 朱有昌.东北药用植物 [M].哈尔滨：黑龙江科学技术出版社，1989:92-94.

[3] 《全国中草药汇编》编写组.全国中草药汇编（上册）[M].北京：人民卫生出版社，1975:292-293.

▲ 白茅植株

▼ 白茅花序

▲ 荻幼株

▲ 荻花序

▲ 荻果穗

芒属 *Miscanthu* Anderss.

荻 *Miscanthus sacchariflorus*（Maxim.）Hackel

俗　名　红毛公　苦房草　芒草　狼尾巴花　狍羔草　狍羔子草　白尖草　大芒草

药用部位　禾本科荻的根状茎。

原植物　多年生草本。秆直立，高 1.0 ～ 1.5 m。叶鞘无毛，叶舌短，具纤毛；叶片扁平，宽线形，长 20 ～ 50 cm，宽 5 ～ 18 mm。圆锥花序舒展成伞房状，长 10 ～ 20 cm，宽约 10 cm；具 10 ～ 20 较细弱的分枝；总状花序轴节间长 4 ～ 8 mm；小穗柄顶端稍膨大，短柄长 1 ～ 2 mm，长柄长 3 ～ 5 mm；小穗线状披针形，长 5.0 ～ 5.5 mm，成熟后带褐色；第一颖 2 脊间具 1 脉或无脉；第二颖与边缘皆为膜质，并具纤毛，有 3 脉；第一外稃稍短于颖，具纤毛；第二外稃狭窄披针形，短于颖片的 1/4；第二内稃长约为外稃之半；雄蕊 3，花药长约 2.5 mm；柱头紫黑色，自小穗中部以下的两侧伸出。花期 8—9 月，果期 9—10 月。

生　境　生于山坡、路旁、田边、河岸稍湿地等处，常聚集成片生长。

分　布　黑龙江萝北、饶河、孙吴、勃利、密山、尚志、泰来、大庆市区、杜尔伯特、肇源、肇州等地。吉林长白

▲荻植株

▲荻根状茎

▲荻花

山各地及长春、九台、通榆、镇赉、洮南、长岭、前郭等地。辽宁丹东、宽甸、抚顺、西丰、庄河、普兰店、新民、沈阳市区、锦州等地。内蒙古科尔沁右翼前旗、扎鲁特旗、科尔沁右翼中旗、扎赉特旗、克什克腾旗、翁牛特旗、东乌珠穆沁旗、西乌珠穆沁旗等地。河北、河南、山东、山西、陕西、甘肃。朝鲜、俄罗斯（西伯利亚）、日本。

采　　制　春、秋季采挖根状茎，除去杂质，洗净，晒干。

性味功效　味甘，性凉。有清热、活血的功效等。

主治用法　用于血痨、潮热、产妇失血口渴、牙痛等。水煎服。

用　　量　90 ~ 120 g。

◎参考文献◎

[1] 中国药材公司 . 中国中药资源志要 [M]. 北京：科学出版社，1994:1449.

[2] 江纪武 . 药用植物辞典 [M]. 天津：天津科学技术出版社，2005:818.

芒 *Miscanthus sinensis* Anderss.

俗　名 苦房草　狍羔草　狍羔子草　白尖草　大芒草

药用部位 禾本科芒的根状茎及花序。

原植物 多年生苇状草本。秆高 1 ~ 2 m。叶鞘无毛，长于其节间；叶舌膜质，叶片线形，长 20 ~ 50 cm，宽 6 ~ 10 mm。圆锥花序直立，长 15 ~ 40 cm；分枝较粗硬，直立，长 10 ~ 30 cm；小枝节间三棱形，边缘微粗糙，短柄长 2 mm，长柄长 4 ~ 6 mm；小穗披针形，黄色有光泽；第一颖顶具 3 ~ 4 脉，边脉上部粗糙；第二颖常具 1 脉，粗糙；第一外稃长圆形，膜质；第二外稃明显短于第一外稃，先端 2 裂，裂片间具 1 芒，芒长 9 ~ 10 mm，棕色，膝屈，芒柱稍扭曲；第二内稃长约为其外稃的 1/2；雄蕊 3，花药长 2.0 ~ 2.5 mm，稃褐色，先雌蕊而成熟；柱头羽状。花期 8—9 月，果期 9—10 月。

生　境 生于山地、丘陵及荒坡原野等处，常组成优势群落。

分　布 吉林桦甸、永吉等地。辽宁桓仁、新宾、长海、大连等地。江苏、浙江、江西、湖南、福建、台湾、四川、广东、海南、广西、贵州、云南等。朝鲜、日本。

采　制 春、秋季采挖根状茎，除去须根和膜质叶鞘，切段，洗净，晒干，生用或炒炭用。夏季采摘花序，除去杂质，晒干。

▲芒花序

▲芒果实

性味功效 根状茎：味甘，性平。有清热解毒、利尿止渴、止咳的功效。花序：味甘，性平。有活血通经的功效。

主治用法 根状茎：用于咳嗽、热病口渴、带下病、小便淋痛不利等。水煎服。花序：用于月经不调、半身不遂等。水煎服。

用　量 根状茎：100 ~ 150 g。花序：50 ~ 100 g。外用适量。

附　注 幼茎内的寄生虫有调气生津、补肾的功效。可治疗妊娠呕吐、精枯阳痿等。

◎参考文献◎

［1］江苏新医学院 . 中药大辞典（上册）[M]. 上海：上海科学技术出版社，1977:835-836.
［2］朱有昌 . 东北药用植物 [M]. 哈尔滨：黑龙江科学技术出版社，1989:94-95.
［3］中国药材公司 . 中国中药资源志要 [M]. 北京：科学出版社，1994:1449.

▲芒植株

大油芒属 *Spodiopogon* Trin.

大油芒 *Spodiopogon sibiricus* Trin.

别　　名	大荻　山黄菅
俗　　名	红毛公　红眼八　大白草
药用部位	禾本科大油芒的全草。

原 植 物　多年生草本。秆高 70～150 cm，具 5～9 节。叶鞘大多长于其节间；叶舌干膜质，截平，长 1～2 mm；叶片线状披针形，长 15～30 cm，宽 8～15 mm。圆锥花序长 10～20 cm；总状花序长 1～2 cm，具 2～4 节；小穗长 5.0～5.5 mm，宽披针形，草黄色或稍带紫色；第一颖具 7～9 脉；第二颖与第一颖近等长，无柄者具 3 脉，有柄者具 5～7 脉；第一外稃透明膜质，卵状披针形，顶端尖，具 1～3 脉；雄蕊 3，花药长约 2.5 mm，第二小花两性；外稃稍短于小穗，顶端深裂达稃体长度的 2/3；芒长 8～15 mm，中部膝屈；内稃短于其外稃；雄蕊 3；柱头棕褐色。花期 7—8 月，果期 8—9 月。

生　　境　生于山坡、林缘、路边及沟边等处。

分　　布　黑龙江黑河、伊春市区、铁力、勃利、甘南、龙江、富裕、富锦、尚志、五常、海林、林口、宁安、东宁、绥芬河、穆棱、木兰、延寿、密山、虎林、饶河、宝清、桦南、汤原、方正、安达、大庆市区、肇东、肇源、杜尔伯特、呼兰等地。吉林长白山各地。辽宁丹东市区、宽甸、凤城、本溪、桓仁、抚顺、西丰、鞍山、大连、沈阳、锦州市区、北镇、营口、葫芦岛、建平、凌源等地。内蒙古额尔古纳、牙克石、鄂伦春旗、科尔沁右翼前旗、扎鲁特旗、科尔沁右翼中旗、扎赉特旗、阿鲁科尔沁旗、巴林左旗、巴林

▲大油芒植株

▲大油芒花序

右旗、克什克腾旗、翁牛特旗、东乌珠穆沁旗、西乌珠穆沁旗、阿巴嘎旗、苏尼特左旗、苏尼特右旗、正蓝旗、正镶白旗、镶黄旗等地。河北、河南、江苏、安徽、浙江、江西、山东、山西、陕西、湖北、湖南、甘肃等。朝鲜、俄罗斯（西伯利亚）、蒙古、日本。

采 制 夏、秋季采收全草，除去杂质，切段，洗净，晒干。

性味功效 味淡，性平。

主治用法 用于胸闷、气胀、月经过多。水煎服。

用 量 适量。

◎参考文献◎

［1］中国药材公司.中国中药资源志要[M].北京：科学出版社，1994:1458.

［2］江纪武.药用植物辞典[M].天津：天津科学技术出版社，2005:770.

▲大油芒花

菅属 *Themeda* Forssk.

阿拉伯黄背草 *Themeda triandra* Forssk.

别 名 黄背茅 菅草 黄背草

药用部位 禾本科阿拉伯黄背草的全草。

原 植 物 多年生簇生草本。秆高 0.5 ~ 1.5 m。叶鞘紧裹秆，背部具脊；叶舌顶端钝圆，有睫毛；叶片线形，长 10 ~ 50 cm，宽 4 ~ 8 mm，中脉显著。大型伪圆锥花序多回复出，由具佛焰苞的总状花序组成，长为全株的 1/3 ~ 1/2；佛焰苞长 2 ~ 3 cm；总状花序长 15 ~ 17 mm，由 7 小穗组成；下部总苞状小穗雄性，长圆状披针形，长 7 ~ 10 mm；第一颖背面上部常生瘤基毛，具多数脉。无柄小穗两性，1 枚，纺锤状圆柱形，长 8 ~ 10 mm，锐利；第一颖革质，背部圆形，第二颖与第一颖同质，等长，两边为第一颖所包卷；第一外稃短于颖；第二外稃退化为芒的基部，芒长 3 ~ 6 cm。花期 7—8 月，果期 8—9 月。

生 境 生于干燥山坡、草地、路旁、林缘等处。

分 布 吉林集安、通化等地。辽宁丹东市区、凤城、抚顺、西丰、开原、庄河、大连市区、营口、葫芦岛市区、锦州市区、北镇、建昌、建平、凌源等地。内蒙古宁城。全国各地(除新疆、青海、黑龙江等外)。朝鲜、俄罗斯(西伯利亚)、日本。

采 制 夏、秋季采收全草，除去杂质，切段，洗净，晒干。

性味功效 味甘，性温。有活血调经、平肝潜阳的功效。

主治用法 用于闭经、月经不调、崩漏、头晕、目眩、心悸失眠、耳鸣、高血压、风湿疼痛等。水煎服。

用 量 3 ~ 9 g。

◎参考文献◎

[1] 中国药材公司.中国中药资源志要 [M].北京：科学出版社，1994:1459.

[2] 江纪武.药用植物辞典 [M].天津：天津科学技术出版社，2005:807.

▲阿拉伯黄背草植株

▲阿拉伯黄背草总状花序

▼毛秆野古草植株

毛秆野古草花序

▲毛秆野古草果穗

野古草属 *Arundinella* Raddi.

毛秆野古草 *Arundinella hirta*（Thunb.）Tanaka

别　　名	野古草
俗　　名	红眼疤 马牙草 白牛公
药用部位	禾本科毛秆野古草的全草。

原 植 物　多年生草本。秆疏丛生，高 60 ~ 110 cm，直径 2 ~ 4 mm，质硬，节黑褐色。叶鞘无毛或被疣毛；叶舌短，上缘圆凸，具纤毛；叶片长 12 ~ 35 cm，宽 5 ~ 15 mm。花序长 10 ~ 40 cm，开展或略收缩，主轴与分枝具棱，棱上粗糙或具短硬毛；孪生小穗柄分别长约 1.5 mm 及 3 mm，无毛；第一颖长 3.0 ~ 3.5 mm，具 3 ~ 5 脉；第二颖长 3 ~ 5 mm，具 5 脉；第一小花雄性，约等长于等二颖；外稃长 3 ~ 4 mm，顶端钝，具 5 脉，花药紫色，长 1.6 mm；第二小花长 2.8 ~ 3.5 mm，外稃上部略粗糙，3 ~ 5 脉不明显，无芒；基盘毛长 1.0 ~ 1.3 mm，约为稃体的 1/2；柱头紫红色。花期 7—8 月，果期 8—9 月。

生　　境　生于海拔 2 000 m 以下山坡、山谷及溪边等处，常聚集成片生长。

分　　布　黑龙江呼玛、黑河、萝北、安达、肇东、依兰、尚志、牡丹江、密山等地。吉林长白山各地及镇赉、通榆、前郭、九台等地。辽宁丹东市区、宽甸、凤城、本溪、桓仁、西丰、沈阳、鞍山、庄河、瓦房店、长海、大连市区、营口、锦州市区、北镇、葫芦岛市区、建昌、绥中、凌源、建平、彰武等地。内蒙古陈巴尔虎旗、鄂温克旗、扎兰屯、科尔沁右翼前旗、扎鲁特旗、科尔沁右翼中旗、扎赉特旗、阿鲁科尔沁旗、克什克腾旗、东乌珠穆沁旗、西乌珠穆沁旗等地。全国各地（除新疆、西藏、青海外）。朝鲜、俄罗斯（西伯利亚）、日本。中南半岛。

采　　制　夏、秋季采收全草，除去杂质，切段，洗净，晒干。

性味功效　有清热、凉血的功效。

主治用法　用于发热、热入营血、血热妄行等。水煎服。

用　　量　适量。

◎参考文献◎

［1］中国药材公司.中国中药资源志要[M].北京：科学出版社，1994:1436.

［2］江纪武.药用植物辞典[M].天津：天津科学技术出版社，2005:78.

马唐属 *Digitaria* Hall.

止血马唐 *Digitaria ischaemum*（Schreb.）Schreb

俗　名　抓根草　鸡爪子草

药用部位　禾本科止血马唐的全草。

原植物　一年生草本。茎基部常膝屈，秆高15～45cm，细弱上部多少裸露。叶鞘疏松裹茎，具脊，有时带紫色，无毛或疏被细软毛；鞘口常有长柔毛；叶舌干膜质，长0.5～1.5mm；叶片扁平，狭披针形，长2～10cm，宽1～5mm，先端尖或渐尖，基部圆或稍呈心脏形，两面均疏生柔毛或背部无毛。总状花序2～4，呈指状排列，长2～8cm；小穗长1.8～2.3mm；小穗柄无毛，顶端呈圆盘状；第一颖微小透明膜质；第二颖与第一颖等长或较短，与第一外稃均有柔毛并且一部分是棒状毛，具5脉，脉间及边缘亦具棒状柔毛；第二外稃黑褐色，边缘膜质，覆盖内稃。谷粒黑褐色。花期7—8月，果期8—9月。

生　境　生于河畔、田边及荒野湿地等处，常聚集成片生长。

分　布　黑龙江嫩江、哈尔滨市区、阿城、杜尔伯特、密山等地。吉林省各地。辽宁宽甸、抚顺、清原、沈阳、鞍山、锦州、葫芦岛、建平、彰武等地。内蒙古额尔古纳、牙克石、鄂伦春旗、莫力达瓦旗、科尔沁右翼前旗、扎鲁特旗、科尔沁右翼中旗、扎赉特旗、克什克腾旗、翁牛特旗、东乌珠穆沁旗、西乌珠穆沁旗等地。全国绝大部分地区。欧亚及北美洲温带地区。

采　制　夏、秋季采收全草，除去杂质，切段，洗净，晒干。

性味功效　味甘，性寒。有凉血、止血、收敛的功效。

用　量　适量。

▲ 止血马唐植株

▲ 止血马唐花序

◎ 参考文献 ◎

［1］中国药材公司. 中国中药资源志要 [M]. 北京：科学出版社，1994:1442.

［2］江纪武. 药用植物辞典 [M]. 天津：天津科学技术出版社，2005:264.

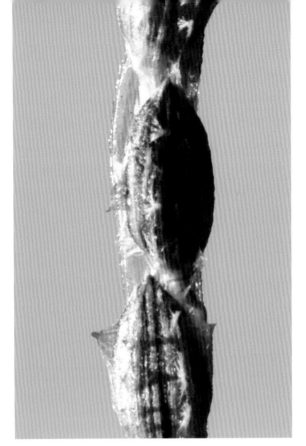

▲马唐果穗

马唐 *Digitaria sanguinalis*（L.）Scop.

▲马唐花序

俗　　名	大抓根草　鸡爪子草

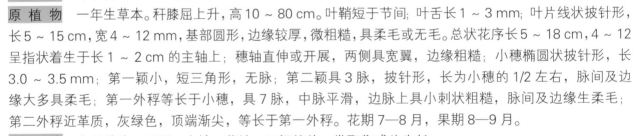

药用部位　禾本科马唐的全草。

原 植 物　一年生草本。秆膝屈上升，高 10 ~ 80 cm。叶鞘短于节间；叶舌长 1 ~ 3 mm；叶片线状披针形，长 5 ~ 15 cm，宽 4 ~ 12 mm，基部圆形，边缘较厚，微粗糙，具柔毛或无毛。总状花序长 5 ~ 18 cm，4 ~ 12 呈指状着生于长 1 ~ 2 cm 的主轴上；穗轴直伸或开展，两侧具宽翼，边缘粗糙；小穗椭圆状披针形，长 3.0 ~ 3.5 mm；第一颖小，短三角形，无脉；第二颖具 3 脉，披针形，长为小穗的 1/2 左右，脉间及边缘大多具柔毛；第一外稃等长于小穗，具 7 脉，中脉平滑，边脉上具小刺状粗糙，脉间及边缘生柔毛；第二外稃近革质，灰绿色，顶端渐尖，等长于第一外稃。花期 7—8 月，果期 8—9 月。

生　　境　生于路边、田野、山坡、荒地、田间等处，常聚集成片生长。

分　　布　黑龙江哈尔滨市区、尚志、五常、肇东、密山等地。吉林省各地。辽宁铁岭、西丰、沈阳、庄河、大连市区、营口、彰武等地。内蒙古额尔古纳、牙克石、鄂伦春旗、莫力达瓦旗、科尔沁右翼前旗、扎鲁特旗、科尔沁右翼中旗、扎赉特旗、克什克腾旗、翁牛特旗、东乌珠穆沁旗、西乌珠穆沁旗等地。全国绝大部分地区。世界温带和热带地区。

采　　制　夏、秋季采收全草，除去杂质，切段，洗净，晒干。

性味功效　味甘，性寒。有主调中、明耳目的功效。

用　　量　适量。

◎参考文献◎

［1］江苏新医学院.中药大辞典（上册）[M].上海：上海科学技术出版社，1977:285.

［2］朱有昌.东北药用植物 [M].哈尔滨：黑龙江科学技术出版社，1989:86-87.

［3］中国药材公司.中国中药资源志要 [M].北京：科学出版社，1994:1442.

▲马唐植株

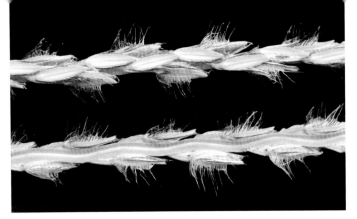

▲毛马唐果穗

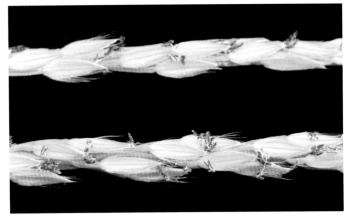

▲升马唐花序

升马唐 *Digitaria ciliaris*（Retz.）Koel.

别　　名	毛马唐 俭草
俗　　名	抓根草 鸡爪子草
药用部位	禾本科升马唐的全草。
原 植 物	一年生。秆基部倾卧，着土后节

▲毛马唐植株

易生根，高 30 ~ 100 cm。叶鞘多短于其节间，常具柔毛；叶舌膜质，长 1 ~ 2 mm；叶片线状披针形，长 5 ~ 20 cm，宽 3 ~ 10 mm。总状花序 4 ~ 10，长 5 ~ 12 cm，呈指状排列于秆顶；中肋白色，两侧之绿色翼缘具细刺状粗糙；小穗披针形，长 3.0 ~ 3.5 mm，孪生于穗轴一侧；小穗柄三棱形，粗糙；第一颖小，三角形；第二颖披针形，长约为小穗的 2/3，具 3 脉，脉间及边缘生柔毛；第一外稃等长于小穗，具 7 脉，中脉两侧的脉间较宽而无毛，间脉与边脉间具柔毛及疣基刚毛，成熟后，两种毛均平展张开；第二外稃淡绿色，等长于小穗。花期 7—8 月，果期 8—9 月。

生　　境	生于路旁、荒野、荒坡等处。
分　　布	黑龙江尚志。吉林东丰、梅河口、通榆、镇赉、长岭等地。辽宁抚顺、西丰、开原、沈阳、庄河、海城、大连市区、营口、凌源等地。内蒙古科尔沁左翼后旗、科尔沁左翼中旗等地。河北、河南、江苏、安徽、山西、陕西、四川、甘肃。世界温带和热带地区。
采　　制	夏、秋季采收全草，除去杂质，切段，洗净，晒干。
性味功效	有止血的功效。
用　　量	适量。
附　　注	本区尚有 1 变种：

毛马唐 var. *chrysoblephara*（Figari & De Notaris）R. R. Stewart，第二颖被丝状长柔毛。其他与原种同。

◎参考文献◎

[1] 江纪武. 药用植物辞典 [M]. 天津：天津科学技术出版社，2005:264.

▲ 稗植株

稗属 *Echinochloa* Beauv.

稗 *Echinochloa crusgalli*（L.）Beauv.

别　　名 稗 稗子 野稗

俗　　名 水稗 水稗草

药用部位 禾本科稗的全草、根、苗叶及种仁。

原 植 物 一年生草本。秆高 50 ～ 150 cm，基部倾斜或膝屈。叶鞘疏松裹秆；叶舌缺；叶片扁平，线形，长 10 ～ 40 cm，宽 5 ～ 20 mm，边缘粗糙。圆锥花序直立，长 6 ～ 20 cm；主轴具棱，分枝斜上举或贴向主轴；穗轴粗糙或生疣基长刺毛；小穗卵形，长 3 ～ 4 mm，脉上密被疣基刺毛，密集在穗轴的一侧；第一颖三角形，具 3 ～ 5 脉，脉上具疣基毛；第二颖与小穗等长，先端渐尖或具小尖头，具 5 脉；第一小花通常中性，其外稃草质，上部具 7 脉，脉上具疣基刺毛，顶端延伸成一粗壮的芒，芒长 0.5 ～ 3.0 cm，内稃薄膜质，具 2 脊；第二外稃椭圆形，光亮，成熟后变硬，边缘内卷。花期 7—8 月，果期 8—9 月。

生　　境 生于沼泽地、沟边及水稻田中，常聚集成片生长。

分　　布 东北地区广泛分布。全国绝大部分地区。全世界温带地区。

▲ 稗果实

▼ 稗颖果

稗花序

▲ 稗群落

采　制　夏、秋季采收全草和采挖根。春季采收苗叶。秋季采摘果穗，获取种仁，晒干药用。

性味功效　全草：味微苦，性微温。有止血生肌的功效。根、苗叶及种仁：有补中益气、宣脾、止血生肌的功效。

▲ 稗幼株

主治用法　全草：用于金疮、损伤出血、麻疹等。水煎服。根、苗叶及种仁：用于跌打损伤、金疮、外伤出血、伤损流血不止。水煎服。

用　量　全草：30～50 g。根、苗叶及种仁：30～50 g。

◎参考文献◎

［1］江苏新医学院.中药大辞典（下册）[M].上海：上海科学技术出版社，1977:2494.

［2］中国药材公司.中国中药资源志要[M].北京：科学出版社，1994:1443.

［3］江纪武.药用植物辞典[M].天津：天津科学技术出版社，2005:282.

▲长芒稗群落

长芒稗 *Echinochloa caudata* Roshev.

▲长芒稗花序

别　　名	长芒稗　稗子
俗　　名	水稗　水稗草
药用部位	禾本科稗的全草、根、苗叶及种仁。

原 植 物　一年生草本。秆高 1～2 m。叶鞘无毛或常有疣基毛；叶舌缺；叶片线形，长 10～40 cm，宽 1～2 cm，边缘增厚而粗糙。圆锥花序稍下垂，长 10～25 cm，宽 1.5～4.0 cm；主轴粗糙，具棱；分枝密集，小穗卵状椭圆形，常带紫色，长 3～4 mm，脉上具硬刺毛，第一颖三角形，长为小穗的 1/3～2/5，具 3 脉；第二颖与小穗等长，顶端具长 0.1～0.2 mm 的芒，具 5 脉；第一外稃草质，顶端具长 1.5～5.0 cm 的芒，具 5 脉，脉上疏生刺毛，内稃膜质，先端具细毛，边缘具细睫毛；第二外稃革质，光亮，边缘包着同质的内稃；鳞被 2，楔形，折叠，具 5 脉；雄蕊 3；花柱基分离。花期 7—8 月，果期 8—9 月。

▲长芒稗植株（后期）

生　　　境　　生于沼泽地、沟边及水稻田中，常聚集成片生长。

分　　　布　　黑龙江佳木斯、哈尔滨市区、阿城、依兰、密山等地。吉林珲春。辽宁沈阳、彰武等地。内蒙古海拉尔。河北、山西、新疆、安徽、江苏、浙江、江西、湖南、四川、贵州、云南等。朝鲜、俄罗斯、日本。

附　　　注　　其采制、性味功效、主治用法及用量同稗。

◎参考文献◎

［1］江苏新医学院. 中药大辞典（下册）[M]. 上海：上海科学技术出版社，1977:2494.

［2］江纪武. 药用植物辞典 [M]. 天津：天津科学技术出版社，2005:282.

▲ 野黍果实

▲ 野黍花序

▲ 野黍植株

野黍属 *Eriochloa* Kunth.

野黍 *Eriochloa villosa*（Thunb.）Kunth.

别　　名　拉拉草　唤猪草

药用部位　禾本科野黍的全草。

原 植 物　一年生草本。秆稍倾斜，高30～100 cm。叶鞘松弛包茎，节具髭毛；叶舌具纤毛；叶片扁平，长5～25 cm，宽5～15 mm，表面具微毛，背面光滑，边缘粗糙。圆锥花序狭长，长7～15 cm，由4～8枚总状花序组成；总状花序长1.5～4.0 cm，密生柔毛，常排列于主轴之一侧；小穗卵状椭圆形，长4.5～6.0 mm；基盘长约0.6 mm；小穗柄极短，密生长柔毛；第一颖微小，短于或长于基盘；第二颖与第一外稃皆为膜质，等长于小穗，均被细毛，前者具5～7脉，后者具5脉；第二外稃革质，稍短于小穗，先端钝，具细点状皱纹；鳞被2，折叠，具7脉；雄蕊3；花柱分离。花期8—9月，果期9—10月。

生　　境　生于山坡、田野、路旁及潮湿地等处。

分　　布　黑龙江哈尔滨市区、阿城、呼兰、肇东、齐齐哈尔等地。吉林省各地。辽宁桓仁、西丰、开原、大连、彰武等地。内蒙古莫力达瓦旗、扎兰屯、科尔沁左翼后旗等地。全国各地（除西北外）。朝鲜、俄罗斯（西伯利亚）、蒙古、日本、印度。

采　　制　夏、秋季采收全草，除去杂质，切段，洗净，晒干。

主治用法　用于火眼、结膜炎、视力模糊等。水煎服。

用　　量　适量。

◎参考文献◎

［1］中国药材公司. 中国中药资源志要[M]. 北京：科学出版社，1994:1445.

［2］江纪武. 药用植物辞典[M]. 天津：天津科学技术出版社，2005:302.

求米草属 *Oplismenus* Beauv.

求米草 *Oplismenus undulatifolius*（Arduino）Beauv.

别　　名　缩箬

药用部位　禾本科求米草的全草。

原 植 物　多年生草本。秆基部平卧地面，上升部分高 20 ~ 50 cm。叶鞘密被疣基毛；叶舌膜质，短小，长约 1 mm；叶片扁平，披针形至卵状披针形，长 2 ~ 8 cm，宽 5 ~ 18 mm，基部通常具细毛。圆锥花序长 2 ~ 10 cm，主轴密被疣基长刺柔毛；分枝短缩，有时下部的分枝延伸长达 2 cm；小穗卵圆形，被硬刺毛，长 3 ~ 4 mm；颖草质，第一颖长约为小穗之半，顶端具长 0.5 ~ 1.5 cm 硬直芒，具 3 ~ 5 脉；第二颖较长于第一颖，顶端芒长 2 ~ 5 mm，具 5 脉；第一外稃草质，具 7 ~ 9 脉，第一内稃通常缺；第二外稃革质，长约 3 mm，边缘包着同质的内稃；鳞被 2；雄蕊 3；花柱基分离。花期 8—9 月，果期 9—10 月。

生　　境　生于林缘、灌丛及疏林下阴湿处。

分　　布　吉林集安。辽宁宽甸、桓仁、庄河、辽中等地。全国南北各省区。世界温带和亚热带地区。

▲ 求米草花序

▲ 求米草植株

▲ 求米草花

采　　制	夏季割取全草，切段，晒干。
用　　量	适量。
性味功效	味淡，性凉。有凉血止血的功效。
主治用法	用于跌打损伤。水煎服。外用捣烂敷患处。
用　　量	20～30 g。

◎参考文献◎

[1] 钱信忠.中国本草彩色图鉴(第三卷)[M].北京：
　　人民卫生出版社，2003:70-71.

[2] 中国药材公司.中国中药资源志要[M].北京：
　　科学出版社，1994:1450.

狼尾草属 *Pennisetum* Rich.

狼尾草 *Pennisetum alopecuroides*（L.）Spreng.

别　　名　狼尾巴草　小芒草
俗　　名　油草
药用部位　禾本科狼尾草的全草、根及根状茎。
原 植 物　多年生草本。须根较粗壮。秆丛生，高 30～120 cm，在花序下密生柔毛。叶鞘光滑，两侧压扁，主脉呈脊；叶舌具长约 2.5 mm 纤毛；叶片线形，长 10～80 cm，宽 3～8 mm，基部生疣毛。圆锥花序直立，长 5～25 cm，宽 1.5～3.5 cm；主轴密生柔毛，总梗长 2～5 mm，刚毛粗糙；小穗通常单生，线状披针形，长 5～8 mm；第一颖微小或缺，膜质；第二颖卵状披针形，先端短尖，具 3～5 脉，长约为小穗的 1/3～2/3；第一小花中性，第一外稃与小穗等长，具 7～11 脉；第二外稃与小穗等长，具 5～7 脉，边缘包着同质的内稃；鳞被 2，楔形；雄蕊 3；花柱基部联合。花期 8—9 月，果期 9—10 月。
生　　境　生于田岸、荒地、道旁及小山坡上等处，常聚集成片生长。
分　　布　黑龙江尚志、大庆等地。吉林集安。辽宁长海、大连市区、营口、葫芦岛市区、绥中等地。全国各地（除西北和内蒙古外）。朝鲜、日本、印度、缅甸、巴基斯坦、越南、菲律宾、马来西亚。大洋洲、非洲。
采　　制　春、秋季采挖根及根状茎，除去杂质，洗净，晒干。夏季割取全草，切段，晒干。
性味功效　全草：味甘，性平。有明目、散血的功效。根及根状茎：味甘，性平。有清肺止咳、解毒的功效。
主治用法　全草：用于目赤肿痛。水煎服。根及根状茎：用于肺热咳嗽、疮毒等。水煎服。
用　　量　全草：15～25 g。根及根状茎：50～100 g。

◎参考文献◎

［1］江苏新医学院. 中药大辞典（下册）[M]. 上海：上海科学技术出版社，1977:1901-1903.
［2］中国药材公司. 中国中药资源志要 [M]. 北京：科学出版社，1994:1451.

▲ 狼尾草花序

▲ 狼尾草果穗

▲ 狼尾草花

▲ 狼尾草植株

▲ 白草居群

▼ 白草花序

白草 *Pennisetum flaccidum* Grisebach

药用部位 禾本科白草的种子、根及根状茎。

原植物 多年生草本。具横走根状茎。秆直立，单生或丛生，高 20 ～ 90 cm。叶鞘疏松包茎，基部者密集近跨生，上部短于节间；叶舌短，具长 1 ～ 2 mm 的纤毛；叶片狭线形，长 10 ～ 25 cm，宽 5 ～ 10 mm。圆锥花序紧密，直立或稍弯曲，长 5 ～ 15 cm，宽约 10 mm；主轴具棱角，无毛或罕疏生短毛，残留在主轴上的总梗长 0.5 ～ 1.0 mm；刚毛柔软，细弱，微粗糙，长 8 ～ 15 mm，灰绿色或紫色；小穗通常单生，卵状披针形，长 3 ～ 8 mm；第一颖微小，先端钝圆、锐尖或齿裂，脉不明显；第二颖长为小穗的 1/3 ～ 3/4，先端芒尖，具 1 ～ 3 脉；第一小花雄性，罕或中性，第一外稃与小穗等长，厚膜质，先端芒尖，具 3 ～ 7 脉，第一内稃透明，膜质或退化；第二小花两性，第二外稃具 5 脉，先端芒尖，与其内稃同为纸质；鳞被 2，楔形，先端微凹；雄蕊 3，花药顶端无毫毛；花柱近基部联合。颖果长圆形。花期 7—8 月，果期 9—10 月。

生 境 生于山坡、草地等处。

分 布 黑龙江尚志、大庆等地。吉林通榆、双辽等地。辽宁阜新、凌源、彰武等地。内蒙古陈巴尔虎旗、科尔沁右翼前旗、科尔沁右翼中旗、克什克腾旗、正蓝旗、宁城等地。河北、山西、陕西、甘肃、青海、四川、云南、

▼白草植株

西藏。俄罗斯、蒙古、日本、印度。亚洲（中部和西部）。

采　制　　春、秋季采挖根及根状茎，除去杂质，洗净，晒干。秋季采摘果穗，晒干，搓碎获取种子，晒干药用。

性味功效　　有清热解毒、凉血、利尿、滋补的功效。

主治用法　　用于胃热烦渴、呕吐、鼻衄、水肿、癃闭、肺热咳嗽、黄疸、高血压、急性肾炎尿血。水煎服。

用　量　　适量。

◎参考文献◎

［1］中国药材公司 . 中国中药资源志要 [M]. 北京：科学出版社，1994:1451−1452.

▲ 狗尾草群落

狗尾草属 *Setaria* Beauv.

狗尾草 *Setaria viridis*（L.）Beauv.

俗　　名	谷莠子　毛狗草　野谷子　猫尾巴草　毛莠莠
药用部位	禾本科狗尾草的全草。

原植物　一年生草本。高大植株具支持根。秆高 10 ～ 100 cm。叶鞘松弛；叶舌极短，叶片扁平，长三角状狭披针形或线状披针形，长 4 ～ 30 cm，宽 2 ～ 18 mm。圆锥花序紧密呈圆柱状，主轴被较长柔毛，长 2 ～ 15 cm，宽 4 ～ 13 mm，刚毛长 4 ～ 12 mm；小穗 2 ～ 5 簇生于主轴上或更多的小穗着生在短小枝上，椭圆形，先端钝，长 2.0 ～ 2.5 mm，铅绿色；第一颖卵形、宽卵形，具 3 脉；第二颖几与小穗等长，椭圆形，具 5 ～ 7 脉；第一外稃与小穗等长，具 5 ～ 7 脉，先端钝，其内稃短小狭窄；第二外稃椭圆形，顶端钝，具细点状皱纹，边缘内卷；鳞被楔形，顶端微凹；花柱基分离。花期 8—9 月，果期 9—10 月。

生　　境　生于路边、田野、住宅附近，常聚集成片生长。

分　　布　东北地区广泛分布。全国绝大部分地区。原产欧亚大陆的温带和暖温带地区，现广布于全世界的温带和亚热带地区。

▲ 狗尾草花序

▲ 狗尾草植株

▲ 狗尾草颖果

▲ 狗尾草果穗（前期）

▼ 狗尾草果穗（后期）

采 制 夏、秋季采收全草，除去杂质，切段，洗净，晒干。

性味功效 味淡，性凉。有清热解毒、祛风明目、除热祛湿、消肿、杀虫的功效。

主治用法 用于痈疮肿毒、黄水疮、癣疥流汁、瘙痒、恶血、小便不利、目赤多泪、老年眼目不明、头昏胀痛、黄发、黄疸型肝炎、淋巴结结核等。水煎服。外用捣烂敷患处或水洗。

用 量 10～20 g（鲜品50～100 g）。外用适量。

附 方

（1）治颈淋巴结结核（已溃破者）：狗尾草数千克，将全草洗净，放锅内加水至浸没草为度，煮沸约1 h后，用二三层纱布过滤，取其滤液再熬成膏（呈黑褐色）。将膏涂纱布上贴患处，隔日换1次。

（2）治多年眼目不明：狗尾草研末，蒸羊肝服。

（3）治羊毛癍（羊毛痧）：以狗尾草煎汤内服，外用银针挑破红瘰，用麻线挤出瘰中白丝如羊毛状者，否则胀死。

（4）治视力减退、灼痛畏光：狗尾草100 g，冰糖50 g，水煎，每日服2次。

◎参考文献◎

［1］江苏新医学院.中药大辞典（上册）[M].上海：上海科学技术出版社，1977:1425-1426.

［2］朱有昌.东北药用植物[M].哈尔滨：黑龙江科学技术出版社，1989:98-99.

［3］中国药材公司.中国中药资源志要[M].北京：科学出版社，1994:1457.

▲ 金色狗尾草果穗（后期）

▼ 金色狗尾草花序

金色狗尾草 *Setaria pumila* （Poir.）Roem. & Schult.

俗　　名　　毛狗草　毛毛狗　大头莠子

药用部位　　禾本科金色狗尾草的全草。

原植物　　一年生草本，单生或丛生。秆直立或基部倾斜膝屈，近地面节可生根，高 20 ~ 90 cm。叶鞘下部扁压具脊，边缘光滑无纤毛；叶舌具一圈纤毛，叶片线状披针形，长 5 ~ 40 cm，宽 2 ~ 10 mm。圆锥花序紧密呈圆柱状或狭圆锥状，长 3 ~ 17 cm，宽 4 ~ 8 mm，刚毛金黄色或稍带褐色，粗糙，通常在一簇中仅具一个发育的小穗，第一颖宽卵形或卵形，具 3 脉；第二颖宽卵形，具 5 ~ 7脉，第一小花雄性或中性，第一外稃与小穗等长或微短，具 5 脉，其内稃膜质，等长且等宽于第二小花，具 2 脉；第二小花两性，外稃革质，等长于第一外稃，具明显的横皱纹；鳞被楔形。花期 8—9 月，果期 9—10 月。

生　　境　　生于荒野、田间、路旁、山坡等处，常聚集成片生长。

分　　布　　东北地区广泛分布。全国绝大部分地区。世界温带、暖温带及亚热带的广大地区。

采　　制　　夏、秋季采收全草，除去杂质，切段，洗净，晒干。

性味功效　　味淡，性凉。有除热、明目、止泻的功效。

主治用法　　用于目赤肿痛、眼睑炎、赤白痢疾。水煎服。

用　　量　　适量。

◎ 参考文献 ◎

［1］中国药材公司 . 中国中药资源志要 [M]. 北京：科学出版社，1994:1457.

▲ 金色狗尾草颖果

▲金色狗尾草群落

▲金色狗尾草果穗（前期）

▲金色狗尾草植株

▲ 大狗尾草群落

大狗尾草 *Setaria faberii* Herrm.

别　　名	法氏狗尾草
俗　　名	狗尾巴 谷莠子
药用部位	禾本科大狗尾草的全草、根及果穗。

▲ 大狗尾草花序

原植物　一年生草本。通常具支柱根。秆粗壮而高大、直立或基部膝屈，高 50 ～ 120 cm，直径达 6 mm。叶鞘松弛；叶舌具密集的长 1 ～ 2 mm 的纤毛；叶片线状披针形，长 10 ～ 40 cm，宽 5 ～ 20 mm，先端渐尖细长，基部钝圆或渐窄狭几呈柄状，边缘具细锯齿。圆锥花序紧缩呈圆柱状，长 5 ～ 24 cm，宽 6 ～ 13 mm（芒除外），通常垂头，主轴具较密长柔毛，花序基部通常不间断，偶有间断；小穗椭圆形，长约 3 mm，顶端尖，下托以 1 ～ 3 枚较粗而直的刚毛，刚毛通常绿色，少具浅褐紫色，粗糙，长 5 ～ 15 mm；第一颖长为小穗的 1/3 ～ 1/2，宽卵形，顶端尖，具 3 脉；第二颖长为小穗的 3/4 或稍短于小穗，少数长为小穗的 1/2，顶端尖，具 5 ～ 7 脉，第一外稃与小穗等长，具 5 脉，其内稃膜质，披针形，长为其 1/3 ～ 1/2，第二外稃与第一外稃等长，具细横皱纹，顶端尖；鳞被楔形；花柱基部分离；颖果椭圆形，顶端尖。花期 7—8 月，果期 8—9 月。

生　　境　生于山坡、路旁、田园及荒野等处。

分　　布　黑龙江黑河市区、嫩江、尚志、密山等地。吉林集安、辉南、梅河口、永吉等地。辽宁宽甸、桓仁、大连等地。浙江、安徽、台湾、江西、湖北、湖南、广西、四川、贵州。朝鲜、日本。

采　　制　夏、秋季采收全草，除去杂质，切段，洗净，晒干。

性味功效　味甘，性平。有清热消疳、杀虫止痒的功效。

▲ 大狗尾草植株

▲ 大狗尾草果穗

主治用法　用于小儿疳积、风疹、热淋、龋齿牙痛。水煎服。

用　　量　9～15g。

附　　方

（1）治小儿疳积：大狗尾草15～35g，猪肝100g。水炖，服汤食肝。

（2）治风疹：大狗尾草穗35g。水煎，甜酒少许兑服。

（3）治牙痛：大狗尾草根50g。水煎去渣，加入鸡蛋2个煮熟，服汤食蛋。

◎参考文献◎

［1］江苏新医学院.中药大辞典（上册）[M].上海：上海科学技术出版社，1977:151-152.

［2］钱信忠.中国本草彩色图鉴（第一卷）[M].北京：人民卫生出版社，2003:137-138.

［3］中国药材公司.中国中药资源志要[M].北京：科学出版社，1994:1457.

▲内蒙古毕拉河国家级自然保护区霍日高鲁湿地秋季景观

▲ 菖蒲群落

▼ 菖蒲果实

▼ 菖蒲根状茎

天南星科 Araceae

本科共收录 5 属、8 种、3 变型。

菖蒲属 *Acorus* L.

菖蒲 *Acorus calamus* L.

| 别　　名 | 臭蒲 泥菖蒲 石菖蒲 白菖蒲 水菖蒲 |
| 俗　　名 | 臭草 臭蒲子 |

药用部位　天南星科菖蒲的根状茎。

原植物　多年生草本。根状茎横走，稍扁，具毛发状须根。叶基生，基部两侧膜质叶鞘宽 4～5 mm，向上渐狭，至叶长 1/3 处渐行消失、脱落；叶片剑状线形，长 90～100 cm，中部宽 1～3 cm，基部宽、对褶，中部以上渐狭，草质，绿色，光亮；中肋在两面均明显隆起，侧脉 3～5 对，平行，纤弱，大都延伸至叶尖。花序柄三棱形，长 15～50 cm；叶状佛焰苞剑状线形，长 30～40 cm；肉穗花序斜向上或近直立，狭锥状圆柱形，长 4.5～8.0 cm，直径 6～12 mm；花黄绿色，花被片长约 2.5 mm，宽约 1 mm；花丝长 2.5 mm，宽约 1 mm；子房长圆柱形，长 3 mm，粗 1.25 mm。浆果长圆形，红色。花期 6—7 月，果期 8—9 月。

生　　境　生于沼泽地、水甸子或湖边浅水中，常聚集成片生长。

分　　布　黑龙江伊春市区、铁力、勃利、尚志、五常、海林、林口、宁安、东宁、绥芬河、穆棱、木兰、延寿、密山、虎林、饶河、宝清、桦南、汤原、方正等地。吉林省各地。辽宁丹东市区、凤城、宽甸、本溪、桓仁、抚顺、新宾、清原、铁岭、开原、昌图、法库、康平、新民、沈阳市区、岫岩、庄河、瓦房店、大连市区、营口、盘锦、辽阳、辽中等地。内蒙古额尔古纳、陈巴尔虎旗、牙克石、鄂伦春旗、鄂温克旗、新巴尔虎左旗、新巴尔虎右旗、科尔沁右翼前旗、扎赉特旗、科尔沁右翼中旗、扎鲁特旗、突泉、科尔沁左翼后旗、科尔沁左翼中旗、奈曼旗、克什克腾旗、巴林左旗、巴林右旗、喀喇沁旗、翁牛特旗、阿鲁科尔沁旗、宁城、东乌珠穆沁旗、西乌珠穆沁旗、正蓝旗、正镶白旗、太仆寺旗、多伦、镶黄旗等地。全国绝大部分地区。广布于南北两半球的温带及亚热带地区。

采　　制　春、秋季采挖根状茎，剪掉须根，除去杂质，洗净，晒干。

性味功效　味苦、辛，性温。有化痰、开窍、健脾、利湿的功效。

主治用法　用于癫痫、神志不清、惊悸健忘、慢性支气管炎、化脓性角膜炎、食欲不振、风湿疼痛、腹胀腹痛、痈肿疥疮及泄泻痢疾等。水煎服或研粉，每服 0.5 ~ 1.0 g，每日 3 次。外用适量敷患处。阴虚阳亢、汗多精滑者慎服。

用　　量　5 ~ 10 g。外用适量。

▲ 菖蒲植株

▼ 菖蒲种子

▼ 菖蒲花

▲菖蒲幼株

▲菖蒲花序

附　方

（1）治痢疾：菖蒲切片晒干，研粉装胶囊，每粒重0.3 g，每日3次，每次3粒，温开水送服，小儿酌减。

（2）治慢性气管炎：菖蒲胶囊（每粒装菖蒲根粉0.3 g），每次2粒，每日2～3次，连服10 d为一个疗程。

（3）治化脓性角膜炎：菖蒲干根100 g，加水300 ml，文火煎至100 ml，过滤去渣，调pH值呈中性，高压灭菌即得。点眼：每日3次，每次2～3滴。又方：眼浴，每日1次，每次10 min。

（4）治健忘、惊悸、神志不清：菖蒲、远志、茯苓各15 g，龟板25 g，龙骨15 g，共研细末，每次7.5 g，每日3次。

（5）治腹胀、消化不良：菖蒲、莱菔子（炒）、神曲各15 g，香附20 g，水煎服。

（6）治痈肿初起：菖蒲50 g，独活、白芷、赤芍各25 g，紫荆皮15 g，研细末，取适量药末同葱心捣成糊状，敷患处。

（7）治头痛、小儿疳积：鲜菖蒲根状茎2个，加2羹匙饭，捣碎外敷前额两侧。如不掺饭则引起发疱（丹东市区、本溪、岫岩一带民间方）。

附　注

（1）本品根状茎入药，称"藏菖蒲"，为《中华人民共和国药典》（2020年版）收录的药材。

（2）全株有毒，其中根状茎毒性最大，人若误食后会产生强烈的幻视。

◎参考文献◎

［1］朱有昌.东北药用植物 [M].哈尔滨：黑龙江科学技术出版社，1989:115-117.

［2］《全国中草药汇编》编写组.全国中草药汇编（上册）[M].北京：人民卫生出版社，1975:190-191.

［3］中国药材公司.中国中药资源志要 [M].北京：科学出版社，1994:1465.

天南星属 *Arisaema* Mart.

天南星 *Arisaema heterophyllum* Blume

别　名　异叶天南星

俗　名　天老星　大头参　山苞米　羹匙菜　羹匙草
驴屌带羹匙

药用部位　天南星科天南星的块茎。

原植物　多年生草本。块茎扁球形，直径 2～4 cm。
叶常单 1，叶柄下部 3/4 鞘筒状；叶片鸟足状分裂，
裂片 13～19，倒披针形。花序柄长 30～55 cm，从
叶柄鞘筒内抽出；佛焰苞管部圆柱形，长 3.2～8.0 cm，
粗 1.0～2.5 cm，粉绿色，内面绿白色；肉穗花
序两性和雄花序单性；两性花序：下部雌花序长
1.0～2.2 cm，上部雄花序长 1.5～3.2 cm。单性
雄花序长 3～5 cm，粗 3～5 mm，各种花序附
属器基部粗 5～11 mm，苍白色，向上细狭，长
10～20 cm，至佛焰苞喉部以外之字形上升；雌花球
形，花柱明显，柱头小，胚珠 3～4，直立于基底胎座上。
雄花具柄，花药 2～4，白色，顶孔横裂。花期 6—7 月，
果期 8—9 月。

生　境　生于林缘、山坡及灌丛中。

分　布　黑龙江尚志、五常、东宁、宁安等地。吉
林安图、集安、通化、辉南、蛟河、敦化等地。辽宁
宽甸、凤城、岫岩、丹东市区、大连市区、长海等地。
全国各地（除西北、西藏外）。朝鲜、俄罗斯（西伯
利亚中东部）、日本。

采　制　春、秋季采挖块茎，除去须根和外皮，洗净，
干燥，为生南星。经白矾水浸泡，再与姜共煮，切片晒干，
为制南星。将天南星磨粉，加入适当的牛胆汁在瓦盆
中，混成糊状（每 100 kg 天南星，用 1 000 只牛胆的
汁分 3 次加入），日晒夜露至干，再磨成粉，加入胆
汁拌匀至糊。如此反复直至胆汁全部吸干，色发黑，
无辣味为止。

性味功效　天南星：味苦、辛，性温。有毒。有燥湿化痰、
祛风止痉、散结消肿的功效。胆南星：味苦，性平。
有化痰熄风、定惊的功效。

主治用法　用于顽痰咳嗽、风疾眩晕、中风痰壅、口眼㖞斜、
半身不遂、癫痫、惊风、破伤风、痈肿、蛇虫咬伤等。
水煎服。外用生品适量，研末以醋或酒调敷患处。

用　量　制南星：4.0～7.5 g。胆南星：5～10 g。生南星有毒，宜慎用。外用适量。

▲ 天南星幼株

▲ 天南星块茎

▲天南星果实（前期）

▲天南星植株

▲天南星种子

附　方

（1）治小儿发热惊厥、痰涎壅盛：天南星
50 g，茯苓 25 g，全蝎 7.5 g，僵蚕 15 g，
天竺黄 17.5 g，共研细粉兑入牛黄 2 g，琥
珀、雄黄各 12.5 g，朱砂 7.5 g，麝香 1 g。
上药和匀炼蜜为丸，每丸重 2.5 g，朱砂为衣，
蜡皮封固。每服 1 丸，每日 2 次，温开水送
下。3 岁以下小儿酌情递减。

（2）治面部神经麻痹：鲜天南星、醋各适量，
磨醋取汁，于睡前搽患侧颊部，覆盖纱布，
次晨除去，每晚 1 次。慢性神经麻痹并有黄
花豨莶草 50 g，射干 15 g，水煎服。

（3）治破伤风：天南星、羌活、大黄、川乌、
清半夏、白芷、川芎、草乌、防风、蜈蚣、
全蝎、天麻、僵蚕、蝉蜕、甘草各 15 g，制
白附子 20 g，水煎成 600 ml，3 次分服，
每日 1 剂，另以琥珀 10 g，朱砂 5 g，研粉，

▲ 天南星花序

▲ 天南星幼苗

分3包，每次冲服1包。共服3～6剂。并肌注破
伤风抗毒素3万～6万IU。必要时使用少量镇静剂。
（4）治神经性皮炎：天南星适量，研粉加入煤油调
成糊状，涂搽患处，每日1～2次。

附　注　本品为《中华人民共和国药典》（2020
年版）收录的药材。

◎参考文献◎

［1］江苏新医学院.中药大辞典（上册）[M].上海：
上海科学技术出版社，1977:329-333.

［2］朱有昌.东北药用植物[M].哈尔滨：黑龙江科
学技术出版社，1989:119-120.

［3］《全国中草药汇编》编写组.全国中草药汇编(上
册）[M].北京：人民卫生出版社，1975:161-
164.

▲ 天南星果实（后期）

▲ 东北南星植株（有斑点）

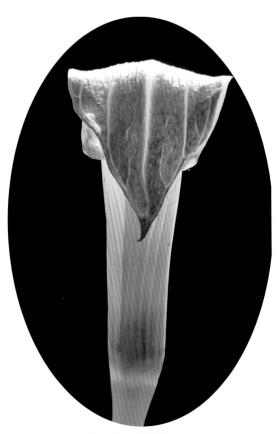

▲ 东北南星花序

东北南星 *Arisaema amurense* Maxim.

别　　名　东北天南星　天南星
俗　　名　天老星　大头参　山苞米　长虫草　大参　长虫苞米
驴屌菜　驴屌芹　山苞米疙瘩　虎掌　狼毒　羹匙菜　羹匙草　虎掌
药用部位　天南星科东北南星的块茎。
原 植 物　多年生草本。块茎小，近球形。叶 1，叶柄长 17 ～
30 cm；叶片鸟足状分裂，裂片 5，倒卵形或椭圆形，中裂片

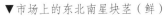

▼ 市场上的东北南星块茎（鲜）

具长 0.2 ~ 2.0 cm 的柄，长 7 ~ 11 cm，宽 4 ~ 7 cm，侧裂片具长 0.5 ~ 1.0 cm 共同的柄。花序柄短于叶柄，长 9 ~ 15 cm；佛焰苞长约 10 cm，管部漏斗状，白绿色，长 5 cm，上部粗 2 cm；檐部直立，卵状披针形，渐尖，长 5 ~ 6 cm，宽 3 ~ 4 cm，绿色或紫色具白色条纹；肉穗花序单性，雄花序长约 2 cm，上部渐狭，花疏；雌花序短圆锥形，长 1 cm，基部粗 5 mm；各附属器具短柄，棒状，长 2.5 ~ 3.5 cm；雄花具柄，花药 2 ~ 3；雌花：子房倒卵

▲ 东北南星种子

▲ 东北南星雌花序（去苞片）

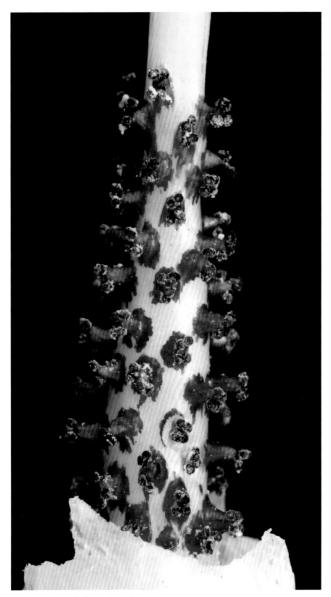

▲ 东北南星雄花序（去苞片）

▲ 东北南星果实

▼ 东北南星块茎

形，柱头大。花期6—7月，果期8—9月。

生　境　生于林间、林间空地、林缘、林下及沟谷等处。

分　布　黑龙江尚志、五常、东宁、宁安、穆棱、饶河、虎林、密山、宾县、阿城、勃利、桦川、方正、富锦、延寿、通河、林口、桦南等地。吉林长白山各地及伊通、九台等地。辽宁西丰、桓仁、本溪、丹东市区、凤城、岫岩、新宾、清原、抚顺、鞍山、营口、大连市区、北镇、绥中、义县、建平、喀左、凌源等地。内蒙古科尔沁左翼后旗。河北、河南、山东、山西、宁夏。朝鲜、俄罗斯（西伯利亚中东部）、日本。

采　制　春、秋季采挖块茎，除去须根和外皮，洗净，干燥，为生南星。经白矾水浸泡，再与姜共煮，切片晒干，为制南星。将天南星磨粉，加入适当的牛胆汁在瓦盆中，混成糊状（每100 kg

▲东北南星植株

▲齿叶东北南星植株

▼东北南星花序（侧）

天南星，用1 000只牛胆的汁分3次加入），日晒夜露至干，
再磨成粉，加入胆汁拌匀至糊。如此反复直至胆汁全部
吸干，色发黑，无辣味为止。

性味功效　味苦、辛，性温。有毒。有燥湿化痰、祛风定惊、
消肿散结的功效。

主治用法　用于面部神经麻痹、中风痰壅、口眼㖞斜、
半身不遂、癫痫、惊风、破伤风、喉痹、瘰疬、痈肿、
跌打损伤及毒蛇咬伤等。水煎服。生南星（刚挖出来，
没有进行炮制）有毒，应谨慎利用。

用　　量　制南星：4.0 ～ 7.5 g。胆南星：5 ～ 10 g。
生南星有毒，宜慎用。外用适量。

附　　方

（1）治腮腺炎：取生天南星研粉浸于食醋中，5 d后外
涂患处，每天3 ～ 4次。当天即可退热，症状减轻，平
均3 ～ 4 d肿胀逐渐消退。

（2）治慢性气管炎、支气管扩张、咳嗽、气喘、吐浓痰：
制南星10 g，制半夏、桑白皮、桔梗各15 g，水煎服。

（3）治痈肿初起、红肿痛（未溃）：生天南星适量，研末，
醋调，外敷患处，每日1 ～ 2次。

（4）治小儿疳积：鲜天南星球茎1个，捣碎，调拌一匙饭，
外敷太阳穴上或肚脐上，经半小时左右皮肤发红即取下，
否则皮肤引起发疱。同法外敷肚脐上又可治小儿抽风（辽
宁凤城、本溪民间方）。

（5）治暴中风、口眼㖞斜：天南星研为细末，生姜自然

▲ 东北南星幼苗　　　　▼ 紫苞东北南星植株

▲ 东北南星幼株

汁调摊纸上贴之，左贴右，右贴左，贴正后便洗去。

（6）治皮肤外伤出血：天南星干燥球茎（以大者为佳）研粉，适量外涂，翌日即愈（辽宁本溪、凤城民间方）。

附　注

（1）本品为《中华人民共和国药典》（2020 年版）收录的药材。

（2）在东北尚有 3 变型：

紫苞东北南星 f. *violaceum*〔Engler〕Kitag.，佛焰苞淡紫色、紫色或暗紫色，具白色脉纹。其他与原种同。

齿叶紫苞东北南星 f. *purpureum*（Engler）Kitag.，叶裂片边缘有不规则锯齿，佛焰苞淡紫色、紫色或暗紫色，具白色脉纹。其他与原种同。

▲齿叶紫苞东北南星植株（有斑点）

▼市场上的东北南星块茎（干）

齿叶东北南星 f. *serrata*（Nakai）Kitag.，叶裂片边缘有不规则锯齿，佛焰苞绿色。其他与原种同。

（3）全株有毒，块茎毒性最大。皮肤接触后有强烈刺激，初为瘙痒，后为麻木。人误食后会引起口喉发痒、灼辣、麻木、舌疼痛肿大、言语不清、味觉丧失、张口困难、唾液多、口腔黏膜糜烂以致坏死脱落。全身反应有头晕、心慌、四肢发麻、呼吸开始缓慢不均而后麻痹，严重者昏迷、窒息或惊厥，甚至最后麻痹死亡。有的还会引起智力发育障碍。

◎参考文献◎

［1］江苏新医学院.中药大辞典（上册）[M].上海：上海科学技术出版社，1977:329-333.

［2］朱有昌.东北药用植物 [M].哈尔滨：黑龙江科学技术出版社，1989:117-119.

［3］《全国中草药汇编》编写组.全国中草药汇编（上册）[M].北京：人民卫生出版社，1975:161-164.

▼齿叶东北南星植株（有斑点）

▲ 朝鲜南星植株（花期）

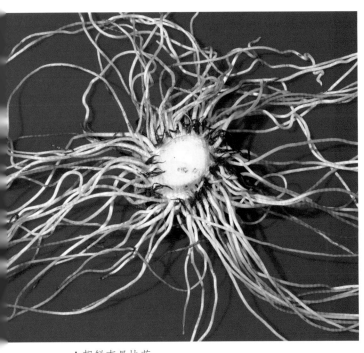

▲ 朝鲜南星块茎

▲ 市场上的朝鲜南星块茎

朝鲜南星 *Arisaema serratum* （Thunb.）Schott

别　　名　　朝鲜天南星　细齿南星

俗　　名　　天南星　天老星　大头参　山苞米　长虫苞米
羹匙菜　羹匙草　驴屌带羹匙

药用部位　　天南星科朝鲜南星的干燥块茎。

原 植 物　　多年生草本。块茎扁球形。叶 2，叶柄长
35 ~ 93 cm，除上部 6 ~ 9 cm 外鞘筒状；叶片鸟足
状分裂，裂片 5 ~ 14，长椭圆形或倒卵状长圆形，
中裂片具长 1 ~ 4 cm 的柄，侧裂片具短柄，向外渐
无柄；中裂片长 9 ~ 18 cm，宽 3.5 ~ 9.0 cm，向外
渐小。佛焰苞绿色，具白条纹，长 9 ~ 10 cm；檐部
长 5 ~ 6 cm；肉穗花序单性，雄花序长 1.0 ~ 1.5 cm，
花较密，雄蕊 2 ~ 3，无柄，药室圆球形，顶孔开裂
为圆形；附属器具长 4 ~ 5 mm 的柄，基部截形，粗
3 ~ 6 mm，长 3.5 ~ 4.0 cm，直立或略弯，先端钝
圆，粗 2 ~ 4 mm。果序柄长 40 ~ 90 cm，顶部增粗；
果序长圆锥形，长 5 ~ 7 cm，下部粗 3 ~ 4 cm。花
期 5—6 月，果期 9—10 月。

生　　境　　生于林下、林缘及灌丛中。

分　　布　　黑龙江尚志、五常、东宁、宁安、海林、延寿、

▲朝鲜南星果实

▲朝鲜南星幼株

方正、宾县、依兰、桦南、勃利、林口等地。吉林集安、
抚松、通化、桦甸、磐石、蛟河、永吉、舒兰、白山等地。
辽宁抚顺、本溪、清原、新宾、桓仁、宽甸、岫岩、凤城、
丹东市区、鞍山市区、盖州、庄河等地。河北、河南。朝鲜、

▲朝鲜南星种子

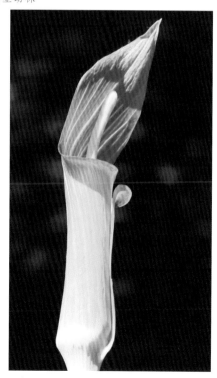

▲朝鲜南星花序

▲ 朝鲜南星雄花序 (去苞片)

▲ 朝鲜南星雌花序 (去苞片)

▲ 朝鲜南星花序 (侧)

俄罗斯（西伯利亚中东部）、日本。

采　制　春、秋季采挖块茎，除去须根和外皮，洗净，干燥，为生南星。经白矾水浸泡，再与姜共煮，切片晒干，为制南星。将天南星磨粉，加入适当的牛胆汁在瓦盆中，混成糊状（每100 kg 天南星，用 1 000 只牛胆的汁分 3 次加入），日晒夜露至干，再磨成粉，加入胆汁拌匀至糊。如此反复直至胆汁全部吸干，色发黑，无辣味为止。

性味功效　味苦、辛，性温。有毒。有祛风化痰、消肿止痛的功效。

主治用法　用于哮喘、咳嗽、中风麻痹、破伤风。水煎服或入丸、散。用于跌打损伤、皮肤疮痒、疥癣、毒蛇咬伤。研末撒或捣敷。本品有剧毒，忌内服。

用　量　制南星：4.0 ~ 7.5 g。胆南星：5 ~ 10 g。生南星有毒，宜慎用。外用适量。

附　注　全株有毒，块茎毒性最大。皮肤接触后有强烈刺激，初为瘙痒，后为麻木。人误食后会引起口喉发痒、灼辣、麻木、舌疼痛肿大、言语不清、味觉丧失、张口困难、唾液多、口腔黏膜糜烂以致

▲ 朝鲜南星植株（果期）

▲ 朝鲜南星幼苗

坏死脱落。全身反应有头晕、心慌、四肢发麻、呼吸开始缓慢不均而后麻痹，严重者昏迷、窒息或惊厥，甚至最后麻痹死亡。有的还会引起智力发育障碍。

◎参考文献◎

［1］江苏新医学院. 中药大辞典（上册）[M]. 上海：上海科学技术出版社，1977:329-333.

［2］朱有昌. 东北药用植物 [M]. 哈尔滨：黑龙江科学技术出版社，1989:120-121.

［3］钱信忠. 中国本草彩色图鉴（第五卷）[M]. 北京：人民卫生出版社，2003:35-36.

▲ 水芋群落　　　　　　　　▼ 水芋幼株

水芋属 Calla L.

水芋 *Calla palustris* L.

俗　　名　　水葫芦　水浮莲
药用部位　　天南星科水芋的干燥根状茎。
原 植 物　　多年生水生草本。根状茎匍匐，圆柱形，
粗壮，长可达 50 cm，粗 1 ~ 2 cm，节上具多
数细长的纤维状根；鳞叶披针形，长约 10 cm，
渐尖。成熟茎上叶柄圆柱形，长 12 ~ 24 cm，
稀更长，下部具鞘；鞘长 7 ~ 8 cm，上部 1/2 以
上与叶柄分离而呈鳞叶状；叶片长 6 ~ 14 cm，
宽几与长相等；I、II 级侧脉纤细，下部的平伸，

▼ 水芋花

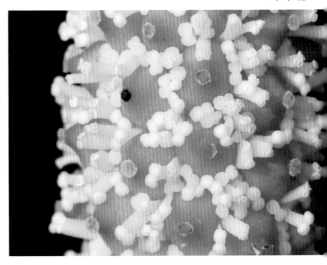

▲水芋植株

上部的上升，全部至近边缘向上弧曲，其间细脉微弱。佛焰苞外面绿色，内面白色，长 4 ~ 6 cm，稀更长，宽 3.0 ~ 3.5 cm，具长 1 cm 的尖头，果期宿存而不增大；肉穗花序长 1.5 ~ 3.0 cm。果序近球形，宽椭圆状，长 4.5 cm，粗 3 cm，具长 5 ~ 7 mm 的梗。花期 6—7 月，果期 8 月。

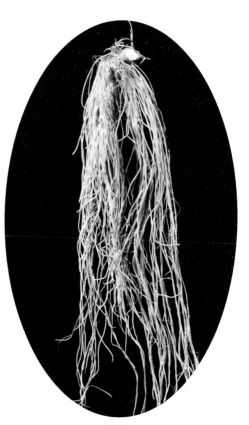

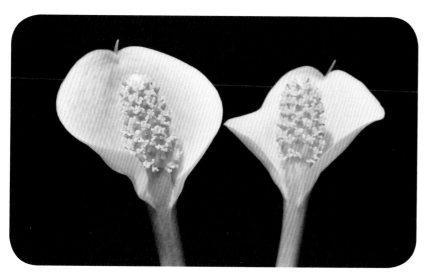

▲水芋花序

▲水芋根

▲ 水芋果实（后期）

生　　境　生于沼泽地、水甸子或湖边浅水中，常聚集成片生长。

分　　布　黑龙江黑河、阿城、尚志、密山、虎林、饶河、嘉荫等地。吉林通化、柳河、白山、抚松、临江、安图、敦化、汪清等地。辽宁清原、新宾、彰武等地。内蒙古额尔古纳、牙克石、鄂伦春旗、科尔沁左翼后旗等地。亚洲、欧洲、美洲的北温带和亚北极地区广泛分布。

采　　制　春、秋季采挖根状茎，除去须根和地上部分，洗净，鲜用或晒干。

性味功效　味苦，性寒。有毒。有解毒消肿、消炎、利水、镇痛的功效。

主治用法　用于水肿、风湿症、骨髓炎、毒蛇咬伤等。水煎服。外用鲜品捣烂敷患处。

用　　量　10 ~ 15 g。外用适量。

◎参考文献◎

［1］钱信忠. 中国本草彩色图鉴（第一卷）[M]. 北京：人民卫生出版社，2003:641-642.

［2］中国药材公司. 中国中药资源志要 [M]. 北京：科学出版社，1994:1497.

▲ 水芋果实（前期）

▲ 水芋花序（背）

▲半夏幼株

半夏属 *Pinellia* Tenore

半夏 *Pinellia ternata*（Thunb.）Breit.

别　名	羊眼半夏　三叶半夏
俗　名	裂刀菜　小天老星　死不要脸　小天南星　地老星
药用部位	天南星科半夏的干燥块茎。
原植物	多年生草本。块茎圆球形，直径 1 ~ 2 cm，具须根。叶 2 ~ 5，

有时 1；叶柄长 15 ~ 20 cm，基部具鞘，有珠芽；幼苗叶片为全缘单叶，长 2 ~ 3 cm，宽 2.0 ~ 2.5 cm；老株叶片三全裂，长圆状椭圆形或披针形，中裂片长 3 ~ 10 cm，宽 1 ~ 3 cm；侧裂片稍短；全缘或具不明显的浅波状圆齿，侧脉 8 ~ 10，细脉网状，密集，集合脉 2 圈。花序柄长 25 ~ 30 cm，长于叶柄；佛焰苞绿色或绿白色，管部狭圆柱形，长 1.5 ~ 2.0 cm；檐部长圆形，绿色，有时边缘青紫色，长 4 ~ 5 cm，宽 1.5 cm，钝或锐尖；肉穗花序：雌花序长 2 cm，雄花序长 5 ~ 7 mm；附属器绿色变青紫色，长 6 ~ 10 cm。花期 7—8 月，果期 8—9 月。

▲半夏雄花序（去苞片）

▲半夏幼苗

| 生　境 | 生于草坡、荒地、玉米地、田边或疏林下等处。 |
| 分　布 | 黑龙江尚志、五常、东宁等地。吉林珲春、安图、通化、长白等地。辽宁桓仁、丹东市区、宽甸、凤城、铁岭、鞍山市区、岫岩、海城、营口、庄河、大连市区、长海、彰武、绥中、兴城、凌源等地。全国各地（除黑龙江、内蒙古、 |

▼半夏珠芽

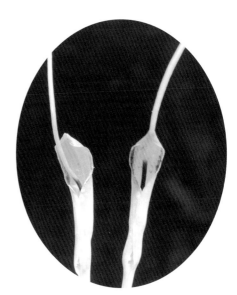

▲半夏花序

▲半夏果实

▲半夏植株

新疆、青海、西藏外）。朝鲜、日本。

采　制　春、秋季采挖块茎，洗净，除去外皮和须根，晒干，为生半夏。内服制用，由于炮制方法不同，有清半夏、姜半夏、法半夏之分，用时捣碎或切片。

性味功效　味辛，性温。有毒。有燥湿化痰、降逆止呕、消痞散结的功效。

主治用法　用于湿痰冷饮、呕逆、反胃、咳嗽痰多、胸膈胀满、痰厥头痛、头晕不眠、痈肿、鸡眼、中耳炎、顽固性失眠、急性乳腺炎、宫颈糜烂等。水煎服。没有炮制的生半夏有剧毒，忌服。阴虚燥咳，伤津口渴者忌服。不宜与川乌、草乌同用。妊娠后期宜慎服。误用或过量服用半夏中毒，可用生姜解之。

用　量　7.5 ~ 15.0 g。

附　方

（1）治神经性呕吐：半夏、茯苓、生姜各 15 g，反酸、胃灼热加黄连 5 g，吴茱萸 1.5 g，舌红苔少加麦门冬、枇杷叶各 15 g，水煎服。

（2）治咳嗽、呕吐：清半夏、陈皮、茯苓各 15 g，炙甘草 5 g。水煎服。

（3）治急性乳腺炎：生半夏 5 ~ 10 g，葱白 2 ~ 3 根。共捣烂，揉成团塞入患乳对侧鼻孔，每日 2 次，每次塞 0.5 h。多数治疗 2 ~ 3 次见效。

（4）治急、慢性化脓性中耳炎：生半夏 1 份，研成细粉，加白酒或体积分数 75% 酒精 3 份，浸泡 24 h，取上层清夜（下层粉末不用），将患耳洗净后滴入耳内数滴，每日 1 ~ 2 次。

（5）治外伤性出血：生半夏、乌贼骨各等量，研细末，撒患处。

▲半夏雌花序（去苞片）

（6）治蛇咬伤：鲜半夏、鸭食菜（苦麻菜）、香蒿尖各等量，混合捣碎成膏状，敷于患处。

（7）治胃神经官能症、恶心、呕吐及妊娠初期呕吐：制半夏 15 g，生姜 10 g。水煎服。

（8）治慢性气管炎、咳嗽、痰多：姜半夏、茯苓各 15 g，陈皮、生甘草各 10 g，水煎服。

（9）治神经衰弱、失眠、恶心、胃口不好：上方加竹茹 15 g，枳壳 10 g，水煎服。

（10）治风寒咳嗽：清半夏、贝母各等量，研成细末，每次 5 g，每日服 2 次。

（11）治疗鸡眼：半夏研末备用。用药前先洗净患处，消毒后用手术刀削去鸡眼的角化组织，呈一凹面，然后放入半夏末，外贴胶布，经 5 ~ 7 d 后，鸡眼坏死脱落，生出新生肉芽组织。再过数日即可痊愈。

附　注

（1）本品为《中华人民共和国药典》（2020 年版）收录的药材。

（2）半夏的全草有毒，尤其是地下的块茎毒性更强，人若生食 0.1 ~ 1.8 g 即可引起中毒。其中毒症状是口舌麻木肿胀、咽喉干燥、灼痛充血、流涎、呼吸迟缓、声音嘶哑、语言不清、吞咽困难、剧烈呕吐、腹痛腹泻、头痛发热、出汗、心悸、面色苍白、脉弱无力、呼吸不规则，严重者因全身抽搐、喉部痉挛、呼吸麻痹而死亡。

▼半夏块茎

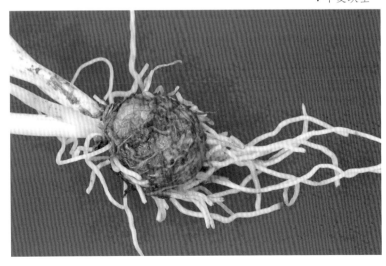

◎参考文献◎

［1］江苏新医学院.中药大辞典(上册)[M].上海：上海科学技术出版社，1977:775−779.

［2］朱有昌.东北药用植物[M].哈尔滨：黑龙江科学技术出版社，1989:121−123.

［3］《全国中草药汇编》编写组.全国中草药汇编（上册）[M].北京：人民卫生出版社，1975:229−230.

▲臭菘花序

▼市场上的臭菘植株

臭菘属 *Symplocarpus* Salisb.

臭菘 *Symplocarpus foetidus*（L.）Salisb.

别　　名　黑瞎子白菜

药用部位　天南星科臭菘的种子。

原 植 物　多年生草本。植株有蒜气味。一年抽基生叶，叶基生，叶柄长 10 ～ 20 cm，具长鞘；叶片宽大，长 20 ～ 40 cm，宽 15 ～ 35 cm，心状卵形，先端渐狭或钝圆。另一年出鳞叶和花序。花序柄外围鳞叶片长 10 ～ 40 cm；花序柄短，长 3 ～ 20 cm，直径 1 cm 左右。佛焰苞基部席卷，中部肿胀，半扩张成卵状球形，暗青紫色，外面带青紫色条纹，先端渐尖，弯曲呈喙状，长 10 ～ 15 cm，宽 4 ～ 5 cm；肉穗花序青紫色，圆球形，具短梗，梗长 0.5 ～ 1.0 cm；花两性，有臭味，花被片 4，向上呈拱状扩大，顶部凸尖；雄蕊 4，花药黄色，花丝扁平；子房伸长，下部陷于花序轴上，1 室，1 胚珠。花期 5—6 月，果期 7—8 月。

▲臭菘植株　　　　▼臭菘花序（无苞片）

生　　境　生于潮湿混交林下、林缘及高山草地上，常
聚集成片生长。

分　　布　黑龙江宝清、虎林等地。吉林和龙、汪清、
临江、通化、桦甸、蛟河等地。朝鲜、日本、俄罗斯（西
伯利亚及鄂霍次克）。北美洲。

▼臭菘根

▲臭菘幼株

▼臭菘花序（淡绿色）

▲臭菘花序（无苞片，淡绿色）

采　　制　　秋季采收成熟果实，晒干，打下种子，除去杂质，洗净，再晒干。

性味功效　有麻醉、镇痛、解痉、发汗、调经、祛痰、镇静、催涎、止血的功效。

用　　量　适量。

◎参考文献◎

[1]中国药材公司.中国中药资源志要[M].北京：科学出版社，1994:1480.

▲日本臭菘花序

▼日本臭菘花序（去掉苞片）

日本臭菘 *Symplocarpus nipponicus* Makino

俗　　名　黑瞎子白菜

药用部位　天南星科日本臭菘的全草。

原植物　多年生草本。根状茎密生多数粗而长的绳索状根。叶数枚基生，具长柄，叶柄长 10 ~ 20 cm，常于两侧对折如鞘状，在叶柄基部外面通常被有一至数枚膜质鳞片叶；叶片长卵状心形或卵状椭圆至长圆形，长 10 ~ 20 cm，宽 7 ~ 13 cm，基部微心形或浅心形，先端钝或稍尖，全缘，

▲日本臭菘根

▲ 日本臭菘果实

▲ 日本臭菘植株

▲ 日本臭菘幼株

无毛。花序柄基生，长达8～12 cm，直立或斜立而顶端下弯，带暗紫色；佛焰苞内凹如兜，围抱花序，暗紫色；肉穗花序具短柄，花密生，花被片4，顶端内弯、合抱着4枚雄蕊和子房，开花后佛焰苞脱落。果序椭圆形，长2.0～3.5 cm，暗紫色。花期7—8月，果实于翌年春季成熟。

生　　境　生于潮湿的混交林下及山坡阴湿地上，常聚集成片生长。

分　　布　吉林临江、江源、抚松、靖宇、通化等地。朝鲜、日本。

采　　制　夏、秋季采收全草，除去杂质，切段，洗净，晒干。

性味功效　有强心、镇静的功效。

主治用法　用于失眠、风湿性心脏病。

用　　量　3～9 g。

◎参考文献◎

［1］中国药材公司.中国中药资源志要[M].北京：科学出版社，1994:1480.

▲黑龙江乌裕尔河国家级自然保护区湿地夏季景观

▲ 紫萍居群

浮萍科 Lemnaceae

本科共收录 2 属、2 种。

紫萍属 *Spirodela* Schleid.

紫萍 *Spirodela polyrhiza*（L.）Schleid.

别　　名	水萍　紫背浮萍
俗　　名	水萍草　多根萍
药用部位	浮萍科紫萍的全草（入药称"浮萍"）。
原植物	多年生细小草本，漂浮在水面。根 5 ~ 11 束生，纤细状，长 1.5 ~ 3.5 mm，白绿色。在根的着生处一侧生新芽，新芽与母体分离之前由一细弱的柄相连接。叶状体阔倒卵形，扁平，长 5 ~ 8 mm，宽 4 ~ 6 mm，表面绿色，掌状脉 5 ~ 11，背面（下面）紫色。一般 1 个或 2 ~ 5 个叶状体簇生。花单性，雌雄同株，生于叶状体边缘的缺刻内，佛焰苞袋状，内有 1 雌花和 2 雄花，雄花花药 2 室，花丝纤细；雌花子房 1 室，具 2 直立胚珠；花柱短。果实圆形，边缘有翅。花期 7—8 月，果期 8—9 月。
生　　境	生于池塘、沼泽、水田及静水池中，常聚集成片生长。
分　　布	东北地区广泛分布。全国绝大部分地区。世界温带和热带地区广泛分布。
采　　制	夏、秋季捞取全草，除去杂质，洗净，鲜用或晒干。
性味功效	味辛，性寒。有发汗透疹、祛风、行水、利尿、散湿、清热、解毒的功效。
主治用法	用于麻疹不出、风热瘾疹、皮肤瘙痒、感冒、水肿、小便不利、癃闭、疥癞、风湿脚气、丹毒

▲紫萍植株

烫伤、荨麻疹等。水煎服，捣汁或入丸、散。外用适量煎水熏洗，研末撒或调敷。

<u>用　　量</u>　5～15 g（鲜品 25～50 g）。外用适量。

<u>附　　方</u>

（1）治风热感冒：浮萍、防风各 15 g，牛蒡子、薄荷、紫苏叶各 10 g，水煎服。

（2）治水肿、小便不利：浮萍 15 g，泽泻、车前子各 20 g，水煎服。

（3）治急性肾炎：浮萍 100 g，黑豆 50 g，水煎服。

（4）治麻疹不透、瘾疹不出：浮萍 10 g，水煎代茶饮；或用紫萍 20 g，柽柳 15 g，水煎，日服 2 次；或用浮萍、牛蒡子、薄荷各 10 g，水煎服。亦可用浮萍适量，煎水，趁热洗全身，汗出疹即出。

（5）治皮肤风疹、遍身瘙痒：浮萍、牛蒡子各等量。以薄荷汤调下，每服 10 g，日服 2 次。或用浮萍 25 g，蝉蜕 15 g，茵陈蒿 15 g，水煎，日服 2 次。亦可用浮萍 10 g，黄芩、当归、生地、赤芍各 12 g，川芎 10 g，水煎服。

<u>附　　注</u>　本品为《中华人民共和国药典》（2020 年版）收录的药材。

◎参考文献◎

［1］江苏新医学院.中药大辞典（下册）[M].上海：上海科学技术出版社，1977:1949-1951.

［2］朱有昌.东北药用植物 [M].哈尔滨：黑龙江科学技术出版社，1989:126-127.

［3］《全国中草药汇编》编写组.全国中草药汇编（上册）[M].北京：人民卫生出版社，1975:643-644.

▲ 浮萍植株

浮萍属 *Lemna* L.

浮萍 *Lemna minor* L.

别　　名	萍 浮萍草 水萍
俗　　名	水萍草 青苔
药用部位	浮萍科浮萍的干燥全草。

原 植 物　漂浮植物。叶状体对称，表面绿色，背面浅黄色或绿白色或常为紫色，近圆形、倒卵形或倒卵状椭圆形，全缘，长 1.5 ~ 5.0 mm，宽 2 ~ 3 mm，上面稍凸起或沿中线隆起，脉 3，不明显，背面垂生丝状根 1 条，根白色，长 3 ~ 4 cm，根冠钝头，根鞘无翅；叶状体背面一侧具囊，新叶状体于囊内形成浮出，以极短的细柄与母体相连，随后脱落；雌花具弯生胚珠 1。果实无翅，近陀螺状；种子具凸出的胚乳并具 12 ~ 15 条纵肋。花期 7—8 月，果期 8—9 月。

生　　境　生于沼泽、河流浅水处、稻田及沟渠等处，常聚集成片生长。

分　　布　东北地区广泛分布。全国绝大部分地区。几遍全世界温带地区。

采　　制　夏、秋季捞取全草，除去杂质，洗净，鲜用或晒干。

性味功效　味辛，性寒。有宣散风热、发汗透疹、清热解毒的功效。

主治用法　用于麻疹不透、风疹瘙痒、水肿尿少、荨麻疹、小便不利、癃闭、疥癣、丹毒、烫伤等。煎服，外用煎水洗患处。

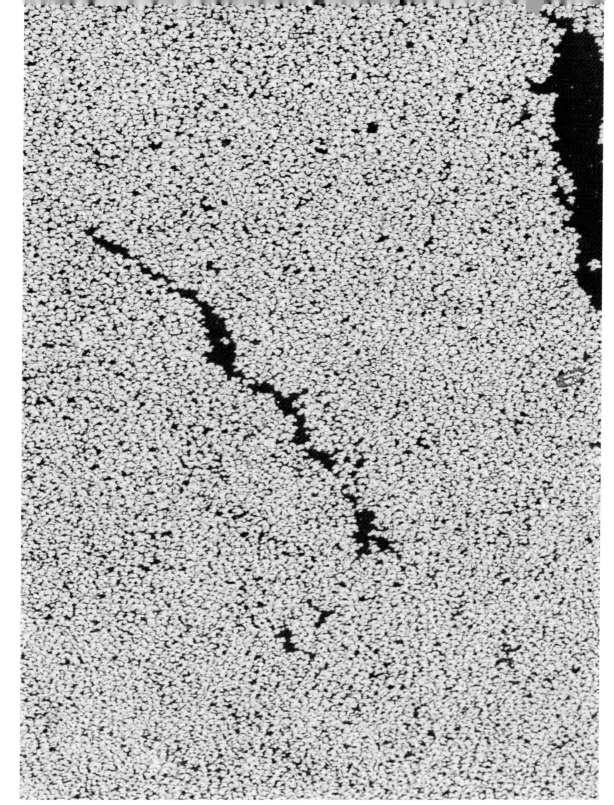

▲浮萍居群

用　　量　5 ~ 10 g（鲜品 25 ~ 50 g）。外用适量。

附　　方　同紫萍。

◎参考文献◎

［1］江苏新医学院. 中药大辞典（下册）[M]. 上海：上海科学技术出版社，1977:1949-1951.

［2］朱有昌. 东北药用植物 [M]. 哈尔滨：黑龙江科学技术出版社，1989:125-126.

［3］《全国中草药汇编》编写组. 全国中草药汇编（上册）[M]. 北京：人民卫生出版社，1975:643-644.

黑三棱科 Sparganiaceae

本科共收录 1 属、4 种。

黑三棱属 *Sparganium* L.

黑三棱 *Sparganium stoloniferum*（Graebn.）Buch. -Ham. ex Juz.

别　　名	京三棱　三棱　三棱草	
俗　　名	白三棱　老母猪哼哼	
药用部位	黑三棱科黑三棱的块茎。	
原植物	多年生水生或沼生草本。块茎膨大，根状茎粗壮。茎高 0.7 ~ 1.2 m，挺水。叶片长 20 ~ 45 cm，宽 6 ~ 10 mm，具中脉，上部扁平，下部背面呈龙骨状凸起，基部鞘状。圆锥花序开展，长 15 ~ 30 cm，具 3 ~ 7 个侧枝，每个侧枝上着生 7 ~ 11 个雄性头状花序和 1 ~ 2 个雌性头状花序，主轴顶端通常具 3 ~ 5 个雄性头状花序；花期雄性头状花序呈球形，直径约 10 mm；雄花花被片匙形，膜质，先端浅裂，早落，花丝长约 3 mm，丝状，弯曲，褐色，花药近倒圆锥形，长 1.0 ~ 1.2 mm，宽	

约0.5 mm；雌花花被长5～7 mm，宽1.0～1.5 mm，着生于子房基部，宿存，柱头长3～4 mm，子房无柄。花期7—8月，果期8—9月。

生 境 生于池塘、沼泽及潮湿的环境中。

分 布 黑龙江富裕、齐齐哈尔市区、依兰、萝北、集贤、哈尔滨市区、密山、虎林、望奎、拜泉、青冈、明水、兰西、肇东、肇源、肇州、呼兰、绥化、绥棱、海伦、林甸、依安、甘南、五大连池、饶河、抚远、同江、汤原、五常、尚志等地。吉林长白山各地及九台、长春、伊通、榆树、德惠、农安、公主岭、长岭、洮南、扶余、前郭、大安等地。辽宁丹东市区、宽甸、凤城、本溪、桓仁、抚顺、铁岭、开原、康平、沈阳市区、新民、辽阳、辽中、台安、盘山、盖州、大连、凌源、彰武等地。内蒙古额尔古纳、陈巴尔虎旗、牙克石、鄂伦春旗、鄂温克旗、新巴尔虎左旗、新巴尔虎右旗、科尔沁右翼前旗、扎赉特旗、科尔沁右翼中旗、扎鲁特旗、突泉、科尔沁左翼后旗、科尔沁左翼中旗、奈曼旗、克什克腾旗、巴林左旗、巴林右旗、喀喇沁旗、翁牛特旗、阿鲁科尔沁旗、宁城、东乌珠穆沁旗、西乌珠穆沁旗、正蓝旗、正镶白旗、太仆寺旗、多伦、镶黄旗等地。河北、江苏、江西、山西、陕西、湖北、甘肃、云南、新疆。朝鲜、俄罗斯、日本。亚洲（中部）。

采 制 春、秋季采挖块茎，剪去须根，除去泥土，洗净，削去外皮，切片，晒干。润透切片，生用或醋炒用。

性味功效 味苦、辛，性平。有破血行气、消积止痛的功效。

主治用法 用于气血凝滞、肋下胀痛、心腹疼痛、食积胀痛、腹部结块、肝脾肿大、经闭、产后瘀血腹痛、饮食积滞及跌打损伤等。水煎服。孕妇禁忌。

用 量 7.5～15.0 g，孕妇禁忌。

附 方

（1）治血瘀经闭、腹痛：黑三棱10 g，丹参25 g，红花、延胡索各15 g，赤芍、香附各20 g。水煎服。

（2）治肝脾肿大：黑三棱、红花各15 g，莪术10 g，赤芍、香附各20 g。水煎服。

（3）治血瘀闭经、小腹痛，触按更痛：黑三棱、当归各15 g，红花7.5 g，生地20 g，水煎服。又方：黑三棱、香附、红花各5 g，当归、山楂各15 g，水煎服。

▲黑三棱雄花序

▲黑三棱雌花序

▲黑三棱果穗

（4）治食积腹胀：黑三棱、莱菔子各 15 g，水煎服。

（5）治慢性肝炎或迁延性肝炎：黑三棱、莪术、当归各 15 g，赤芍 20 g，丹参 40 g，白茅根 50 g，青皮 15 g，水煎服。

附 注 本品为《中华人民共和国药典》（2020 年版）收录的药材。

◎参考文献◎

［1］江苏新医学院.中药大辞典（上册）[M].上海：上海科学技术出版社，1977:56-58.

［2］朱有昌.东北药用植物 [M].哈尔滨：黑龙江科学技术出版社，1989:65-67.

［3］《全国中草药汇编》编写组.全国中草药汇编（上册）[M].北京：人民卫生出版社，1975:32-33.

▲黑三棱果实

▲黑三棱根状茎

▲黑三棱植株

▲ 小黑三棱果穗

▲ 小黑三棱花序

小黑三棱 *Sparganium simplex* Huds.

别　名　单歧黑三棱
药用部位　黑三棱科小黑三棱的块茎。
原 植 物　多年生沼生或水生草本。块茎较小，近圆形。茎高 30 ～ 70 cm，通常较细弱。叶片直立，长 40 ～ 80 cm，挺水或浮水，先端渐尖，中下部背面呈龙骨状凸起。花序总状，长 10 ～ 20 cm；雄性头状花序 4 ～ 8 个，排列稀疏；雌性头状花序 3 ～ 4 个，互不相接，下部 1 ～ 2 个雌性头状花序具总花梗，生于叶状苞片腋内，有时总花梗下部多少贴生于主轴；雄花花被片长 2.0 ～ 2.5 mm，条形或匙形，先端浅裂，花药长 1.5 ～ 1.8 mm，宽约 0.4 mm，矩圆形，花丝长约 4 mm，褐色；雌花花被片匙形，长约 3.5 mm，膜质，先端浅裂，柱头长 1.5 ～ 1.8 mm，花柱长约 1 mm，子房纺锤形。花期 7—8 月，果期 8—9 月。

生　境　生于湖边、河沟、沼泽及积水湿地等处。
分　布　黑龙江呼玛、黑河、萝北、伊春、虎林、阿城等地。吉林长白山各地。辽宁丹东、本溪、北票等地。内蒙古额尔古纳、扎兰屯、科尔沁右翼前旗、东乌珠穆沁旗、西乌珠穆沁旗等地。甘肃、新疆。朝鲜、俄罗斯、日本。
附　注　其采制、性味功效、主治用法及用量同黑三棱。

◎参考文献◎

［1］中国药材公司.中国中药资源志要［M］.北京：科学出版社，1994:1480.

▲小黑三棱植株

▲短序黑三棱植株

短序黑三棱 *Sparganium glomeratum* Least. ex Beurl.

<table><tr><td>别　　名</td><td>密序黑三棱</td></tr></table>

药用部位 黑三棱科短序黑三棱的块茎。

原植物 多年生沼生或水生草本。块茎肥厚，近圆形。植株高20～50 cm，挺水。叶片通常长30～56 cm，超过茎，先端渐尖，中下部背面具龙骨状凸起，基部鞘状，边缘膜质。花序总状，长6～15 cm；雄性头状花序1～3个，与雌性头状花序相连接；雌性头状花序3～4个，下部1个雌性头状花序具总花梗，生于叶状苞片腋内，或总花梗下部贴生于主轴；雄花花被片长约1.5 mm，具齿裂，花药长约1 mm，矩圆形，花丝丝状；雌花花被片长2.0～2.5 mm，膜质，先端齿裂，或不整齐，着生于子房柄基部或稍上，柱头长约0.5 mm，单侧，花柱短粗，子房纺锤形，具柄，长约1 mm。花期7—8月，果期8—9月。

生　　境 生于湖边、河湾处、山间沼泽、水泡子等水域中。

分　　布 黑龙江黑河市区、孙吴、伊春、哈尔滨等地。吉林抚松、长白、安图等地。内蒙古牙克石、扎兰屯等地。云南、西藏等。朝鲜、俄罗斯、日本。欧洲。

附　　注 其采制、性味功效、主治用法及用量同黑三棱。

◎参考文献◎

[1]中国药材公司.中国中药资源志要[M].
　　北京：科学出版社，1994:1480.

▼短序黑三棱花序

▲短序黑三棱果穗

▲ 狭叶黑三棱雌花序

▲ 狭叶黑三棱植株

狭叶黑三棱 *Sparganium stenophyllum* Maxim. ex Meinsh.

药用部位 黑三棱科狭叶黑三棱的块茎。

原 植 物 多年生沼生或水生草本。块茎较小，长条形；根状茎较短，横走。茎细弱，高 20 ~ 36 cm，直立。叶片长 25 ~ 35 cm，宽 2 ~ 3 mm，先端钝圆，中下部背面呈龙骨状凸起，或三棱形，基部鞘状。花序圆锥状，长 7 ~ 15 cm，主轴上部着生 5 ~ 7 个雄性头状花序，中部具 2 ~ 3 个雌性头状花序，下部通常有 1 个侧枝，长 5 ~ 8 cm，着生 2 ~ 3 个雄性头状花序和 1 ~ 2 个雌性头状花序；雄花花被片长约 2 mm，匙形，先端浅裂，花药长约 1 mm，宽约 0.3 mm，矩圆形，花丝长约 2 mm，丝状；雌花花被片长约 2 mm，匙形，浅裂，柱头长约 1.5 mm，单侧，花柱短粗，子房纺锤形，通常无柄。花期 7—8 月，果期 8—9 月。

生 境 生于湖边、河沟、沼泽及积水湿地等处。

分 布 黑龙江富锦、萝北、密山、虎林、牡丹江等地。吉林抚松、长白、安图等地。辽宁彰武。河北。朝鲜、俄罗斯、日本。

性味功效 有破血、行气、消积、止痛的功效。

主治用法 用于症瘕积聚、气血凝滞、心腹疼痛、食积胀痛、腹部结块、肝脾肿大、扑损瘀血、跌打损伤、产后腹痛、经闭腹痛等。水煎服。孕妇禁忌。

用 量 3 ~ 10 g，孕妇禁忌。

◎参考文献◎

［1］中国药材公司.中国中药资源志要 [M].北京：科学出版社，1994:1480.

▲黑龙江挠力河国家级自然保护区千鸟湖湿地夏季景观

▲ 宽叶香蒲群落

▲ 宽叶香蒲果穗

香蒲科 Typhaceae

本科共收录 1 属、5 种。

香蒲属 *Typha* L.

宽叶香蒲 *Typha latifolia* L.

俗　　名　蒲草

药用部位　香蒲科宽叶香蒲的花粉（入药称"蒲黄"）、根状茎及全草。

原 植 物　多年生水生或沼生草本。根状茎乳黄色，先端白色。地上茎粗壮，高 1.0 ~ 2.5 m。叶条形，叶片长 45 ~ 95 cm，宽 0.5 ~ 1.5 cm，光滑无毛，下部横切面近新月形，呈海绵状；叶鞘抱茎。雌雄花序紧密相接；花期时雄花序长 3.5 ~ 12.0 cm，比雌花序粗壮，花序轴具灰白色弯曲柔毛，叶状苞片 1 ~ 3；雌花序长 5.0 ~ 22.6 cm，花后发育；雄花通常由 2 枚雄蕊组成，花药长约 3 mm，长矩圆形，花丝短于花药，基部合生成短柄；雌花无小苞片；孕性雌花柱头披针形，长 1.0 ~ 1.2 mm，花柱长 2.5 ~ 3.0 mm，子房披针形；不孕雌花子房倒圆锥形，子房柄较粗壮，不等长。花期6—7月，果期7—8月。

生　境　生于湖边、池塘边或河流、溪边等浅水中，常成单优势的大面积群落。

分　布　黑龙江呼玛、密山、虎林、嘉荫、阿城、哈尔滨市区、呼兰、肇东、龙江、泰来、依安、齐齐哈尔市区、五常、尚志、宁安、桦川、汤原、富锦、佳木斯市区、抚远、同江、通河、依兰、铁力、北安、五大连池等地。吉林汪清、珲春、安图、蛟河、抚松、长白、辉南、舒兰、九台、伊通、德惠、榆树、长春市区等地。辽宁桓仁、抚顺、清原、新宾、铁岭、西丰、开原、北票、沈阳市区、新民、辽中、盖州、海城、盘山、台安、营口市区、锦州、彰武、绥中等地。内蒙古牙克石、科尔沁右翼前旗等地。河北、河南、浙江、陕西、四川、甘肃、贵州、新疆、西藏等。朝鲜、俄罗斯、日本、巴基斯坦。欧洲、美洲、大洋洲。

采　制　花期采集花粉，除去杂质，晒干备用。春、秋季采挖根状茎，剪去须根，除去泥土，洗净。夏、秋季采收全草，洗净，切段，晒干。

性味功效　花粉：味甘、辛，性凉。有凉血止血、活血消瘀、通淋的功效。根状茎：味甘，性凉。有清热凉血、利水消肿的功效。全草：有燥润凉血的功效。

主治用法　花粉：用于吐血、咯血、崩漏、外伤出血、经闭痛经、脘腹刺痛、血淋涩痛、口舌生疮、疖肿、耳底流脓、耳中出血、阴下湿痒等。水煎服或入丸、散。外用研末撒或调敷。根状茎：用于孕妇劳热、胎动下血、口疮、热痢、白带异常、水肿、瘰疬等。水煎服。全草：用于小便不利、乳痈。水煎服。研末或烧灰入丸、散。外用捣烂敷患处。

用　量　花粉：7.5～15.0 g。外用适量。根状茎：5～15 g。全草：5～15 g。外用适量。

附　方

（1）治心腹诸痛、痛经、产后瘀血腹痛：蒲黄、五灵脂各等量，共研细末，每服5 g，每日2次，黄酒或米醋为引，送服。

（2）治功能性子宫出血：蒲黄炭15 g，熟地黄20 g，侧柏叶（炒黄）25 g，水煎服。或用蒲黄炭、莲房

▲宽叶香蒲幼株

▲宽叶香蒲根状茎

▲宽叶香蒲花粉

▲宽叶香蒲花序

▲宽叶香蒲果穗(裂开)

炭各25g，水煎服。

（3）治小便不利：蒲黄灰3g，滑石1g。研成细粉，每次饮服1g，日服3次。

（4）治吐血、咯血：蒲黄炭25g，汉三七10g，血余炭2.5g。共研细末，每次7.5g，日服2次。或用蒲黄50g，捣为散，每次15g，温酒或冷水调服。

（5）治膀胱热、尿血不止：蒲黄（微炒）100g，郁金（锉）150g，共研细末，每服1g，粟米饮调下，晚饭前空腹服。

（6）治坠伤扑损、瘀血在内、烦闷者：蒲黄末，空心温酒服15g。

（7）治脱肛：蒲黄100g，用猪脂调匀，外敷肛下，徐徐送回。

（8）治阴囊湿痒：蒲黄末外敷。

（9）治产后恶露不快、烦闷满急、昏迷不醒，或狂言妄语、气喘欲绝：干荷叶（炙）、牡丹皮、延胡索、生干地黄、甘草（炙）各1.5g，蒲黄（生）100g。共研成粗末，每服10g，水1盏，入蜜少许，同煎至七分，去渣温服，不拘时候。

（10）催生：蒲黄、地龙（洗去土，干新瓦上焙令微黄）、陈橘皮各等量。各研成末，如经日不产，各抄1g，新汲水调服。

附　注　全草入药，可治疗小便不利、乳痈。果穗入药，可治疗外伤出血。采收花粉筛选后剩下的花蕊、毛茸等杂质（入药称"蒲黄滓"）入药，炒用可治疗泻血、血痢等。

◎参考文献◎

［1］江苏新医学院.中药大辞典（下册）[M].上海：上海科学技术出版社，1977:1676-1677，2457-2459，2463.

［2］朱有昌.东北药用植物[M].哈尔滨：黑龙江科学技术出版社，1989:63-64.

［3］《全国中草药汇编》编写组.全国中草药汇编（上册）[M].北京：人民卫生出版社，1975:873-874.

▲ 宽叶香蒲植株

▲ 香蒲花序

▲ 香蒲果穗

▲ 香蒲果穗（开裂）

香蒲 *Typha orientalis* Presl.

别　　名	东方香蒲
俗　　名	蒲草

药用部位　香蒲科香蒲的花粉（称"蒲黄"）、根状茎及全草。

原植物　多年生水生或沼生草本。根状茎乳白色。地上茎粗壮，向上渐细，高 1.3 ~ 2.0 m。叶片条形，长 40 ~ 70 cm，宽 0.4 ~ 0.9 cm，横切面呈半圆形；叶鞘抱茎。雌雄花序紧密连接；雄花序长 2.7 ~ 9.2 cm，花序轴具白色弯曲柔毛，自基部向上具 1 ~ 3 枚叶状苞片，花后脱落；雌花序长 4.5 ~ 15.2 cm，基部具 1 枚叶状苞片，花后脱落；雄花通常由 3 枚雄蕊组成，花药 2 室，条形，花粉粒单体，花丝很短；孕性雌花柱头匙形，外弯，子房纺锤形，子房柄细弱，长约 2.5 mm；不孕雌花子房长约 1.2 mm，近于圆锥

▲ 香蒲幼株

▲ 香蒲植株

形。小坚果椭圆形至长椭圆形。种子褐色，微弯。花期6—7月，果期7—8月。

生　境　生于湖泊、池塘、沟渠、沼泽及河流缓流带等处，常成单优势的大面积群落。

分　布　黑龙江伊春、安达、依兰、饶河、哈尔滨市区、阿城、密山、虎林等地。吉林蛟河、安图、珲春等地。辽宁沈阳、东港、本溪、西丰、辽阳等地。内蒙古牙克石、科尔沁左翼后旗、科尔沁左翼中旗、东乌珠穆沁旗、西乌珠穆沁旗等地。河北、山西、河南、陕西、安徽、江苏、浙江、江西、广东、云南、台湾等。朝鲜、日本、俄罗斯、菲律宾。大洋洲。

附　注

（1）本品为《中华人民共和国药典》（2020年版）收录的药材。

（2）其采制、性味功效、主治用法、用量、附方同宽叶香蒲。

◎参考文献◎

［1］江苏新医学院.中药大辞典（下册）[M].上海：上海科学技术出版社，1977:1676-1677，2457-2459.

［2］《全国中草药汇编》编写组.全国中草药汇编（上册）[M].北京：人民卫生出版社，1975:873-874.

［3］中国药材公司.中国中药资源志要[M].北京：科学出版社，1994:1485.

▼ 水烛花序   ▲ 水烛居群

水烛 *Typha angustifolia* L.

别　　名　狭叶香蒲

俗　　名　蒲草　水蜡烛

药用部位　香蒲科水烛的花粉（称"蒲黄"）、根状茎及全草。

原 植 物　多年生水生或沼生草本。根状茎乳黄色，先端白色。地上茎粗壮，高 1.5 ～ 2.5 m。叶片长 54 ～ 120 cm，宽 0.4 ～ 0.9 cm；叶鞘抱茎。雌雄花序相距 2.5 ～ 6.9 cm；雄花序轴具褐色扁柔毛；叶状苞片 1 ～ 3，花后脱落；雌花序长 15 ～ 30 cm，基部具 1 枚叶状苞片；雄花由 3 枚雄蕊合生，花药长距圆形，花丝短；雌花具小苞片；孕性雌花柱头窄条形或披针形，长 1.3 ～ 1.8 mm，子房纺锤形；不孕雌花子房倒圆锥形，长 1.0 ～ 1.2 mm，具褐色斑点，先端黄褐色，不育柱头短尖；白色丝状毛着生于子房柄基部，并向上延伸，与小苞片近等长。小坚果长椭圆形，长约 1.5 mm。花期 7—8 月，果期 8—9 月。

生　　境　生于湖泊、河流、沼泽、沟渠及池塘浅水处，常成单优势的大面积群落。

分　　布　黑龙江伊春、哈尔滨等地。吉林双辽、通化、梅河口、辉南、柳河、汪清、珲春、敦化等地。辽宁宽甸、本溪、桓仁、抚顺、沈阳、台安、盘锦、彰武等地。内蒙古额尔古纳、牙克石、鄂伦春旗、科尔沁右翼前旗、扎鲁特旗、科尔沁右翼中旗、扎赉特旗、东乌珠穆沁旗、西乌珠穆沁旗等地。河北、河南、

▲水烛果穗

山东、江苏、台湾、湖北、陕西、甘肃、新疆、云南等。朝鲜、俄罗斯、日本、尼泊尔、印度、巴基斯坦。欧洲、美洲、大洋洲。

附　注

（1）本品为《中华人民共和国药典》（2020年版）收录的药材。

（2）其采制、性味功效、主治用法、用量、附方同宽叶香蒲。

◎参考文献◎

［1］江苏新医学院.中药大辞典（下册）[M].上海：上海科学技术出版社，1977:1676-1677，2457-2459.

［2］《全国中草药汇编》编写组.全国中草药汇编（上册）[M].北京：人民卫生出版社，1975:873-874.

［3］钱信忠.中国本草彩色图鉴（第三卷）[M].北京：人民卫生出版社，2003:533-534.

▲水烛花粉

▲水烛香蒲植株

▲ 小香蒲果穗

▲ 小香蒲植株

小香蒲 *Typha minima* Funk.

俗　　名　蒲草

药用部位　香蒲科小香蒲的花粉（称"蒲黄"）、根状茎及全草。

原 植 物　多年生沼生或水生草本。根状茎姜黄色或黄褐色。地上茎细弱，矮小，高 16 ~ 65 cm。叶通常基生，鞘状，长 15 ~ 40 cm，宽 1 ~ 2 mm，短于花葶，叶鞘边缘膜质，叶耳向上伸展，长 0.5 ~ 1.0 cm。雌雄花序远离，雄花序长 3 ~ 8 cm，花序轴无毛，基部具 1 枚叶状苞片，花后脱落；雌花序长 1.6 ~ 4.5 cm，叶状苞片明显宽于叶片；雄花无被，雄蕊通常 1 枚单生，花药长 1.5 mm；雌花具小苞片；孕性雌花柱头条形，子房长 0.8 ~ 1.0 mm，纺锤形，子房柄纤细；不孕雌花子房长 1.0 ~ 1.3 mm，倒圆锥形；白色丝状毛着生于子房柄基部，或向上延伸。小坚果椭圆形，纵裂，果皮膜质。花期 6—7 月，果期 7—8 月。

生　　境　生于池塘、水泡子、水沟边浅水处，亦常见于一些水体干枯后的湿地及低洼处，常聚集成片生长。

分　　布　黑龙江黑河市区、嫩江、泰来、杜尔伯特、大庆市区、肇东、肇州、肇源等地。吉林通榆、镇赉、洮南、前郭、大安、长岭、磐石等地。辽宁宽甸、桓仁、东港、彰武等地。内蒙古鄂伦春旗、莫力达瓦旗、阿荣旗、科尔沁左翼后旗、科尔沁左翼中旗等地。河北、河南、山东、山西、湖北、四川、陕西、甘肃、新疆等。俄罗斯、巴基斯坦。亚洲北部、欧洲。

附　　注　其采制、性味功效、主治用法、用量、附方同宽叶香蒲。

◎参考文献◎

［1］江苏新医学院.中药大辞典（下册）[M].上海：上海科学技术出版社，1977:1676-1677，2457-2459.

［2］《全国中草药汇编》编写组.全国中草药汇编（上册）[M].北京：人民卫生出版社，1975:873-874.

［3］钱信忠.中国本草彩色图鉴（第一卷）[M].北京：人民卫生出版社，2003:287-288.

▲长苞香蒲群落

▼长苞香蒲花序

长苞香蒲 *Typha angustata* Bory et Chaubard

别　　名	大苞香蒲　狭香蒲
俗　　名	蒲草
药用部位	香蒲科长苞香蒲的花粉（称"蒲黄"）、根状茎及全草。
原 植 物	多年生水生或沼生草本。根状茎粗壮，乳黄色，先端白色。

地上茎直立，高 0.7 ~ 2.5 m，粗壮。叶片长 40 ~ 150 cm，宽 0.3 ~ 0.8 cm；
叶鞘很长，抱茎。雌雄花序远离；雄花序长 7 ~ 30 cm，花序轴具弯曲柔毛，
叶状苞片 1 ~ 2，长约 32 cm，宽约 8 mm，与雄花先后脱落；雌花序位
于下部，长 4.7 ~ 23.0 cm，叶状苞片比叶宽，花后脱落；雄花通常由 3
枚雄蕊组成，花药长 1.2 ~ 1.5 mm，矩圆形；雌花具小苞片；孕性雌花
柱头长约 0.8 ~ 1.5 mm，宽条形至披针形，子房披针形，长约 1 mm；
不孕雌花子房长 1.0 ~ 1.5 mm，近于倒圆锥形，具褐色斑点，先端呈凹形，
不发育柱头陷于凹处；白色丝状毛极多数。小坚果纺锤形，长约 1.2 mm，
纵裂，果皮具褐色斑点。种子黄褐色，长约 1 mm。花期 7—8 月，果期 8—
9 月。

生　　境	生于湖泊、河流、沼泽、沟渠及池塘浅水处。
分　　布	黑龙江虎林、密山等地。吉林长白、抚松、安图等地。辽宁本溪、

西丰、铁岭、沈阳、盘锦、台安、彰武等地。内蒙古海拉尔。河北、河南、山东、江苏、江西、山西、陕西、贵州、云南、甘肃、新疆。朝鲜、俄罗斯、日本、印度。

附　　注　其采制、性味功效、主治用法、用量、附方同宽叶香蒲。

◎参考文献◎

［1］江苏新医学院.中药大辞典（下册）[M].上海：上海科学技术出版社，1977:1676-1677，2457-2459.

［2］《全国中草药汇编》编写组.全国中草药汇编（上册）[M].北京：人民卫生出版社，1986:873-874.

［3］中国药材公司.中国中药资源志要[M].北京：科学出版社，1994:1484-1485.

▲长苞香蒲植株

▲牛毛毡植株

莎草科 Cyperaceae

本科共收录 6 属、19 种。

荸荠属 *Eleocharis* R. Br.

牛毛毡 *Eleocharis yokoscensis*（Franch. et Savat.）Tang et Wang

别　　名	长刺牛毛毡
俗　　名	猪毛草
药用部位	莎草科牛毛毡的全草。
原 植 物	多年生草本。匍匐根状茎非常细。秆多数，细如毫发，密丛生，高 2 ~ 12 cm。叶鳞片状，具鞘，

鞘微红色，膜质，管状，高 5 ~ 15 mm。小穗卵形，顶端钝，长 3 mm，宽 2 mm，淡紫色，只有几朵花，所有鳞片全有花; 鳞片膜质，在下部的少数鳞片近二列，在基部的一片长圆形，顶端钝，背部淡绿色，有 3 脉，

▲牛毛毡花序

两侧微紫色，边缘无色，抱小穗基部一周，长 2 mm，宽 1 mm；其余鳞片卵形，顶端急尖，长 3.5 mm，宽 2.5 mm，背部微绿色，有一条脉，两侧紫色，边缘无色，全部膜质；下位刚毛 1 ~ 4，长为小坚果的 2 倍，有倒刺；柱头 3。花期 6—7 月，果期 8—9 月。

生　境　生于水田中、池塘边及湿黏土中等处。

分　布　黑龙江呼玛、虎林、黑河、富锦、哈尔滨等地。吉林长春、四平、珲春、通化等地。辽宁本溪、凤城、沈阳、长海等地。内蒙古海拉尔、额尔古纳、牙克石等地。全国绝大部分地区。朝鲜、日本、俄罗斯（西伯利亚中东部）、印度、缅甸、越南。

采　制　夏、秋季采收全草，晒干或鲜用。

性味功效　味辛，性温。有发表散寒、祛痰平喘的功效。

主治用法　用于感冒咳嗽、痰多气喘、咳嗽失音。水煎或研粉吞服。

用　量　12 ~ 30 g。研粉吞服 3 ~ 9 g。

◎参考文献◎

［1］《全国中草药汇编》编写组. 全国中草药汇编（上册）[M]. 北京：人民卫生出版社，1975:201.

［2］钱信忠. 中国本草彩色图鉴（第一卷）[M]. 北京：人民卫生出版社，2003:469-470.

［3］中国药材公司. 中国中药资源志要 [M]. 北京：科学出版社，1994:1942.

▲ 白毛羊胡子草群落

羊胡子草属 *Eriophorum* L.

白毛羊胡子草 *Eriophorum vaginatum* L.

别　　名　羊胡子草

药用部位　莎草科白毛羊胡子草的根。

原 植 物　多年生草本。秆密，常成大丛，圆柱状，靠近花序部分钝三角形，有时稍粗糙，高 43 ~ 80 cm，基部叶鞘褐色，稍分裂成纤维状。基生叶线形，三棱状，粗糙，渐向顶端渐狭，宽 1 mm；秆生叶 1 ~ 2，只有鞘而无叶片，鞘具小横脉，上部膨大，常黑色，膜质，长 3 ~ 6 cm。苞片呈鳞片状，薄膜质，灰黑色，边缘干膜质，卵形，顶端急尖，有 3 ~ 7 条脉；小穗单个顶生，具多数花，长 1 ~ 3 cm，花开后连刚毛呈倒卵球形；鳞片卵状披针形，上部渐狭，顶端急尖，薄膜质，灰黑色，边缘干膜质，灰白色，有 1 条脉，下部 10 多个鳞片内无花；下位刚毛极多数，白色，长 15 ~ 25 mm。花期 6 月，果期 7 月。

生　　境　生于湿润的旷野和水中。

分　　布　黑龙江呼玛、伊春、逊克等地。吉林靖宇、安图、和龙、敦化、汪清等地。内蒙古额尔古纳、根河、牙克石、阿尔山等地。朝鲜、俄罗斯（西伯利亚）、日本。欧洲。

采　　制　春、秋季采挖根，洗净，晒干。

▲白毛羊胡子草植株

性味功效 有清热解毒、收敛的功效。

主治用法 用于黄水疮。外用研末调敷。

用 量 适量。

◎参考文献◎

[1]严仲铠，李万林.中国长白山药用植物彩色图志［M］.北京：人民卫生出版社，1977:470.

[2]江纪武.药用植物辞典[M].天津：天津科学技术出版社，2005:302.

[3]中国药材公司.中国中药资源志要[M].北京：科学出版社，1994:1492.

▲白毛羊胡子草果实

藨草属 *Scirpus* L.

扁秆藨草 *Scirpus planiculmis* Fr. Schmidt

别　　名　紧穗三棱草

俗　　名　三棱草

药用部位　莎草科扁秆藨草的块茎（入药称"三棱草"）。

原 植 物　多年生草本。具匍匐根状茎和块茎。秆高 60 ~ 100 cm，一般较细，三棱形，靠近花序部分粗糙，基部膨大，具秆生叶。叶扁平，宽 2 ~ 5 mm，向顶部渐狭，具长叶鞘。叶状苞片 1 ~ 3，常长于花序，边缘粗糙；长侧枝聚伞花序短缩成头状，或有时具少数辐射枝，通常具小穗 1 ~ 6；小穗卵形或长圆状卵形，锈褐色，长 10 ~ 16 mm，宽 4 ~ 8 mm，具多数花；鳞片膜质，长圆形或椭圆形，长 6 ~ 8 mm，褐色或深褐色，背面具一条稍宽的中肋，顶端或多或少缺刻状撕裂，具芒；下位刚毛 4 ~ 6，上生倒刺；雄蕊 3，花药线形，药隔稍突出于花药顶端；花柱长，柱头 2。花期 6—7 月，果期 8—9 月。

生　　境　生于湿地、河岸、沟渠及稻田等处。

分　　布　黑龙江安达、哈尔滨等地。吉林双辽、白城、松原、四平、靖宇等地。辽宁铁岭、沈阳市区、新民、盖州、大连市区、葫芦岛、北镇等地。内蒙古海拉尔、新巴尔虎右旗、鄂温克旗、科尔沁右翼前旗、扎鲁特旗、科尔沁右翼中旗、扎赉特旗、科尔沁左翼中旗、克什克腾旗、东乌珠穆沁旗、西乌珠穆沁旗等地。河北、山西等。朝鲜、俄罗斯（西伯利亚）、蒙古、日本。

▲扁秆藨草植株

采　　制	秋季采挖块茎，除去茎叶，洗净，削去须根，晒干或烘干。
性味功效	味苦，性平。有止咳破血、通经、消积、止痛的功效。
主治用法	用于慢性气管炎、咳嗽、经闭、痛经、产后瘀阻腹痛、症瘕积聚、胸腹胁痛、消化不良等。水煎服。
用　　量	6 ~ 10 g。

◎参考文献◎

［1］钱信忠．中国本草彩色图鉴（第一卷）[M]．北京：人民卫生出版社，2003:47-48.

［2］中国药材公司．中国中药资源志要 [M]．北京：科学出版社，1994:1498.

华东藨草 *Scirpus karuizawensis* Makino

别　　名	鸭绿江藨草
俗　　名	三棱草
药用部位	莎草科华东藨草的全草。
原 植 物	多年生草本。根状茎短，无匍匐根状茎。秆粗壮，坚硬，高80～150 cm，呈不明显的三棱形，有5～7个节，具基

▲ 华东藨草花序

生叶和秆生叶，鞘常红棕色，叶坚硬，宽4～10 mm。叶状苞片1～4，较花序长；长侧枝聚伞花序2～4个或有时仅有1个，花序间相距较远，集合成圆锥状，顶生长侧枝聚伞花序有时复出，具多数辐射枝，侧生长侧枝聚伞花序简单，具5至少数辐射枝；辐射枝一般较短，少数长可达7 cm；小穗5～10个聚合成头状，长圆形或卵形，顶端钝，长5～9 mm，鳞片披针形或长圆状卵形，红棕色，背面具1条脉；下位刚毛6，下部卷曲；花柱中等长，柱头3。花期6—7月，果期8—9月。

生　　境　生于河旁、溪边近水附近及干枯的河底等处。

分　　布　吉林通化、集安、临江、和龙、安图等地。辽宁鞍山、盖州、瓦房店、大连市区等地。河南、江苏。朝鲜、日本。

采　　制　夏、秋季采收全草，切段，晒干或鲜用。

性味功效　有清热解毒、凉血利尿的功效。

用　　量　适量。

◎参考文献◎

[1]中国药材公司.中国中药资源志要[M].北京：科学出版社，1994:1498.

▲ 华东藨草植株

▲茸球藨草群落

茸球藨草 *Scirpus lushanensis* Ohwi

药用部位 莎草科茸球藨草的根及种子。

原 植 物 多年生草本。根状茎粗短。秆粗壮，高 100 ~ 150 cm，坚硬，钝三棱形，有 5 ~ 8 个节，节间长，具秆生叶和基生叶。叶短于秆，宽 5 ~ 15 mm，质稍坚硬；叶鞘长 3 ~ 10 cm，通常红棕色。叶状苞片 2 ~ 4，通常短于花序；多次复出长侧枝聚伞花序大型，具很多辐射枝；第一次辐射枝细长，长达 15 cm，舒展，各次辐射枝及小穗柄均很粗糙；小穗常单生，少 2 ~ 4 个成簇状着生于辐射枝顶端，长 3 ~ 6 mm，具多数密生的花；鳞片三角状卵形锈色，背部有 1 条淡绿色的脉；下位刚毛 6，下部卷曲，较小坚果长得多，上端疏生顺刺；花药线状长圆形；花柱中等长，柱头 3。花期 6—7 月，果期 8—9 月。

▲茸球藨草果穗

生 境 生于山路旁、阴湿草丛中、沼泽地、溪旁及山脚空旷处。

分 布 吉林珲春、安图、龙井等地。辽宁桓仁、丹东市区、凤城等地。山东、河南、江苏、浙江、安徽、江西、湖北、贵州、四川、云南。朝鲜、俄罗斯（西伯利亚中东部）、蒙古、日本、印度。

采 制 秋季采挖根，除去茎叶，洗净，晒干或烘干。秋季采摘果实，搓去果皮，获得种子，晒干。

性味功效 有活血化瘀、清热利尿、止血的功效。

用 量 适量。

▲茸球藨草花序

◎参考文献◎

［1］中国药材公司.中国中药资源志要 [M].北京：科学出版社，1994:1497.

▲茸球薹草植株

藨草 *Scirpus triqueter* L.

别　　名	三棱藨草
俗　　名	光棍草 光棍子 三棱草
药用部位	莎草科藨草的全草。

原 植 物　多年生草本。匍匐根状茎长，直径
1～5mm，干时呈红棕色。秆散生，粗壮，
高20～90cm，三棱形，基部具2～3个
鞘，鞘膜质，横脉明显隆起，最上一个鞘顶
端具叶片。叶片扁平，长1.3～5.5cm，宽
1.5～2.0mm。苞片1，为秆的延长，三棱形，
长1.5～7.0cm。简单长侧枝聚伞花序假侧生，
有1～8个辐射枝；辐射枝三棱形，长可达
5cm，每辐射枝顶端有1～8个簇生的小穗；
小穗卵形或长圆形，密生许多花；鳞片长圆形、
椭圆形或宽卵形，黄棕色，背面具1条中肋；
下位刚毛3～5，全长都生有倒刺；雄蕊3，
花药线形，药隔暗褐色；花柱短，柱头2，细
长。花期7—8月，果期8—9月。

生　　境　生于水沟、水塘、山溪边及沼泽
地等处。

分　　布　黑龙江阿城、哈尔滨市区等地。
吉林通化、集安、临江、抚松、和龙、珲春、
长春等地。辽宁东港、法库、沈阳市区、庄河、
盖州、大连市区、北镇、阜新、建平、彰武
等地。内蒙古科尔沁右翼前旗、扎鲁特旗、
科尔沁右翼中旗、扎赉特旗、科尔沁左翼中旗、
克什克腾旗、东乌珠穆沁旗、西乌珠穆沁旗等地。全国各地（除
广东、海南岛外）。朝鲜、日本、俄罗斯。亚洲（中部）、欧洲、
美洲。

采　　制　夏、秋季采收全草，切段，晒干或鲜用。

性味功效　味甘、涩，性平。有和胃理气的功效。

主治用法　用于食积气滞、呃逆饱胀、经前腹痛、风湿关节痛等。
水煎服。

用　　量　25～100g。

附　　注　孕妇及体虚无积滞者勿用。

◎参考文献◎

［1］钱信忠. 中国本草彩色图鉴（第五卷）[M]. 北京：人民卫
　　生出版社，2003:523-524.

［2］中国药材公司. 中国中药资源志要[M]. 北京：科学出版社，
　　1994:1497.

▲藨草植株

▲藨草花序

水葱 *Scirpus tabernaemontani* Gmel.

别　　名	水葱蔍草
俗　　名	席子草　冲天草　三白草　小放牛
药用部位	莎草科水葱的根状茎及全草。

原植物　多年生草本。匍匐根状茎粗壮，具许多须根。秆高大，圆柱状，高 1 ~ 2 m，平滑，基部具 3 ~ 4 个叶鞘，鞘长可达 38 cm，管状，膜质，最上面一个叶鞘具叶片。叶片线形，长 1.5 ~ 11.0 cm。苞片 1，为秆的延长，直立，钻状，常短于花序，极少数稍长于花序；长侧枝聚伞花序简单或复出，假侧生，具 4 ~ 13 或更多个辐射枝；辐射枝长可达 5 cm，一面凸，一面凹，边缘有锯齿；小穗单生或 2 ~ 3 个簇生于辐射枝顶端，具多数花；鳞片椭圆形或宽卵形，棕色或紫褐色，脉 1，边缘具缘毛；下位刚毛 6，红棕色，有倒刺；雄蕊 3，花药线形；花柱中等长，柱头 2。花期 7—8 月，果期 8—9 月。

生　　境　生于沼泽、湖边、池塘及浅水中，常成单优势的大面积群落。

分　　布　黑龙江呼玛、黑河市区、孙吴、伊春市区、铁力、勃利、尚志、五常、海林、林口、宁安、东宁、绥芬河、穆棱、木兰、

▲ 水葱花序

▲ 水葱居群

延寿、密山、虎林、饶河、宝清、同江、抚远、富裕、桦南、汤原、方正等地。吉林省各地。辽宁新宾、沈阳市区、大连、新民、彰武等地。内蒙古额尔古纳、鄂温克旗、陈巴尔虎旗、牙克石、鄂伦春旗、新巴尔虎左旗、新巴尔虎右旗、科尔沁右翼前旗、扎赉特旗、科尔沁右翼中旗、扎鲁特旗、突泉、科尔沁左翼后旗、科尔沁左翼中旗、奈曼旗、克什克腾旗、巴林左旗、巴林右旗、喀喇沁旗、翁牛特旗、阿鲁科尔沁旗、宁城、东乌珠穆沁旗、西乌珠穆沁旗、正蓝旗、正镶白旗、太仆寺旗、多伦、镶黄旗等地。河北、江苏、山西、陕西、四川、贵州、云南、甘肃、新疆。朝鲜、俄罗斯、日本。大洋洲、美洲。

▲ 水葱坚果

采　　制　秋季采挖块茎，除去茎叶，洗净，削去须根，晒干或烘干。秋季采挖全草，洗净根，全草切断，晒干。

性味功效　味淡，性平。有渗湿利尿的功效。

主治用法　用于水肿腹胀、小便不利等。水煎服。

用　　量　5 ~ 15 g。

附　　方　治小便不通：水葱、蟋蟀。煎水服。

▼ 水葱根及根状茎

◎参考文献◎

［1］江苏新医学院. 中药大辞典（上册）[M]. 上海：上海科学技术出版社，1977:517.

［2］朱有昌. 东北药用植物 [M]. 哈尔滨：黑龙江科学技术出版社，1989:112-113.

［3］钱信忠. 中国本草彩色图鉴（第一卷）[M]. 北京：人民卫生出版社，2003:647-648.

▲水葱群落

▲水葱植株

▲ 水毛花植株

▼ 水毛花花序（侧）

水毛花 *Scirpus triangulatus* Roxb.

别　　名　茫草　丝毛草　三棱观

俗　　名　三棱草

药用部位　莎草科水毛花的根及全草（入药称"蒲草根"）。

原 植 物　多年生草本。秆丛生，稍粗壮，高50～120 cm，锐三棱形，基部具2叶鞘，鞘棕色，长7～23 cm，顶端呈斜截形，无叶片。苞片1，为秆的延长，直立或稍展开，长2～9 cm；小穗2～20聚集成头状，假侧生，卵形、长圆状卵形、圆筒形或披针形，顶端钝圆或近于急尖，长8～16 mm，宽4～6 mm，具多数花；鳞片卵形或长圆状卵形，顶端急缩成短尖，近于革质，长4.0～4.5 mm，淡棕色，具红棕色短条纹，背面具1条脉；下位刚毛6，有倒刺，较小坚果长一半或与之等长或较小坚果稍短；雄蕊3，花药线形，长2 mm或更长些，药隔稍突出；花柱长，柱头3。花期7—8月，果期8—9月。

生　　境　生于河岸湿地、草甸及沼泽等处。

分　　布　黑龙江虎林、密山、萝北、尚志等地。吉林敦化、安图、和龙等地。全国各地（除新疆、西藏、辽宁、内蒙古外）。朝鲜、俄罗斯、日本及亚洲其他国家。欧洲。

▲水毛花花序

采　　制	秋季采挖根，洗净，晒干或烘干。夏、秋季采收全草，切段，晒干。
性味功效	味淡、微苦，性凉。有清热、利尿的功效。
主治用法	根：用于热证牙痛、淋病、白带异常等。水煎服。全草：用于外感风寒、发热咳嗽等。水煎服。
用　　量	50 ~ 10 g。

◎参考文献◎

［1］江苏新医学院. 中药大辞典（下册）[M]. 上海：上海科学技术出版社，1977:2462.

［2］钱信忠. 中国本草彩色图鉴（第五卷）[M]. 北京：人民卫生出版社，2003:269-270.

［3］中国药材公司. 中国中药资源志要 [M]. 北京：科学出版社，1994:1497.

萤蔺 *Scirpus juncoides* Roxb.

别　　名　细秆萤蔺

药用部位　莎草科萤蔺的全草
（入药称"野马蹄草"）。

原植物　多年生草本。丛
生，根状茎短，具许多须
根。秆稍坚挺，圆柱状，少
数近于有棱角，平滑，基部
具 2 ~ 3 个鞘；鞘的开口处
为斜截形，顶端急尖或圆形，
边缘为干膜质，无叶片。苞
片 1，为秆的延长，直立，长
3 ~ 15 cm；小穗 2 ~ 7 个聚
成头状，假侧生，卵形或长圆
状卵形，长 8 ~ 17 mm，宽
3.5 ~ 4.0 mm，棕色或淡棕色，
具多数花；鳞片宽卵形或卵形，
顶端骤缩成短尖，近于纸质，
长 3.5 ~ 4.0 mm，背面绿色，
具 1 条中肋，两侧棕色或具深
棕色条纹；下位刚毛 5 ~ 6，

▲ 萤蔺花序

长等于或短于小坚果，有倒刺；雄蕊 3，花药长圆形，药隔突出；花柱中等长，柱头 2，极少 3。小坚果
宽倒卵形或倒卵形，平凸状，长约 2 mm 或更长些，稍皱缩，但无明显的横皱纹，成熟时黑褐色，具光泽。
花期 8—9 月，果期 9—10 月。

生　　境　生于路旁、荒地潮湿处、水田边、池塘边、溪旁及沼泽中等处。

分　　布　黑龙江肇州、肇源等地。吉林大安、前郭等地。辽宁大连。全国各地（除内蒙古、甘肃、西藏外）。
朝鲜、俄罗斯、印度、缅甸、马来西亚。中南半岛、大洋洲、北美洲。

采　　制　秋季采挖全草，洗净根，全草切断，晒干。

性味功效　味甘、淡，性平。有清热解毒、凉血利水、清心火、止吐血的功效。

主治用法　用于麻疹痘毒、肺痨咳血、火盛牙痛、目赤肿痛、小便淋痛等。水煎服。

用　　量　60 ~ 120 g。

附　　方

（1）治麻疹热毒：野马蹄草 120 g，冰糖 60 g。煎汤当茶饮。

（2）治肺痨咳血：野马蹄草 60 g，冰糖 30 g。煎汤服。

◎参考文献◎

［1］江苏新医学院.中药大辞典（下册）[M].上海：上海科学技术出版社，1977:2151.

［2］钱信忠.中国本草彩色图鉴（第四卷）[M].北京：人民卫生出版社，2003:411-412.

［3］中国药材公司.中国中药资源志要 [M].北京：科学出版社，1994:1497.

▲萤蔺植株

莎草属 *Cyperus* L.

头状穗莎草 *Cyperus glomeratus* L.

别　　名	头穗莎草　莎草　聚穗莎草　水莎草
俗　　名	三棱草
药用部位	莎草科头状穗莎草的全草（入药称"三轮草"）。
原 植 物	一年生草本，具须根。秆散生，粗壮，高50～95 cm，钝三棱形，平滑，基部稍膨大，具少数叶。

叶短于秆，宽4～8 mm，边缘不粗糙；叶鞘长，红棕色。叶状苞片3～4，较花序长，边缘粗糙；复出长侧枝聚伞花序具3～8个辐射枝，辐射枝长短不等，最长达12 cm；穗状花序无总花梗，具极多数小穗；小穗多列，排列极密，线状披针形或线形，稍扁平，长5～10 mm，宽1.5～2.0 mm，具花8～16；小穗轴具白色透明的翅；鳞片排列疏松，背面无龙骨状突起，边缘内卷；雄蕊3，花药短，长圆形，暗血红色，药隔突出于花药顶端；花柱长，柱头3，较短。花期6—7月，果期8—9月。

生　　境	生于水边沙土上及路旁阴湿的草丛中。
分　　布	黑龙江漠河、呼玛、五大连池、哈尔滨市区、阿城、五常、尚志、双城、海林、宁安、东宁、

牡丹江市区、虎林、鸡西、林口、密山、安达、杜尔伯特、林甸、延寿、肇源、勃利、桦川、富锦等地。吉林延吉、龙井、珲春、辉南、东丰、磐石、桦甸、舒兰、九台、农安、扶余、梨树、乾安、前郭、长岭、大安等地。辽宁丹东市区、东港、本溪、桓仁、抚顺、新宾、铁岭、西丰、开原、沈阳市区、大连、新民、辽中、台安、营口、盘山、葫芦岛、凌源、彰武等地。内蒙古牙克石、扎兰屯、科尔沁右翼前旗、扎鲁特旗、

▲头状穗莎草果穗

科尔沁右翼中旗、扎赉特旗、克什克腾旗等地。山东、河北、河南、山西、陕西、甘肃等。朝鲜、俄罗斯。欧洲中部、地中海区域、亚洲中部和东部温带地区也有分布。

采　　制　秋季采挖全草，洗净根，全草切断，晒干。

性味功效　味苦，性平。有止咳化痰的功效。

主治用法　用于咳嗽气喘、慢性气管炎。水煎服。

用　　量　15 ~ 30 g。

附　　方　治慢性气管炎：头状穗莎草100 g，大青叶50 g。水煎服。又方：取全草进行粗提，制成片剂，每片0.3 g，相当于原生药10 g。每次3 ~ 4片，日服3次，10 d为一个疗程，可连服数疗程。

◎参考文献◎

[1] 江苏新医学院.中药大辞典（上册）[M].上海：上海科学技术出版社，1977:537.

[2] 朱有昌.东北药用植物[M].哈尔滨：黑龙江科学技术出版社，1989:106-107.

[3] 钱信忠.中国本草彩色图鉴（第一卷）[M].北京：人民卫生出版社，2003:41-42.

三轮草 *Cyperus orthostachyus* Franch. et Sav.

别　　名	毛笠莎草
俗　　名	三棱草
药用部位	莎草科三轮草的全草。

原植物　一年生草本。秆细弱，高 8 ~ 65 cm，扁三棱形，平滑。叶少，短于秆，宽 3 ~ 5 mm，边缘具密刺，粗糙；叶鞘较长，褐色。苞片多 3，少 4，下面 1 ~ 2 枚常长于花序；长侧枝聚伞花序简单，极少复出，具 4 ~ 9 个辐射枝，辐射枝长短不等，最长达 20 cm；穗状花序宽卵形，长 1.0 ~ 3.5 cm，宽 1 ~ 4 cm，具小穗 5 ~ 32；小穗排列稍疏松，具花 6 ~ 46；小穗轴具白色透明的狭边；鳞片排列稍疏，背面稍呈龙骨状突起，具 5 ~ 7 条不明显的脉，两侧紫红色，上端具白色透明的边；雄蕊 3，着生于环形的胼胝体上，花药椭圆形，药隔突出于花药顶端；花柱短，柱头 3。花期 8—9 月，果期 9—10 月。

生　　境　生于河岸边、湖旁、沼泽地等离水源较近的地方。

分　　布　黑龙江呼玛、黑河、萝北、哈尔滨市区、尚志、东宁、虎林、密山等地。吉林长白山各地及长春、九台等地。辽宁宽甸、凤城、东港、本溪、桓仁、新宾、西丰、沈阳、鞍山市区、岫岩、庄河、大连市区、北镇等地。内蒙古鄂伦春旗、扎兰屯、科尔沁右翼前旗等地。山东、河北、湖北、四川、贵州等。朝鲜、俄罗斯、日本。

采　　制　秋季采挖全草，洗净根，全草切断，晒干。

性味功效　有祛风止痛、清热泻火的功效。

主治用法　用于感冒、咳嗽、疟疾。水煎服。

用　　量　适量。

附　　注　根可治疗妇科疾病。

▲三轮草花序

◎参考文献◎

［1］中国药材公司．中国中药资源志要 [M]．北京：科学出版社，1994:1491.

▲ 褐穗莎草植株

▲ 褐穗莎草花序

褐穗莎草 *Cyperus fuscus* L.

别 名	密穗莎草
俗 名	三棱草
药用部位	莎草科褐穗莎草的全草。

原 植 物　一年生草本，具须根。秆丛生，细弱，高6～30 cm，扁锐三棱形，平滑，基部具少数叶。叶短于秆或有时几与秆等长，宽2～4 mm。苞片2～3，叶状，长于花序；长侧枝聚伞花序复出或有时为简单，具第一次辐射枝3～5，辐射枝最长达3 cm；小穗5～10个密聚成近头状花序，线状披针形或线形，长3～6 mm，宽约1.5 mm，稍扁平，具花8～24；小穗轴无翅；鳞片复瓦状排列，膜质，宽卵形，顶端钝，长约1 mm，背面中间较宽的一条为黄绿色，两侧深紫褐色或褐色，具3条不十分明显的脉；雄蕊2，花药短，椭圆形；花柱短，柱头3。花期7—8月，果期9—10月。

生 境　生于稻田中、沟边及水旁等处。

分 布　黑龙江哈尔滨。吉林珲春、图们等地。辽宁葫芦岛、康平、建平、凌源等地。内蒙古满洲里、额尔古纳等地。河北、山西、陕西、甘肃、新疆等。朝鲜、俄罗斯、印度、越南。喜马拉雅山、欧洲。

采 制　秋季采挖全草，洗净根，全草切断，晒干。

性味功效　有发散风寒、退热止咳的功效。

主治用法　用于风寒感冒、高热、咳嗽等。水煎服。

用 量　适量。

◎参考文献◎

[1] 中国药材公司. 中国中药资源志要 [M]. 北京：科学出版社，1994:1491.

异型莎草 *Cyperus difformis* L.

别　　名	球穗莎草

俗　　名　三棱草

药用部位　莎草科异型莎草的全草。

原 植 物　一年生草本，根为须根。秆丛生，高 2～65 cm，扁三棱形，平滑。叶短于秆，宽 2～6 mm，平张或折合；叶鞘稍长，褐色。苞片 2，叶状，长于花序；长侧枝聚伞花序简单，具辐射枝 3～9。头状花序球形，具极多数小穗，直径 5～15 mm；小穗密聚，披针形或线形，长 2～8 mm，宽约 1 mm，具花 8～28；小穗轴无翅；鳞片排列稍松，膜质，近于扁圆形，顶端圆，长不及 1 mm，中间淡黄色，两侧深红紫色或栗色边缘具白色透明的边，具 3 条不很明显的脉；雄蕊 2，有时 1，花药椭圆形，药隔不突出于花药顶端；花柱极短，柱头 3，短。花期 7—8 月，果期 8—9 月。

生　　境　生于稻田中及水边潮湿处。

分　　布　黑龙江宁安、虎林、密山、海林、五常、尚志、东宁、勃利、饶河、穆棱、鸡西市区、桦南、铁力、绥棱、北安、讷河、嫩江、黑河市区、富锦、庆安等地。吉林延吉、珲春、九台、白山、通化、抚松、集安、靖宇、辉南、蛟河、磐石、舒兰、前郭等地。辽宁丹东市区、宽甸、东港、本溪、桓仁、抚顺、清原、新宾、沈阳、鞍山市区、海城、盖州、瓦房店、大连市区、营口市区等地。内蒙古牙克石、克什克腾旗等地。河北、浙江、江苏、安徽、福建、山西、陕西、湖南、湖北、四川、广东、海南、广西、云南、甘肃等。朝鲜、俄罗斯、日本、印度。非洲、中美洲。

采　　制　秋季采挖全草，洗净根，全草切断，晒干。

性味功效　味咸、微苦，性凉。有行气、活血、通淋、利小便的功效。

主治用法　用于热淋、小便不利、吐血、跌打损伤等。水煎服。

用　　量　9～15 g（鲜品 50～100 g）。

◎参考文献◎

［1］江苏新医学院.中药大辞典（上册）[M].上海：上海科学技术出版社，1977:976.

［2］朱有昌.东北药用植物 [M].哈尔滨：黑龙江科学技术出版社，1989:104-105.

［3］钱信忠.中国本草彩色图鉴（第二卷）[M].北京：人民卫生出版社，2003:390-391.

▲异型莎草植株

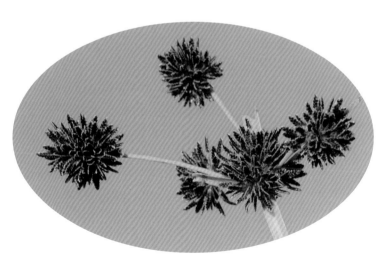

▲异型莎草果实

水蜈蚣属 *Kyllinga* Rottb.

无刺鳞水蜈蚣 *Kyllinga brevifolia* var. *leiolepis*（Franch.et Savat.）Hara

别　名　水蜈蚣

药用部位　莎草科无刺鳞水蜈蚣的全草。

原植物　多年生草本。根状茎长而匍匐，具多数节间，节间长约 1.5 cm，每一节上长一秆。秆细弱，高 7 ~ 20 cm，扁三棱形，具圆筒状叶鞘 4 ~ 5，上面 2 ~ 3 个叶鞘顶端具叶片。叶柔弱，短于或稍长于秆，宽 2 ~ 4 mm，平张，上部边缘和背面中肋上具细刺。叶状苞片 3，极展开；穗状花序单个，球形或卵球形，长 5 ~ 11 mm，宽 4.5 ~ 10.0 mm，具极多数密生的小穗；小穗长圆状披针形，稍肿胀，具花 1；鳞片膜质，背面的龙骨状突起上无刺，顶端无短尖或具直的短尖，白色，具锈斑，脉 5 ~ 7。小坚果倒卵状长圆形，扁双凸状，长约为鳞片的 1/2，表面具密的细点。花期 6—8 月，果期 7—9 月。

生　境　生于路旁、草坡、溪边、稻田旁、浅水中以及海边湿地上。

分　布　辽宁本溪、宽甸、庄河、大连市区、沈阳、北镇等地。河北、山西、陕西、甘肃、山东、江苏、湖北、四川等。朝鲜、俄罗斯（西伯利亚中东部）、日本等。

采　制　夏、秋季采收全草，切段，鲜用或晒干。

▲ 无刺鳞水蜈蚣果实

▲ 无刺鳞水蜈蚣植株

性味功效 味辛，性平。有疏风解表、止咳、祛风利湿、截疟、清热解毒的功效。

主治用法 用于风寒感冒、寒热头痛、支气管炎、咳嗽、百日咳、风湿性关节炎、筋骨疼痛、疟疾、黄疸性肝炎、乳糜尿、痢疾、疮疡肿毒、跌打刀伤、皮肤瘙痒、毒蛇咬伤等。水煎服。外用捣烂敷患处。

用　　量 20～50 g（鲜品 50～100 g）。外用适量。

附　　方

（1）治时疫发热：无刺鳞水蜈蚣 50 g，威灵仙 5 g，水煎服。

（2）治百日咳、支气管炎、咽喉肿痛、咳嗽：无刺鳞水蜈蚣 100 g，用水 2 碗，煎至半碗，每日分 3 次冲白糖内服。

（3）治皮肤瘙痒：无刺鳞水蜈蚣适量煎水外洗。

（4）治小儿口腔炎：无刺鳞水蜈蚣根状茎 50 g，水煎，冲蜂蜜服。

（5）治赤白痢疾：无刺鳞水蜈蚣全草 50～75 g，酌加开水和冰糖 25 g，炖 1 h 内服。

（6）治黄疸型传染性肝炎：无刺鳞水蜈蚣鲜全草 50～100 g，水煎服。

（7）治乳糜尿：无刺鳞水蜈蚣、桂圆（黑枣）各 100 g，水煎服。每日 1 剂，连服 15 d。

（8）治疟疾：无刺鳞水蜈蚣带根全草（半干品）100～150 g，水煎 3～4 h。于疟疾发作前 2 h 或前 1 d 顿服，连服 3 d。

◎参考文献◎

［1］江苏新医学院 . 中药大辞典（上册）[M]. 上海：上海科学技术出版社，1977:542–543.

［2］朱有昌 . 东北药用植物 [M]. 哈尔滨：黑龙江科学技术出版社，1989:111–112.

［3］中国药材公司 . 中国中药资源志要 [M]. 北京：科学出版社，1994:1495.

▲大披针薹草植株

薹草属 *Carex* L.

大披针薹草 *Carex lanceolata* Boott

▲大披针薹草花序

别　　名　凸脉薹草　披针薹草

药用部位　莎草科大披针薹草的全草。

原 植 物　多年生草本。秆密丛生，高 10 ~ 35 cm。苞片佛焰苞状，上部的呈突尖状；小穗 3 ~ 10，彼此疏远；顶生的 1 个雄性，线状圆柱形，长 5 ~ 15 mm；侧生的 2 ~ 5 个小穗，雌性，长圆形或长圆状圆柱形，长 1.0 ~ 1.7 cm，粗 2.5 ~ 3.0 mm，有 5 ~ 10 朵疏生或稍密生的花；小穗柄通常不伸出苞鞘外，仅下部的 1 个稍外露；小穗轴微呈"之"字形曲折。雄花鳞片长圆状披针形，长 8.0 ~ 8.5 mm，褐棕色，具白色膜质边缘，有中脉 1；雌花鳞片披针形或倒卵状披针形，长 5 ~ 6 mm，两侧紫褐色，有宽的白色膜质边缘，中间淡绿色，有脉 3。果囊明显短于鳞片，倒卵状长圆形，淡绿色。花期 6 月，果期 7 月。

生　　境　生于林下、林缘草地及阳坡干燥草地等处。

分　　布　黑龙江阿城、五常、尚志、海林、宁安、东宁、密山、虎林、鸡西市区、饶河、桦川、穆棱、方正、通河、宾县、汤原、伊春市区、嘉荫、黑河、呼玛、铁力、庆安、绥棱等地。吉林抚松、蛟河、桦甸、安图、和龙、敦化、汪清、通化、辉南、集安、东丰、磐石、舒兰、九台等地。辽宁丹东市区、宽甸、凤城、东港、本溪、桓仁、抚顺、新宾、清原、西丰、开原、鞍山市区、岫岩、海城、庄河、盖州、大连市区、营口市区等地。内蒙古根河、牙克石、阿尔山、扎赉特旗等地。河北、河南、山东、江苏、安徽、浙江、江西、山西、陕西、四川、贵州、甘肃、云南等。朝鲜、俄罗斯（西伯利亚）、蒙古、日本。

采　　制　夏、秋季采收全草，切段，晒干。

性味功效　有收敛、止痒的功效。

主治用法　用于湿疹、黄水疮、小儿羊须疮。全草烧灰加菜油调敷患处，每日 1 ~ 2 次。

用　　量　适量。

◎参考文献◎

［1］中国药材公司.中国中药资源志要 [M].北京：科学出版社，1994:1488.

青绿薹草 *Carex breviculmis* R. Br.

别　　名　等穗薹草　青菅

药用部位　莎草科青绿薹草的全草。

原 植 物　多年生草本。秆丛生，高 8 ～ 40 cm，纤细，三棱形。叶短于秆，宽 2 ～ 5 mm。苞片最下部的叶状，具短鞘，鞘长 1.5 ～ 2.0 mm；小穗 2 ～ 5，顶生小穗雄性，长圆形，近无柄，紧靠近其下面的雌小穗；侧生小穗雌性，长圆形或长圆状卵形，少有圆柱形，长 0.6 ～ 2.0 cm，宽 3 ～ 4 mm，具稍密生的花，无柄或最下部的具长 2 ～ 3 mm 的短柄；雄花鳞片倒卵状长圆形，黄白色，背面中间绿色；雌花鳞片长圆形，倒卵状长圆形，长 2.0 ～ 2.5 mm，宽 1.2 ～ 2.0 mm，苍白色，背面中间绿色，具 3 脉，向顶端延伸成长芒，芒长 2.0 ～ 3.5 mm。果囊倒卵形，淡绿色，具多条脉，基部渐狭，具短柄。花期 5 月，果期 6 月。

生　　境　生于山坡草地、路边及山谷沟边等处。

分　　布　黑龙江哈尔滨市区、尚志等地。吉林抚松、安图、和龙、敦化、汪清等地。辽宁凤城、清原、沈阳、大连、北镇等地。河北、山西、陕西、甘肃、山东、江苏、安徽、浙江、江西、福建、台湾、河南、湖北、湖南、广东、四川、贵州、云南等。朝鲜、俄罗斯（西伯利亚中东部）、日本、印度尼西亚、菲律宾、印度、缅甸、尼泊尔。大洋洲。

采　　制　夏、秋季采收全草，切段，晒干。

主治用法　用于肺热咳嗽、咳嗽、哮喘、顿咳。水煎服。

用　　量　适量。

◎参考文献◎

[1] 中国药材公司. 中国中药资源志要 [M]. 北京：科学出版社，
　　1994:1488.

▲ 宽叶薹草植株

宽叶薹草 *Carex siderosticta* Hance

别　　名	崖棕
俗　　名	宽叶草 大叶草

药用部位　莎草科宽叶薹草的干燥根及根状茎（入药称"崖棕根"）。

原植物　多年生草本。营养茎和花茎有间距，花茎近基部的叶鞘无叶片，淡棕褐色，营养茎的叶长圆状披针形，长 10 ~ 20 cm，宽 1 ~ 3 cm。花茎高达 30 cm，苞鞘上部膨大似佛焰苞状，长 2.0 ~ 2.5 cm，苞片长 5 ~ 10 mm；小穗 3 ~ 10，单生或孪生于各节，雄雌顺序，线状圆柱形，长 1.5 ~ 3.0 cm，具疏生的花；雄花鳞片披针状长圆形，先端尖，长 5 ~ 6 mm，两侧透明膜质，中间绿色，具 3 脉；雌花鳞片椭圆状长圆形至披针状长圆形，先端钝，长 4 ~ 5 cm，两侧透明膜质，中间绿色，具 3 脉，遍生稀疏锈点。果囊倒卵形或椭圆形，具多条明显凸起的细脉，基部具很短的柄。花期 5 月，果期 6 月。

生　　境　生于针阔叶混交林或阔叶林下或林缘等处，常聚集成片生长。

分　　布　黑龙江哈尔滨市区、尚志、伊春市区、阿城、五常、宾县、宁安、海林、东宁、林口、密山、虎林、饶河、穆棱、鸡西市区、方正、通河、桦南、依兰、汤原、铁力、绥棱等地。吉林长白山各地及长春。辽宁丹东市区、凤城、

▲ 宽叶薹草花序

▲ 无柱兰花（侧）

斜卵形或基部渐狭呈倒卵形，长 3 mm；
花瓣斜椭圆形或卵形，长 2.5 ~ 3.0 mm；
唇瓣较萼片和花瓣大，轮廓为倒卵形，长
3.5 ~ 7.0 mm，侧裂片镰状线形；花粉团
卵球形；蕊喙小，直立；柱头 2；退化雄蕊 2，
椭圆形。花期 6—7 月，果期 9—10 月。

生　境　生于山坡沟谷边、林下阴湿处覆
有土的岩石上及山坡灌丛下等处。

分　布　辽宁大连市区、庄河、凤城等地。
河北、陕西、山东、江苏、安徽、浙江、福
建、台湾、河南、湖北、湖南、广西、四川、
贵州。朝鲜、日本。

采　制　春、秋季采挖块茎，去除泥土，
洗净，晒干。夏、秋季采挖全草，去除泥土，
洗净，晒干。

性味功效　味微甘，性凉。有解毒、消肿、
止血的功效。

▲ 无柱兰果实

▼ 无柱兰块茎

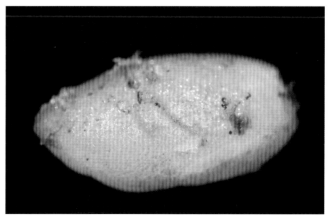

▲无柱兰植株

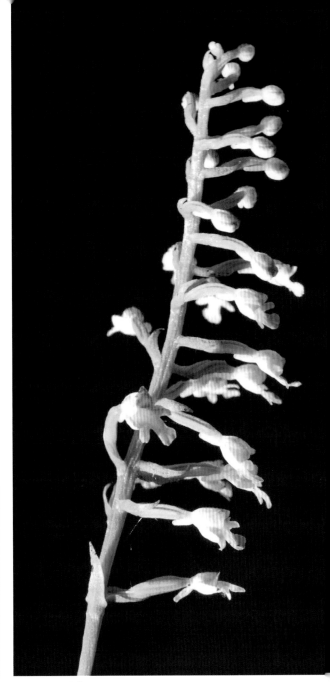

▲无柱兰花序

主治用法 用于跌打损伤、吐血、毒蛇咬伤、无名肿毒。水煎服。外用捣烂敷患处。

用　　量 25 ~ 50 g。外用适量。

附　　方

（1）治毒蛇咬伤、无名肿毒：独叶一支枪鲜根状茎，捣烂或加米泔水磨汁，外敷局部。

（2）治跌打损伤，吐血：鲜独叶一支枪 50 ~ 100 g，水煎服。

◎参考文献◎

［1］江苏新医学院.中药大辞典（下册）[M].上海：上海科学技术出版社，1977:1710-1711.

［2］钱信忠.中国本草彩色图鉴（第二卷）[M].北京：人民卫生出版社，2003:509-510.

［3］中国药材公司.中国中药资源志要 [M].北京：科学出版社，1994:1517.

▲凹舌兰花

凹舌兰属 *Coeloglossum* Hartm.

凹舌兰 *Coeloglossum viride*（L.）Hartm.

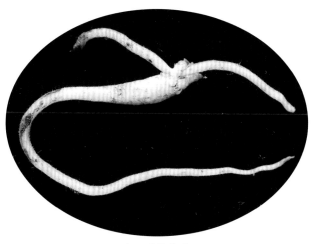

▲凹舌兰块茎

别　名　绿花凹舌兰　台湾裂唇兰　长苞凹舌兰　掌裂凹舌兰

俗　名　手儿参

药用部位　兰科凹舌兰的块茎。

原植物　多年生草本。植株高 14 ~ 45 cm。块茎肉质，前部呈掌状分裂。茎直立。叶常 3 ~ 5，叶片狭倒卵状长圆形、椭圆形或椭圆状披针形，直立伸展，长 5 ~ 12 cm。总状花序具多数花，长 3 ~ 15 cm；花苞片线形或狭披针形；子房纺锤形，扭转；花绿黄色或绿棕色；萼片基部常稍合生，中萼片直立，凹陷呈舟状；侧萼片偏斜，卵状椭圆形，较中萼片稍长；花瓣直立，线状披针形；唇瓣下垂，肉质，倒披针形，较萼片长，基部具囊状距，上面在近部的中央有 1 条短的纵褶片，前部 3 裂，侧裂片较中裂片长，长 1.5 ~ 2.0 mm；中裂

▲凹舌兰果实

▲凹舌兰花序

▲凹舌兰花（侧）

片小；距卵球形。蒴果直立，椭圆形。花期7—8月，果期8—9月。

生　　境　生于林下、林缘、草甸、山坡、亚高山草地及高山苔原带上。

分　　布　黑龙江尚志、伊春等地。吉林长白、抚松、安图、临江等地。辽宁建昌、朝阳等地。内蒙古根河、牙克石、阿尔山、科尔沁右翼前旗等地。河北、山西、陕西、宁夏、甘肃、青海、新疆、台湾、河南、湖北、四川、云南、西藏。朝鲜、俄罗斯、蒙古、日本、尼泊尔、不丹。欧洲、北美洲。

采　　制　春、秋季采挖块茎，去除泥土，洗净，晒干。

性味功效　味甘、苦，性平。有补血益气、生津止渴、行血止痛的功效。

主治用法　用于久病肺弱、肺虚咳喘、虚劳消瘦、腰痛、神经衰弱、肾虚、带下病、小儿遗尿、久泻、失血、慢性出血、乳汁稀少、跌打损伤、疮疖等。水煎服。研末或制糖浆或泡酒。

用　　量　15 ~ 50 g。

◎参考文献◎

［1］江苏新医学院 . 中药大辞典（上册）[M]. 上海：上海科学技术出版社，1977:436-437.

［2］朱有昌 . 东北药用植物 [M]. 哈尔滨：黑龙江科学技术出版社，1989:189-190.

［3］中国药材公司 . 中国中药资源志要 [M]. 北京：科学出版社，1994:1526.

▲凹舌兰植株

▼紫点杓兰果实　　　　　　　　　　　　▲紫点杓兰植株（唇瓣斑点粉红色）

杓兰属 *Cypripedium* L.

紫点杓兰 *Cypripedium guttatum* Sw.

别　　名	斑花杓兰　紫斑杓兰　小囊兰
俗　　名	小口袋花　花狗卵子
药用部位	兰科紫点杓兰的根状茎及花。

▲紫点杓兰根及根状茎

▲紫点杓兰植株(唇瓣斑点粉紫色)

原 植 物 多年生草本。植株高 15～25 cm，具细长而横走的根状茎。茎直立，基部具数枚鞘，顶端具叶。叶 2，常对生或近对生，椭圆形、卵形或卵状披针形，长 5～12 cm。花序顶生，具1花；花苞片叶状，卵状披针形，通常长 1.5～3.0 cm；花白色，具淡紫红色或淡褐红色斑；中萼片卵状椭圆形或宽卵状椭圆形，长 1.5～2.2 cm；合萼片狭椭圆形，长 1.2～1.8 cm；花瓣常近匙形或提琴形，长 1.3～1.8 cm；唇瓣深囊状，钵形或深碗状，多少近球形，长与宽各约 1.5 cm，具宽阔的囊口；退化雄蕊卵状

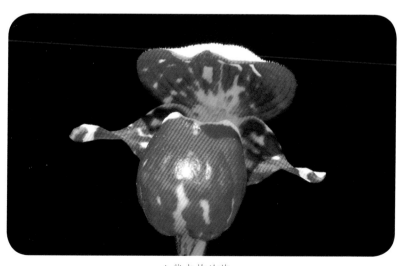

▲紫点杓兰花

▲紫点杓兰幼株

▲ 紫点杓兰群落

▲ 紫点杓兰花（侧）

椭圆形，长 4 ~ 5 mm，先端微凹或近截形。蒴果近狭椭圆形，
下垂，长约 2.5 cm。花期 6—7 月，果期 8—9 月。

生　　境　生于林下、林间草甸、林缘及高山冻原带上。

分　　布　黑龙江塔河、呼玛、黑河、嘉荫、伊春市区、饶河、虎林等地。吉林长白、抚松、安图、汪清、蛟河、临江、通化等地。辽宁凤城、桓仁等地。内蒙古额尔古纳、根河、牙克石、科尔沁右翼前旗、东乌珠穆沁旗、西乌珠穆沁旗等地。河北、山西、山东、陕西、宁夏、四川、云南、西藏。朝鲜、俄罗斯（西伯利亚中东部）、蒙古、日本、不丹。欧洲、北美洲。

采　　制　春，秋季采挖根状茎，除去泥土，洗净，晒干。夏季采摘花，晒干。

性味功效　味苦、辛，性温。有镇静、解痉、止痛、解热、利尿的功效。

主治用法　用于头痛、上腹痛、癫痫、儿童发热所致惊厥及各种神经精神障碍。水煎服。

用　　量　6 ~ 9 g。

附　　注　地上茎也可入药，可治疗胃痛、食欲不振、癌症等。

▼ 紫点杓兰花（浅粉色）

◎参考文献◎

［1］朱有昌. 东北药用植物 [M]. 哈尔滨：黑龙江科学技术出版社，1989:182-183.

［2］钱信忠. 中国本草彩色图鉴（第五卷）[M]. 北京：人民卫生出版社，2003:95-96.

［3］中国药材公司. 中国中药资源志要 [M]. 北京：科学出版社，1994:1531.

▲ 紫点杓兰植株（花白色）

▲ 大花杓兰群落

大花杓兰 *Cypripedium macranthum* Sw.

别　　名	杓兰　大花囊兰　敦盛草
俗　　名	大口袋兰　狗卵子花　牛卵子花　泡卵子花　老母猪呼答　黑驴蛋
药用部位	兰科大花杓兰的根及根状茎（入药称"蜈蚣七"）。

▲ 大花杓兰花（唇瓣白色有浅紫色斑点）

▲ 大花杓兰花（红紫色）

▲ 大花杓兰花（淡黄色）

▲大花杓兰植株（花浅粉色）

▼大花杓兰花（浅粉色）

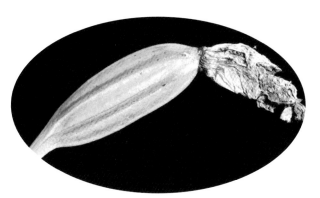

▲大花杓兰果实

原植物 多年生草本。植株高 25～50 cm，具粗短的根状茎。茎直立，基部具数枚鞘。叶片椭圆形或椭圆状卵形，长10～15 cm。花序顶生，具 1 花；花苞片叶状，通常椭圆形，长7～9 cm；花梗和子房长 3.0～3.5 cm；花大，紫色、红色或粉红色，通常有暗色脉纹；中萼片宽卵状椭圆形或卵状椭圆形，长4～5 cm；合萼片卵形，长 3～4 cm；花瓣披针形，长 4.5～6.0 cm；唇瓣深囊状，近球形或椭圆形，长 4.5～5.5 cm；囊口较小，直径约 1.5 cm，囊底有毛；退化雄蕊卵状长圆形，长 1.0～1.4 cm，

▲大花杓兰花

▲ 大花杓兰花（深紫色）

▲ 大花杓兰花（浅粉色）

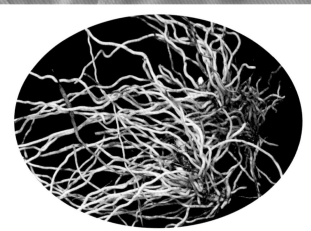

▲ 大花杓兰根

宽 7 ~ 8 mm，基部无柄，背面无龙骨状突起。蒴果狭椭圆形，长约 4 cm。花期 5—6 月，果期 8—9 月。

生　境　生于山地疏林下、林缘灌丛间及亚高山草地上。

分　布　黑龙江塔河、呼玛、黑河市区、嫩江、萝北、伊春市区、铁力、密山、鸡东、虎林、饶河等地。吉林长白、抚松、安图、汪清、蛟河、敦化、临江、通化、桦甸等地。辽宁本溪、丹东市区、开原、西丰等地。内蒙古牙克石、额尔古纳、鄂伦春旗、科尔沁右翼前旗、扎鲁特旗、

▲ 大花杓兰幼株

▲大花杓兰植株

阿鲁科尔沁旗、克什克腾旗等地。河北、山东、台湾、云南。朝鲜、俄罗斯、蒙古、日本。欧洲。

采　制　春、秋季采挖根及根状茎，除去泥土，洗净，晒干。

性味功效　味苦、辛，性温。有小毒。有利尿消肿、活血祛瘀、祛风镇痛的功效。

主治用法　用于全身水肿、下肢水肿、小便不利、尿少涩痛、带下病、风湿腰腿痛、跌打损伤、劳伤过度、痢疾等。水煎或泡酒服。外用捣烂敷患处。

用　量　10～15 g。外用适量。

附　方　治急性菌痢：本品研末制片，每次含生药 2 g，每天 3～4 次口服，有一定疗效。

附　注

（1）花入药，可治疗外伤出血。

（2）在东北尚有 1 变型：

大白花杓兰 f. *albiflora*（Makino）Ohwi，花白色。其他与原种同。

▲大花杓兰花（中萼片紫色）

▲大花杓兰花（白色有淡紫色斑点）

▲ 大花杓兰花（粉色）

▲ 大花杓兰幼苗

▲ 大花杓兰花（淡粉色）

◎ 参考文献 ◎

[1] 江苏新医学院.中药大辞典(下册)
　　[M].上海：上海科学技术出版社，
　　1977:2475.

[2] 钱信忠.中国本草彩色图鉴（第
　　五卷）[M].北京：人民卫生出版
　　社，2003:277-278.

[3] 中国药材公司.中国中药资源
　　志要 [M].北京：科学出版社，
　　1994:1531.

▲ 大白花杓兰植株

▲ 大花杓兰花（浅黄色）

▲ 大花杓兰植株（唇瓣白色有浅紫色斑点）

▲东北杓兰植株

东北杓兰 *Cypripedium×ventricosum* Sw.

俗　　名　大口袋兰　狗卵子花　牛卵子花　泡卵子花　老母猪呼答　黑驴蛋

药用部位　兰科东北杓兰的根及根状茎（入药称"蜈蚣七"）。

原 植 物　多年生草本。植株高达 50 cm。茎直立，通常具叶 3 ～ 5。叶片椭圆形至卵状椭圆形，长 13 ～ 20 cm，宽 7 ～ 11 cm，无毛或两面脉上偶见有微柔毛。花序顶生，通常具 2 花；花红紫色、粉红色至白色，大小变化较大；花瓣通常多少扭转；唇瓣深囊状，椭圆形或倒卵状球形，通常囊口周围有浅色的圈；退化雄蕊长可达 1 cm。花期 5—6 月，果期 8—9 月。

生　　境　生于林下、林缘、灌木丛中或林间草地上。

分　　布　吉林汪清。

附　　注　其采制、性味功效、主治用法及用量同大花杓兰。

◎参考文献◎

［1］江苏新医学院.中药大辞典（下册）[M].上海：上海科学技术出版社，1977:2475.

［2］钱信忠.中国本草彩色图鉴(第五卷)[M].北京：人民卫生出版社，2003:277−278.

［3］中国药材公司.中国中药资源志要[M].北京：科学出版社，1994:1531.

▲东北杓兰花（紫褐色）

▲东北杓兰花（粉红色）

▲ 杓兰花（背）

▲ 杓兰幼株

杓兰 *Cypripedium calceolus* L.

别　　名	黄囊杓兰　欧洲杓兰　履状杓兰　欧洲囊兰 履状囊兰
俗　　名	小狗卵子
药用部位	兰科杓兰的根及根状茎。

原 植 物　多年生草本。植株高 20 ～ 45 cm，具较粗壮的根状茎。茎直立，基部具数枚鞘，近中部以上具叶 3 ～ 4。叶片椭圆形或卵状椭圆形，长 7 ～ 16 cm。花序顶生，通常具花 1 ～ 2；花苞片叶状，椭圆状披针形或卵状披针形，长 4 ～ 10 cm；花梗和子房长约 3 cm，具短腺毛；花具栗色或紫红色萼片和花瓣，但唇瓣黄色；中萼片卵形或卵状披针形，长 2.5 ～ 5.0 cm；合萼片与中萼片相似，先端 2 浅裂；花瓣线形或线状披针形，长 3 ～ 5 cm，宽 4 ～ 6 mm，扭转；唇瓣深囊状，椭圆形，长 3 ～ 4 cm；内折侧裂片宽 3 ～ 4 mm；退化雄蕊近长圆状椭圆形，长 7 ～ 10 mm，基部有长约 1 mm 的柄。花期 6—7 月，果期 8—9 月。

生　　境　生于林下、林缘、灌木丛中及林间草地上。

分　　布　黑龙江伊春市区、嘉荫、呼玛、尚志等地。吉林安图、汪清、敦化、通化、和龙、抚松、柳河等地。辽宁本溪、清原、桓仁、新宾等地。内蒙古额尔古纳、牙克石、鄂伦春旗、科尔沁右翼前旗、扎鲁特旗、克什克腾旗等地。朝鲜、俄罗斯（西伯利亚）。

采　　制　春、秋季采挖根及根状茎，剪掉须根，除去泥土，洗净，晒干。

性味功效　有清热镇静、强心利尿、活血调经的功效。

主治用法　用于心力衰竭、月经不调等。水煎服。

用　　量　适量。

▼ 杓兰果实

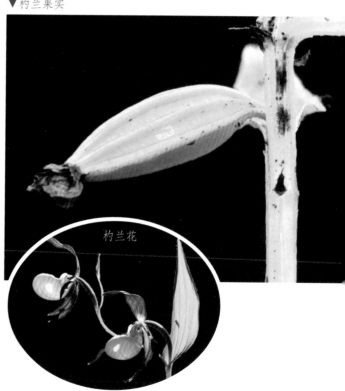

杓兰花

◎参考文献◎

[1] 中国药材公司. 中国中药资源志要 [M]. 北京：科学出版社，1994:1530.

▲ 杓兰植株

▲火烧兰花

火烧兰属 *Epipactis* Zinn

火烧兰 *Epipactis papillosa* Franch et Sav.

别　　名	小花火烧兰
药用部位	兰科火烧兰的根。

原 植 物　多年生草本，高 20 ～ 70 cm。根状茎粗短。叶 4 ～ 7，互生；叶片卵圆形、卵形至椭圆状披针形，长 3 ～ 13 cm。总状花序长 10 ～ 30 cm，通常具花 3 ～ 40；花苞片叶状，线状披针形；花梗和子房长 1.0 ～ 1.5 cm；花绿色或淡紫色，下垂，较小；中萼片卵状披针形，较少椭圆形，长 8 ～ 13 mm，先端渐尖；侧萼片斜卵状披针形，长 9 ～ 13 mm，先端渐尖；花瓣椭圆形，长 6 ～ 8 mm，先端急尖或钝；唇瓣长 6 ～ 8 mm，中部明显缢缩；下唇兜状，长 3 ～ 4 mm；上唇近三角形或近扁圆形，长约 3 mm，先端锐尖，在近基部两侧各有一枚长约 1 mm 的半圆形褶片。蒴果倒卵状椭圆状，长约 1 cm。花期 7 月，果期 9 月。

生　　境　生于山坡林下、草丛及沟边等处。

分　　布　黑龙江萝北。吉林安图、和龙等地。辽宁本溪、彰武等地。内蒙古科尔沁左翼后旗。河北、山西、陕西、甘肃、青海、新疆、安徽、湖北、四川、贵州、云南、西藏等。朝鲜、俄罗斯（西伯利亚中东部）、不丹、尼泊尔、阿富汗、伊朗。北非、欧洲、北美洲。

▲火烧兰花序

▲火烧兰植株

▼火烧兰花（侧）

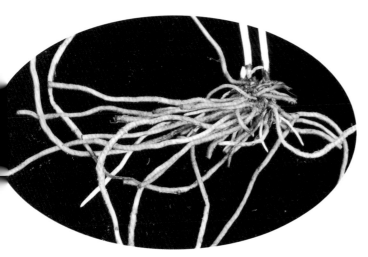

▲火烧兰根

采　　制	夏、秋季采挖根，除去泥土，洗净，晒干。
性味功效	味甘，性平。有补中益气、舒肝和中的功效。
主治用法	用于病后虚弱、疝气、吐泻。水煎服。
用　　量	适量。

◎参考文献◎

［1］中国药材公司.中国中药资源志要[M].北京：
科学出版社，1994:1537.

细毛火烧兰 *Epipactis papillosa* Franch et Sav.

别　　名 小花火烧兰
药用部位 兰科细毛火烧兰的全草（入药称"野竹兰"）。

▲细毛火烧兰果实

原 植 物 多年生草本，高 30～70 cm。根状茎短。茎明显具柔毛和棕色乳头状突起，基部具几枚鞘。叶 5～7；叶片椭圆状卵圆形到宽椭圆形，长 7～12 cm，宽 2～4 cm，先端短渐尖，上面及边缘具白色的毛状乳突。总状花序长 10～20 cm，具多花；花苞片通常较花长；花平展或下垂，青绿色；萼片窄卵圆形，先端急尖，长 9～12 mm，宽 3～5 mm；花瓣卵圆形，与萼片近等长，先端急尖；唇瓣淡绿色，与花瓣等长，近中部明显缢缩；下唇圆形，呈兜状；上唇窄心形或三角形，先端急尖；蕊柱与唇瓣下唇近等长，子房生于扭转的花梗上。蒴果椭圆状，长约 1 cm，具纵棱，有毛。花期 8 月，果期 9 月。

生　　境 生于山坡草甸及林下潮湿地上等处。

分　　布 黑龙江五常。吉林长白、抚松、安图、临江、通化等地。辽宁清原、桓仁、岫岩、凤城、东港等地。河北、山西、陕西、甘肃、青海、新疆等。朝鲜、俄罗斯（西伯利亚中东部）、日本。

采　　制 夏、秋季采收全草，洗净，晒干。

性味功效 味甘，性平。有理气行血、清热解毒的功效。

主治用法 用于跌打损伤、肾虚腰痛、病后虚弱、疝气、吐泻、跌打损伤。水煎服。外用捣烂敷患处。

用　　量 6～9 g。外用适量。

◎参考文献◎

［1］钱信忠.中国本草彩色图鉴(第四卷)[M].北京：人民卫生出版社，2003:421-422.

［2］中国药材公司.中国中药资源志要[M].北京：科学出版社，1994:1538.

▲细毛火烧兰植株

▲细毛火烧兰花

▲裂唇虎舌兰花

虎舌兰属 *Tulotis* Gmelin ex Borkhausen

裂唇虎舌兰 *Epipogium aphyllum*（F. W. Schmidt）Sw.

别　　名　小虎舌兰
药用部位　兰科裂唇虎舌兰的全草。

▲裂唇虎舌兰植株

▲裂唇虎舌兰果实

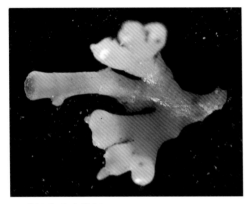

▲裂唇虎舌兰块根

▲裂唇虎舌兰花（侧）

原 植 物 多年生腐生草本，植株高 10 ～ 30 cm。地下具分枝的、珊瑚状的根状茎。茎直立，淡褐色，肉质，无绿叶，具数枚膜质鞘；鞘抱茎，长 5 ～ 9 mm。总状花序顶生，具 2 ～ 6 花；花苞片狭卵状长圆形，长 6 ～ 8 mm；花梗纤细，长 3 ～ 5 mm；子房膨大，长 3 ～ 5 mm；花黄色而带粉红色或淡紫色晕；萼片披针形或狭长圆状披针形，长 1.2 ～ 1.8 cm，先端钝；花瓣与萼片相似；唇瓣近基部 3 裂；侧裂片直立，近长圆形或卵状长圆形，长 3.0 ～ 3.5 mm；中裂片卵状椭圆形，凹陷，长 8 ～ 10 mm，先端急尖，边缘近全缘并多少内卷；距粗大，长 5 ～ 8 mm，宽 4 ～ 5 mm，末端浑圆；蕊柱粗短，长 6 ～ 7 mm。花期 8 月，果期 9 月。

生 境 生于针叶林下的苔藓地上。

分 布 黑龙江伊春。吉林长白、抚松、安图等地。内蒙古牙克石市区、鄂温克旗、阿尔山、乌尔其汉、红花尔基、科尔沁右翼前旗、扎赉特旗等地。山西、甘肃、新疆、四川、云南、西藏等。朝鲜、俄罗斯（西伯利亚）、不丹。亚洲（西部）、欧洲。

采 制 夏、秋季采挖全草，除去泥土，洗净，晒干。

性味功效 有活血散瘀、止痛、补虚的功效。

主治用法 用于崩漏、带下病。水煎服。

用 量 适量。

◎参考文献◎

［1］中国药材公司.中国中药资源志要 [M].北京：科学出版社，1994:1538.

▲天麻幼株

▼天麻花（侧）

▼市场上的天麻块茎（干）

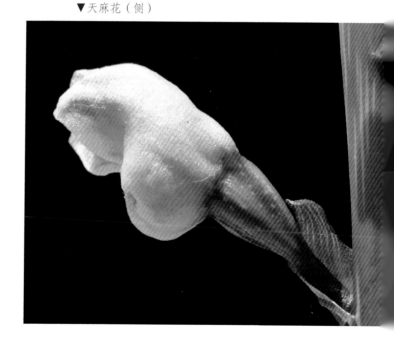

天麻属 *Gastrodia* R. Br.

天麻 *Gastrodia elata* Bl.

别　　名　赤箭　定风草　赤天箭　明天麻
俗　　名　山土豆　山地瓜　棒槌幌子　竹竿草
药用部位　兰科天麻的块茎。
原 植 物　多年生腐生草本，植株高 30 ~ 150 cm。根状茎肥厚，块茎状，椭圆形至近哑铃形，肉质。
茎直立，橙黄色、黄色、灰棕色或蓝绿色，无绿叶，下部被数枚膜质鞘。总状花序长 5 ~ 50 cm，通常

▲天麻花序（花黄褐色）

▲天麻花

具花 30 ~ 50；花苞片长圆状披针形，长 1.0 ~ 1.5 cm；花梗和子房长 7 ~ 12 mm；花扭转，橙黄、淡黄、蓝绿或黄白色，近直立；萼片和花瓣合生成的花被筒长约 1 cm，直径 5 ~ 7 mm，近斜卵状圆筒形；外轮裂片卵状三角形；内轮裂片近长圆形，较小；唇瓣长圆状卵圆形，长 6 ~ 7 mm，基部贴生于蕊柱足末端与花被筒内壁上并有一对肉质胼胝体。蒴果倒卵状椭圆形，长 1.4 ~ 1.8 cm。花期 6—7 月，果期 8—9 月。

生　境　生于针阔叶混交林、杂木林的林下及林缘等处。

分　布　黑龙江尚志、五常、海林、宁安、东宁、林口、穆棱等地。吉林长白、抚松、安图、临江、柳河、通化、集安、东丰、舒兰、桦甸、蛟河等地。辽宁抚顺、清原、新宾、西丰、鞍山市区、海城、宽甸、东港、本溪、桓仁、岫岩、庄河、盖州、北镇等地。内蒙古科尔沁左翼后旗。河北、山西、陕西、甘肃、江苏、安徽、浙江、江西、台湾、河南、湖北、湖南、四川、贵州、云南、西藏等。朝鲜、俄罗斯、蒙古、日本、尼泊尔、不丹、印度。

采　制　夏、秋季采挖块茎，除去地上茎和菌丝，刮去外皮，洗净，蒸煮，晒干或微火烤干。用时润透切片。

性味功效　味甘、微温，性平。有平肝熄风、活血止痉的功效。

主治用法　用于头痛眩晕、肢体麻木、小儿惊风、癫痫抽搐、破伤风、神经衰弱、高血压、老年性痴呆、睡眠障碍、脑外伤综合征、三叉神经痛、坐骨神经痛、心绞痛、冠心病等。水煎服。气血虚少者忌用。

用　量　7.5 ~ 15.0 g。

附 方

（1）治高血压、眩晕、失眠：（天麻钩藤饮）天麻、黄芩、川牛膝各15g，钩藤、朱茯神、桑寄生、杜仲、益母草、夜交藤各20g，石决明25g，栀子10g。水煎服。

（2）治小儿高热惊厥：天麻、全蝎各5g，桑叶15g，菊花10g，钩藤20g。水煎服。

（3）治偏正头痛、首风攻注、眼目肿疼昏暗、头目眩晕、起坐不能：天麻75g，附子（炮制、去皮、脐）50g，半夏（汤洗七遍、去滑）50g，荆芥穗、木香各25g，桂（去粗皮）0.5g，芎25g。上七味，捣罗为末，入乳香匀和，滴水为丸如梧桐子大。每服5丸，渐加至10丸，茶清服下，每日3次。

（4）治中风手足不遂、筋骨疼痛、行步艰难、腰膝沉重：天麻100g，地榆50g，没药1.5g（研），玄参、乌头（炮制，去皮、脐）各50g，麝香0.5g（研）。上六味，除麝香、没药细研外，同捣罗为末，与研药拌匀，炼蜜和丸如梧桐子大。每服20丸，温酒下，空心晚饭前服。

附 注

（1）本品为《中华人民共和国药典》（2020年版）收录的药材。

（2）在东北有1变种：

白花天麻 var. *paliens* Kitag.，花白色或稍带淡蓝色，茎较细且比较低矮。产于辽宁桓仁，其他与原种同。

（3）茎叶入药，可治疗热毒痈肿。果实入药，有定风补虚的功效。

▲天麻花序（花绿色）

◎参考文献◎

［1］江苏新医学院.中药大辞典（上册）[M].上海：上海科学技术出版社，1977:315-317，334，339.

［2］朱有昌.东北药用植物[M].哈尔滨：黑龙江科学技术出版社，1989:185-186.

［3］《全国中草药汇编》编写组.全国中草药汇编（上册）[M].北京：人民卫生出版社，1975:165-166.

▼天麻块茎

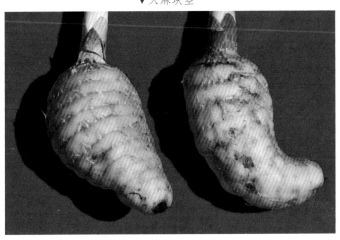

▼市场上的天麻块茎（鲜）

白花天麻花序

▲ 天麻植株

▲小斑叶兰幼株

斑叶兰属 *Goodyera* R. Br.

小斑叶兰 *Goodyera repens*（L.）R. Br.

别　名　匍根斑叶兰　袖珍斑叶兰
药用部位　兰科小斑叶兰的全草、根及根状茎。
原植物　多年生草本。植株高 10 ~ 25 cm。根状茎伸长。茎直立，绿色，具叶 5 ~ 6。叶片卵形或卵状椭圆形，长 1 ~ 2 cm，上面深绿色具白色斑纹，叶柄长 5 ~ 10 mm，基部扩大成抱茎的鞘。花茎直立或近直立，具 3 ~ 5 枚鞘状苞片；总状花序具几朵至 10 余朵、密生、多少偏向一侧的花，长 4 ~ 15 cm；花苞片披针形，长 5 mm；子房圆柱状纺锤形；花小，白色或带绿色或带粉红色；中萼片卵形或卵状长圆形，长 3 ~ 4 mm；侧萼片

▲小斑叶兰花（侧）

斜卵形、卵状椭圆形，长 3 ~ 4 mm；花瓣斜匙形，长 3 ~ 4 mm；唇瓣卵形，长 3.0 ~ 3.5 mm；蕊柱短，长 1.0 ~ 1.5 mm；蕊喙直立，长 1.5 mm；柱头 1 个。花期 7—8 月，果期 8—9 月。

▲小斑叶兰花

▲小斑叶兰果实

生　　境　生于林下、林缘及高山苔原带上。

分　　布　黑龙江呼中、塔河、呼玛等地。吉林长白、抚松、安图、汪清、和龙、靖宇等地。内蒙古额尔古纳、牙克石、鄂伦春、阿尔山、科尔沁右翼前旗等地。河北、山西、陕西、甘肃、青海、新疆、安徽、台湾、河南、湖北、湖南、四川、云南、西藏。朝鲜、俄罗斯、日本、缅甸、印度、不丹地区。欧洲、北美洲。

采　　制　夏、秋季采收全草，除去杂质，切段，洗净，鲜用或晒干。春、秋季采挖根及根状茎，切段，洗净，鲜用或晒干。

性味功效　全草：味甘，性温。无毒。有清热解毒、活血止痛、软坚散结的功效。根及根状茎：味淡，性寒。有补虚的功效。

主治用法　全草：用于肺痨咳嗽、瘰疬、肺肾虚弱、喘咳、头晕目眩、遗精、阳痿、肾虚腰膝酸痛、痈肿疮毒、毒蛇咬伤等。水煎服，捣汁或浸酒。外用捣烂敷患处。根及根状茎：用于肾虚、头目眩晕、四肢乏力、阳痿、神经衰弱等。水煎服。

用　　量　全草：5 ~ 15 g（鲜品50 ~ 100 g）。外用适量。根及根状茎：25 ~ 50 g。

附　　方
（1）治肺结核、咳嗽：小斑叶兰25 g，炖肉吃。
（2）治支气管炎：小斑叶兰鲜草5 ~ 10 g，水煎服。
（3）治毒蛇咬伤：小斑叶兰5 ~ 10 g，牡蒿叶10 g，细辛5 g，金银花15 ~ 20 g，水煎服，每日3次，饭前服。或捣烂外敷。
（4）治骨节疼痛、不红不肿者：小斑叶兰捣烂，用酒炒热，外包痛处（小儿用淘米水代酒），每日换1次。
（5）治毒蛇咬伤、痈肿疥疮：小斑叶兰鲜草捣烂外敷患处。
（6）治肾虚、头目眩晕、四肢乏力：小斑叶兰根50 g，蒸鸡或炖猪肉吃，或煎水服，早晚空腹时各服1次，每次半碗。

附　　注　叶入药，可治疗淋巴结结核。

◎参考文献◎

［1］江苏新医学院.中药大辞典（下册）[M].上海：上海科学技术出版社，1977:2282-2283，2285.
［2］朱有昌.东北药用植物[M].哈尔滨：黑龙江科学技术出版社，1989:186-188.
［3］中国药材公司.中国中药资源志要[M].北京：科学出版社，1994:1541.

小斑叶兰花序

▲ 小斑叶兰植株

▲手参群落

手参属 Gymnadenia R. Br.

手参 *Gymnadenia conopsea*（L.）R. Br.

▼手参果实

别　　名	手掌参　穗花羽蝶兰
俗　　名	巴掌参　掌参　佛手参　手儿参　阴阳草
药用部位	兰科手参的块茎。

原 植 物　多年生草本。植株高 20 ～ 60 cm。块根椭圆形，长 1.0 ～ 3.5 cm，肉质，下部掌状分裂。茎直立，圆柱形，基部具 2 ～ 3 枚筒状鞘。叶片线状披针形、狭长圆形或带形，长 5.5 ～ 15.0 cm。总状花序具多数密生的花，圆柱形，长 5.5 ～ 15.0 cm；花苞片披针形；子房纺锤形，顶部稍弧曲；花粉红色，罕为粉白色；中萼片宽椭圆形或宽卵状椭圆形，长 3.5 ～ 5.0 mm；侧萼片斜卵形；花瓣直立，斜卵状三角形，与中萼片等长，与侧萼片近等宽，边缘具细锯齿，先端急尖，具 3 脉；唇瓣向前伸展，宽倒卵形，长 4 ～ 5 mm，前部 3 裂，中裂片较侧裂片大；距细而长，狭圆筒形，长约 1 cm。花期 7—8 月，果期 8—9 月。

生　　境　生于草甸、林缘草甸、山坡灌丛林下及高山冻原带上。

分　　布　黑龙江塔河、呼玛、黑河市区、嫩江、五大连池、北安、

▲ 手参块茎（后期）

尚志、鹤岗、集贤、饶河、富锦、伊春等地。吉
林长白、抚松、安图、汪清、桦甸、临江、通化
等地。辽宁西丰、清原、桓仁等地。内蒙古额尔古纳、
根河、牙克石、鄂伦春旗、鄂温克旗、扎兰屯、
阿尔山、扎赉特旗、科尔沁右翼前旗、克什克腾旗、
宁城、东乌珠穆沁旗、西乌珠穆沁旗等地。河北、
山西、陕西、甘肃、四川、云南、西藏。朝鲜、
俄罗斯、日本。高加索地区、欧洲。

采　　制　夏、秋季采挖块茎，剪掉须根，除去
泥土，洗净，晒干，或用开水晒过后再晒干。

性味功效　味甘，性平。有收敛解毒、补益气血、
滋养、生津止渴、祛瘀、止血的功效。

主治用法　用于慢性肝炎、神经衰弱、劳伤、肺
虚咳嗽、气喘、虚劳消瘦、久泻、失血、带下、
阳痿、淋病、乳少及跌打损伤等。水煎服，研末
或制成糖浆或泡酒。

用　　量　15 ～ 50 g。

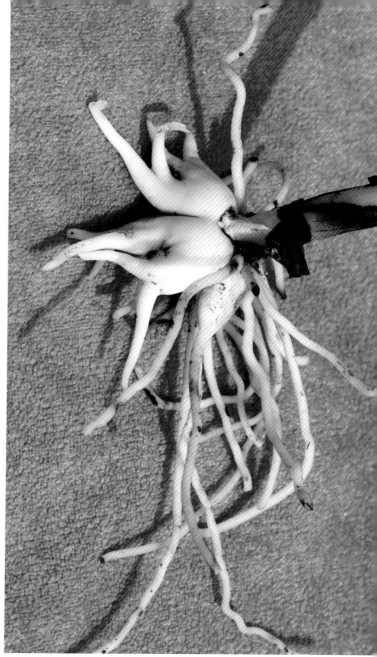

▲ 手参块茎（前期）

▲ 手参花

▲ 手参花（侧）

▲手参花序（纯粉色）　　▲手参花序（粉红色）　　　　▲手参花序（淡粉色）

▲手参幼株

▲市场上的手参块茎

附　　方

（1）治咳嗽气喘：手参 10 g，百合、大枣各 20 g，水煎分 2 次饭前服。

（2）治病后体弱、神经衰弱、阳痿、久泻：手参、党参、黄精各 15 g，炖肉食。亦可单用手参 15 g，水煎服。或用手参 15 g，白酒 500 ml，用酒浸药 7 d 后，饮酒。每次 1 盅，日服 2 次。

（3）治跌打损伤：手参 15 g，水煎服或泡酒内服。或用鲜品捣烂，敷患处。

（4）治久泻、失血、白带异常：手参 15 g，水煎服；或研末服，每次 4 g，每天服 2 次。

（5）治疖肿：手参适量，研成细末，醋调成膏状，外敷患处。

◎参考文献◎

［1］江苏新医学院.中药大辞典（上册）[M].上海：上海科学技术出版社，1977:436.

［2］朱有昌.东北药用植物 [M].哈尔滨:黑龙江科学技术出版社，1989:188-189.

［3］《全国中草药汇编》编写组.全国中草药汇编（上册）[M].北京：人民卫生出版社，1975:199-200.

▲手参植株

▲ 手参群落（侧）

角盘兰属 *Herminium* Guett.

角盘兰 *Herminium monorchis*（L.）R. Br.

别　　名	人参果　人头七
药用部位	兰科角盘兰的全草。
原 植 物	多年生草本。植株高 5.5～35.0 cm。

块茎球形，直径 6～10 mm，肉质。茎直立，
基部具 2 枚筒状鞘，下部具叶 2～3，在叶之
上具 1～2 枚苞片状小叶。叶片狭椭圆状披针
形或狭椭圆形，直立伸展，长 2.8～10.0 cm。
总状花序具多数花；花苞片线状披针形，长
2.5 mm；子房圆柱状纺锤形；花小，黄绿色；
中萼片椭圆形或长圆状披针形，长 2.2 mm；
侧萼片长圆状披针形，宽约 1 mm；花瓣近菱形，
向先端渐狭，中裂片线形，先端钝；唇瓣与花
瓣等长，肉质增厚，中裂片线形，长 1.5 mm，

▼角盘兰花序

▲角盘兰植株

▲角盘兰块茎

侧裂片三角形；蕊柱粗短；药室并行；花粉团近圆球形；柱头2；退化雄蕊2。花期6—7月，果期7—8月。

生　境　生于山坡阔叶林至针叶林下、灌丛下、山坡草地及河滩沼泽草地中等处。

分　布　黑龙江黑河市区、孙吴、呼玛、富锦等地。吉林安图、汪清、和龙、靖宇等地。辽宁清原、本溪、鞍山市区、海城、建平、凌源等地。内蒙古海拉尔、额尔古纳、根河、牙克石、鄂伦春旗、科尔沁右翼前旗、扎赉特旗、宁城、东乌珠穆沁旗、西乌珠穆沁旗等地。河北、山东、山西、安徽、河南、陕西、宁夏、甘肃、青海、四川、云南、西藏。朝鲜、俄罗斯、蒙古、日本、尼泊尔。亚洲（中部）、欧洲。

采　制　夏、秋季采收全草，除去杂质，洗净，晒干。

性味功效　味甘，性温。有滋阴补肾、健脾胃、调经活血的功效。

主治用法　用于肾虚、头晕失眠、烦躁口渴、食欲不振、须发早白、月经不调。水煎服或泡黄酒饮。

用　量　15 ～ 20 g。

附　注　块茎入药，有滋阴补肾、养胃调经的功效。

◎参考文献◎

[1] 江苏新医学院.中药大辞典(上册)[M].上海：上海科学技术出版社，1977:38.

[2] 朱有昌.东北药用植物[M].哈尔滨：黑龙江科学技术出版社，1989:190-191.

[3] 中国药材公司.中国中药资源志要[M].北京：科学出版社，1994:1545.

▲角盘兰果实

▲角盘兰花（侧）

▲角盘兰花

▲ 裂瓣角盘兰群落

▲ 裂瓣角盘兰花序

裂瓣角盘兰 *Herminium alaschanicum* Maxim.

药用部位　兰科裂瓣角盘兰块茎。

原 植 物　多年生草本，植株高 15 ~ 60 cm。块茎圆球形，直径约 1 cm，肉质。茎直立，基部具 2 ~ 3 枚筒状鞘，其上具 2 ~ 4 枚较密生的叶，在叶之上有 3 ~ 5 枚苞片状小叶。叶片狭椭圆状披针形，长 4 ~ 15 cm，宽 5 ~ 18 mm。总状花序具多数花，圆柱状，长 4 ~ 27 cm；花苞片披针形；花小，绿色，垂头钩曲，中萼片卵形，长 4 mm，先端钝，具 3 脉；侧萼片卵状披针形至披针形，长 4 mm，先端近急尖，具 1 脉；花瓣直立，长 5.0 ~ 5.5 mm，中部以下宽 1.5 mm，中部骤狭呈尾状且肉质增厚，或多或少呈 3 裂，中裂片近线形，先端钝，具 3 脉；唇瓣近长圆形，基部凹陷具距，前部 3 裂至近中部，侧裂片线形，先端微急尖，中裂片线状三角形，先端急尖；花粉团倒卵形，具极短的花粉团柄和黏盘。花期 6—7 月，果期 7—8 月。

生　　境　生于森林草原带和草原带的山地林缘草甸。

分　　布　辽宁北票、凌源等地。内蒙古科尔沁右翼前旗、扎鲁特旗等地。河北、山西、陕西、宁夏、甘肃、青海、四川、云南、西藏。

▲裂瓣角盘兰植株

采　　制　春、秋季采挖块茎，洗净，晒干。
性味功效　有增力生精、大补元气、安神益智、补肾壮
阳的功效。
主治用法　用于肾虚、遗尿、阳痿不举等。水煎服。
用　　量　适量。

◎参考文献◎

［1］江纪武．药用植物辞典 [M]．天津：天津科学技术
　　　出版社，2005:390.

▲裂瓣角盘兰花

▲ 曲唇羊耳蒜花序

曲唇羊耳蒜花

羊耳蒜属 *Liparis* L. C. Rich.

曲唇羊耳蒜 *Liparis campylostalix* Rchb. f.

药用部位 兰科曲唇羊耳蒜的全草。

原植物 多年生草本，高 10 ~ 35 cm。假鳞茎近球形或椭圆形，直径 8 ~ 20 mm。茎直立，常具狭翅。叶 2 枚基生，叶柄呈鞘状抱茎，长 2 ~ 6 cm；叶片椭圆形、广椭圆形或卵形，长 6 ~ 12 cm。总状花序顶生，具数朵至 20 余朵花，花序轴具翅；苞片膜质，卵状三角形；侧萼片常比中萼片稍短；唇瓣通常位于下方，椭圆形或倒卵状椭圆形，长 5 ~ 7 mm；蕊柱呈柱状，花药顶生，药室 2，平行，长约 0.8 mm，花粉块颗粒状，长约 0.6 mm，蕊喙短小，柱头 1；子房于开花前期呈线形，与花梗界线不明显，共长 7 ~ 12 mm，扭转，长 4 ~ 8 mm，蒴果倒卵状椭圆形至近长圆形，长 8 ~ 10 mm。花期 7—8 月，果期 8—9 月。

生　境 生于林下、林缘、向阳草地及湿草地等处。

分　布 黑龙江集贤。吉林安图、抚松、长白、白山等地。辽宁铁岭、西丰、抚顺、本溪、清原、桓仁、新宾、丹东市区、宽甸、岫岩、凌源、营口等地。河北、山西、陕西、甘肃、山东、河南、四川、贵州、云南、西藏。朝鲜、俄罗斯、日本。高加索地区、欧洲。

采　制 夏、秋季采挖全草，除去杂质，洗净，晒干。

性味功效 味微酸、涩，性平。有活血止血、消肿止痛的功效。

主治用法 用于崩漏、产后腹痛、白带过多、扁桃体炎、跌打损伤、烧伤。水煎服，外用鲜品捣烂敷患处。

用　量 10 ~ 15 g。

附　方

（1）治崩漏：羊耳蒜 15 g，水煎服。

（2）治产后腹痛：羊耳蒜、桃奴各 15 g，水煎加黄酒服用。

◎参考文献◎

［1］江苏新医学院.中药大辞典（上册）[M].上海：上海科学技术出版社，1977:967.

［2］朱有昌.东北药用植物[M].哈尔滨:黑龙江科学技术出版社，1989:191−192.

［3］钱信忠.中国本草彩色图鉴（第二卷）[M].北京：人民卫生出版社，2003:259−260.

▲ 曲唇羊耳蒜果实

▲曲唇羊耳蒜植株

▲北方羊耳蒜花（侧）

▼北方羊耳蒜植株

▲北方羊耳蒜花序

北方羊耳蒜 *Liparis sasakii* Hayata

药用部位　兰科北方羊耳蒜的全草。

原植物　多年生草本，高15～35 cm。假鳞茎近球形或椭圆形，如蒜头状，直径7～20 mm。茎直立，常具狭翅。叶2枚基生，叶柄呈鞘状抱茎，长2～8 cm；叶片椭圆形或卵形，长7～15 cm。总状花序顶生，具花6～20，花序轴具翅；苞片小，卵状三角形，膜质；花带暗紫色、紫褐色或红紫色，萼片相似，长圆状线形或披针状线形，长8～13 mm；唇瓣通常位于下方，宽倒卵形或近广椭圆形；蕊柱呈柱状，花药顶生，2室，花粉块颗粒状；蕊喙短小，柱头1，位于蕊缘下方。蒴果椭圆形或倒卵状椭圆形至长圆形，向基部常渐狭，长11～20 mm。花期7—8月，果期8—9月。

生　　境　生于林下、林缘、林间草地及灌丛间等处。

▲北方羊耳蒜幼株

分　布　黑龙江尚志、宁安、饶河等地。吉林长白、抚松、安图、临江、和龙、敦化等地。辽宁西丰、沈阳、本溪、凤城、清原、桓仁、宽甸、岫岩、大连市区、庄河等地。朝鲜、俄罗斯、日本。

附　注　其采制、性味功效、主治用法及用量同曲唇羊耳蒜。

▼北方羊耳蒜果实

◎参考文献◎

[1]朱有昌.东北药用植物[M].哈尔滨：黑龙江科
　　学技术出版社，1989:191-192.

▲北方羊耳蒜花

▲ 对叶兰幼株

对叶兰属 *Listera* R. Br.

▼ 对叶兰花

对叶兰 *Listera puberula* Maxim.

别　　名　大二叶兰 华北对叶兰

药用部位　兰科对叶兰的全草。

原 植 物　多年生草本。植株高 10 ~ 20 cm。茎纤细，近基部处具 2 枚膜质鞘，近中部处具 2 枚对生叶。叶片心形、宽卵形或宽卵状三角形，长 1.5 ~ 2.5 cm。总状花序长 2.5 ~ 7.0 cm，疏生花 4 ~ 7；花苞片披针形，长 1.5 ~ 3.5 mm；子房长约 6 mm；花绿色；中萼片卵状披针形，长约 2.5 mm；侧萼片斜卵状披针形，与中萼片近等长；花瓣线形，长约 2.5 mm，具 1 脉；唇瓣窄倒卵状楔形或长圆状楔形，通常长 6 ~ 8 mm，中脉较粗，先端 2 裂；裂片长圆形，长 2.0 ~ 2.5 mm，两裂片叉开或几平行；蕊柱长 2.0 ~ 2.5 mm；花药向前俯倾；蕊喙大，宽卵形。蒴果倒卵形，长 6 mm；果梗长约 5 mm。花期 7—8 月，果期 8—9 月。

生　　境　生于密林下阴湿处。

分　　布　黑龙江伊春。吉林长白、抚松、安图、临江、和

▲ 对叶兰花（侧）

龙等地。内蒙古额尔古纳、根河、牙克石、克什克腾旗等地。河北、山西、甘肃、青海、四川、贵州。朝鲜、俄罗斯（西伯利亚中东部）、日本。

采 制 夏、秋季采挖全草，除去泥土，洗净，晒干。

性味功效 有补肾滋阴、化痰止咳的功效。

主治用法 用于哮喘、气管炎等。水煎服。

用 量 适量。

◎ 参考文献 ◎

[1] 中国药材公司.中国中药资源志要[M].北京: 科学出版社，1994:1548.

▲ 对叶兰果实

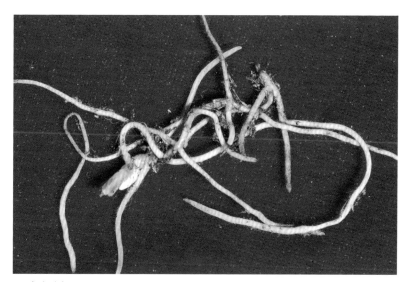

▲ 对叶兰根

▲ 对叶兰植株

沼兰属 *Malaxis* Soland ex Sw.

沼兰 *Malaxis monophyllos*（L.）Sw.

别　名　穗花一叶兰　鞘沼兰　小柱兰　一叶兰　原沼兰

药用部位　兰科沼兰的全草。

原植物　多年生草本。假鳞茎卵形，较小，通常长 6 ~ 8 mm。叶通常 1，较少 2，斜立，卵形、长圆形或近椭圆形，长 2.5 ~ 7.5 cm；叶柄多少鞘状，抱茎或上部离生。花葶直立，长 9 ~ 30 cm；总状花序长 4 ~ 20 cm，具数十朵或更多的花；花苞片披针形，长 2.0 ~ 2.5 mm；花小，较密集，淡黄绿色至淡绿色；中萼片披针形或狭卵状披针形，长 2 ~ 4 mm；侧萼片线状披针形；花瓣近丝状或极狭的披针形，长 1.5 ~ 3.5 mm；唇瓣长 3 ~ 4 mm；唇盘近圆形、宽卵形或扁圆形，中央略凹陷，两侧边缘变为肥厚并具疣状突起；蕊柱粗短。蒴果倒卵形或倒卵状椭圆形，长 6 ~ 7 mm。花期 7—8 月，果期 8—9 月。

生　境　生于林下、林缘、草甸及稍湿草地等处。

▲ 沼兰花序

分　布　黑龙江塔河、呼玛、嫩江、伊春等地。吉林长白、抚松、安图、临江、敦化、和龙、通化等地。辽宁宽甸。内蒙古额尔古纳、牙克石、鄂伦春旗、科尔沁右翼前旗、扎赉特旗、克什克腾旗、宁城、东乌珠穆沁旗、西乌珠穆沁旗等地。河北、山西、陕西、甘肃、台湾、河南、四川、云南、西藏。朝鲜、俄罗斯、日本。欧洲、北美洲。

采　制　春、秋季采挖块茎，去除泥土，洗净，晒干。夏、秋季采收全草，切段，洗净，晒干。

性味功效　味甘，性平。有清热解毒、补肾壮阳、调经活血、利尿、消肿的功效。

主治用法　用于肾虚、虚劳咳嗽、崩漏、带下病、产后腹痛。水煎服。

用　量　适量。

附　注　块茎入药，有活血祛瘀、消肿止痛的功效。

▲ 沼兰植株（丛生）

◎ 参考文献 ◎

［1］中国药材公司 . 中国中药资源志要 [M]. 北京：科学出版社，1994:1549.

▲ 沼兰植株（单生）

▲ 斑叶兜被兰植株

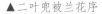
▲ 二叶兜被兰花序

兜被兰属 *Neottianthe* Schltr.

二叶兜被兰 *Neottianthe cucullata*（L.）Schltr.

别　名　兜被兰　鸟巢兰

俗　名　佛手参

药用部位　兰科二叶兜被兰的全草（入药称"百步还阳丹"）。

原植物　多年生草本。植株高 4 ~ 24 cm。块茎圆球形或卵形，长 1 ~ 2 cm。茎直立或近直立，基部具 1 ~ 2 枚圆筒状鞘。叶近平展或直立伸展，叶片卵形、卵状披针形或椭圆形，长 4 ~ 6 cm。总状花序具几朵至 10 余朵花，常偏向一侧；花苞片披针形；子房圆柱状纺锤形，长 5 ~ 6 mm；花紫红色或粉红色；萼片彼此紧密靠合成兜，兜长 5 ~ 7 mm；中萼片长 5 ~ 6 mm；侧萼片斜镰状披针形，长 6 ~ 7 mm；花瓣披针状线形，长约 5 mm，宽约 0.5 mm，先端急尖；唇瓣向前伸展，长 7 ~ 9 mm，上面和边缘具细乳突，基部楔形，中部 3 裂，侧裂片线形，中裂片较侧裂片长而稍宽，向先端渐狭。花期 8—9 月，果期 9—10 月。

生　境　生于林下、林缘及草地等处。

▲二叶兜被兰植株

分　　布　黑龙江塔河、呼玛、孙吴、伊春、鸡西、宁安等地。吉林长白、抚松、安图、临江、延吉等地。辽宁大连。内蒙古牙克石、鄂伦春旗、科尔沁右翼前旗、克什克腾旗、宁城等地。河北、山西、陕西、甘肃、青海、安徽、浙江、江西、福建、河南、四川、云南、西藏。朝鲜、俄罗斯、蒙古、日本、尼泊尔。亚洲（中部）、欧洲。

▲ 二叶兜被兰花

▼ 二叶兜被兰花（侧）

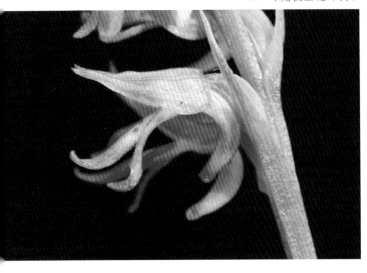

采　　制　夏、秋季采挖全草，除去泥土，洗净，鲜用或晒干。

性味功效　味甘，性平。有强心兴奋、活血散瘀、接骨生肌的功效。

主治用法　用于外伤性昏迷、跌打损伤、骨折等。水煎服。外用研末调敷或捣敷。

用　　量　2.5～5.0 g。外用适量。

附　　注　在东北尚有1变型：

斑叶兜被兰 f. *maculata*（Nakai et Kitag.）Nakai et Kitag.，叶表面有红紫色斑点，其他与原种同。

◎参考文献◎

[1] 江苏新医学院. 中药大辞典（上册）[M].
　　上海：上海科学技术出版社，1977:867.

[2] 朱有昌. 东北药用植物 [M]. 哈尔滨：黑
　　龙江科学技术出版社，1989:192-193.

[3] 钱信忠. 中国本草彩色图鉴（第二卷）[M].
　　北京：人民卫生出版社，2003:310-311.

▲ 二叶兜被兰块茎

▲ 二叶兜被兰幼苗

▲ 二叶兜被兰幼株

红门兰属 *Orchis* L.

广布红门兰 *Orchis chusua* D. Don

别　　名　千鸟兰 库莎红门兰 广布小红门兰
药用部位　兰科广布红门兰的块茎。
原 植 物　多年生草本。植株高5～45 cm。
块茎长圆形或圆球形，长1.0～1.5 cm，直
径约1 cm。茎直立。叶片长圆状披针形、披
针形或线状披针形至线形，长3～15 cm。
花序具花1～20，多偏向一侧；花苞片披针
形或卵状披针形；子房圆柱形，扭转；花紫
红色或粉红色；中萼片长圆形或卵状长圆形，
直立，凹陷呈舟状，长5～8 mm；侧萼片
向后反折，卵状披针形，长6～9 mm；花
瓣直立，斜狭卵形、宽卵形或狭卵状长圆形，
长5～7 mm；唇瓣向前伸展，3裂，中裂
片长圆形、四方形或卵形；距圆筒状或圆筒
状锥形，常向后斜展或近平展，向末端常稍
渐狭，口部稍增大。花期6—7月，果期7—8月。

▲广布红门兰植株

生　　境　生于山坡林下、
林缘及亚高山草地上等处。
分　　布　黑龙江黑河、伊
春等地。吉林长白、安图、
抚松、和龙、靖宇等地。内
蒙古额尔古纳、根河、牙克石、
鄂伦春旗等地。陕西、宁夏、
甘肃、青海、湖北、四川、
云南、西藏。朝鲜、俄罗斯
（西伯利亚）、日本、尼泊尔、
不丹、印度、缅甸。
采　　制　春、秋季采挖块
茎，除去泥土，洗净，晒干。

▲广布红门兰块茎

▲广布红门兰花（粉色）

▲广布红门兰花（浅粉色）

▲广布红门兰果实

性味功效 有清热解毒、补肾益气、滋补安神的功效。

主治用法 用于白浊、肾虚、阳痿、遗精、身体虚弱等。水煎服。

用　　量 适量。

◎参考文献◎

[1] 中国药材公司.中国中药资源志要[M].北京：科学出版社，1994:1551−1552.

▲ 宽叶红门兰花序（深粉色）　　　　　　　▲ 宽叶红门兰花序（浅粉色）

宽叶红门兰　*Orchis lactifolia* L.

别　　名　阔叶红门兰　蒙古红门兰　掌裂兰

药用部位　兰科宽叶红门兰的全草（入药称"红门兰"）及块茎。

原 植 物　多年生草本。植株高 12 ~ 40 cm。块茎下部 3 ~ 5 裂呈掌状，肉质。茎直立。叶 3 ~ 6，互生，叶片长圆形、长圆状椭圆形、披针形至线状披针形，长 8 ~ 15 cm。花序具几朵至多朵密生的花，圆柱状，长 2 ~ 15 cm；花苞片直立伸展，披针形；子房圆柱状纺锤形；花蓝紫色、紫红色或玫瑰红色；中萼片卵状长圆形，长 5.5 ~ 7.0 mm；侧萼片张开，偏斜，卵状披针形或卵状长圆形，长 6 ~ 8 mm；花瓣直立，卵状披针形；唇瓣向前伸展，卵形、卵圆形，常稍长于萼片，长 6 ~ 9 mm；距圆筒形、圆筒状锥形至狭圆锥形，下垂，略微向前弯曲，末端钝，较子房短或与子房近等长。花期 6—7 月，果期 7—8 月。

生　　境　生于山坡、沟边灌丛下及湿润草地等处。

分　　布　黑龙江哈尔滨。吉林双辽、临江等地。内蒙古科尔沁左翼后旗、科尔沁右翼中旗、扎鲁特旗、科尔沁右翼前旗、克什克腾旗、东乌珠穆沁旗、西乌珠穆沁旗等地。宁夏、甘肃、青海、新疆、四川、西藏。朝鲜、俄罗斯（西伯利亚）、蒙古、不丹、巴基斯坦、阿富汗。北非、欧洲。

采　　制　春、秋季采挖块茎，去除泥土，洗净，晒干。夏、秋季采收全草，切段，洗净，晒干。

性味功效　全草：味甘，性平。有强心、补肾、生津、止渴、健脾胃的功效。块茎：有补血益气、生津、止血的功效。

▲宽叶红门兰花序

主治用法 全草：用于烦躁口渴、食欲不振、不思饮食、月经不调、阴液不足、虚劳贫血、头晕。水煎服。块茎：用于久病体虚、虚劳消瘦、乳少、慢性肝炎、肺虚咳嗽、失血、久泻、阳痿。水煎服。

用　　量 15 ~ 20 g。

附　　方 治虚劳贫血、头昏眼花：宽叶红门兰、盘龙参、黄精、何首乌各15 g。水煎服。

◎参考文献◎

[1] 江苏新医学院. 中药大辞典（上册）[M]. 上海：上海科学技术出版社，1977:995-996.

[2] 中国药材公司. 中国中药资源志要 [M]. 北京：科学出版社，1994:1552.

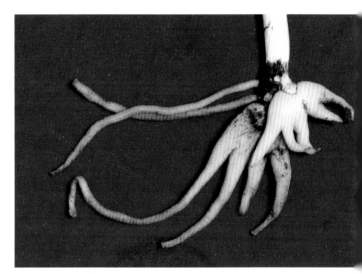

▲宽叶红门兰块茎

▲宽叶红门兰花

▲宽叶红门兰幼株

▲宽叶红门兰植株（花粉色，侧）

▲ 宽叶红门兰群落

▲宽叶红门兰植株（花紫色，侧）

▲ 宽叶红门兰植株

▲ 宽叶红门兰居群

▲北方红门兰植株

北方红门兰 *Orchis roborovskii* Maxim.

药用部位 兰科北方红门兰的根状茎。

原植物 多年生草本。植株高5～15 cm。具肉质的根状茎。茎直立，圆柱形，基部具2～3枚筒状鞘，鞘之上具叶。叶1～2，基生，叶片卵形、卵圆形或狭长圆形，长3～9 cm。花茎直立，花序具花1～5，常偏向一侧；花苞片卵状披针形至披针形；子房纺锤形，连花梗长8～10 mm；花紫红色，萼片近等大，长6～7 mm，中萼片直立，卵形或卵状长圆形，凹陷呈舟状，先端钝，具3脉；侧萼片直立或稍张开，偏斜，卵状长圆形；花瓣直立，卵形，先端钝或急尖，具3脉；唇瓣向前伸出，平展，宽卵形，长7 mm，中裂片长圆形或三角形，先端钝；距圆筒状。花期6—7月，果期7—8月。

生　境 生于山坡林下、灌丛下及高山草地上。

分　布 内蒙古正蓝旗、镶黄旗、正镶白旗等地。河北、甘肃、青海、新疆、四川、西藏。印度、不丹。

采　制 春、秋季采挖根状茎，去除泥土，洗净，晒干。

性味功效 有补血、清热解毒、消肿的功效。

用　量 适量。

◎参考文献◎

[1] 中国药材公司. 中国中药资源志要 [M]. 北京：科学出版社，1994:1552.

▲北方红门兰花（侧）

▲北方红门兰花

▲ 山兰植株

山兰属 *Oreorchis* Lindl.

山兰 *Oreorchis patens*（Lindl.）Lindl.

别　　名	小鸡兰　山慈姑
俗　　名	山芋头
药用部位	兰科山兰的假鳞茎（入药称"冰球子"）。
原 植 物	多年生草本。假鳞茎卵球形至近椭圆形，长

1～2 cm，直径 0.5～1.5 cm。叶 1～2，生于假鳞茎顶端，

▼ 山兰花（侧）

▼ 山兰假鳞茎

▲ 山兰幼株

▼ 山兰果实

线形或狭披针形，长 13 ~ 30 cm。花葶从假鳞茎侧面发出，直立，长 20 ~ 45 cm；总状花序长 4.5 ~ 15.5 cm，疏生数朵至 10 余朵花；花苞片狭披针形，长 2.5 ~ 5.0 mm；花梗和子房长 8 ~ 12 mm；花黄褐色至淡黄色，唇瓣白色并有紫斑；萼片狭长圆形，长 7 ~ 9 mm；侧萼片稍镰曲；花瓣狭长圆形，长 7 ~ 8 mm；唇瓣长 6.5 ~ 8.5 mm，3 裂；侧裂片线形，长约 3 mm；中裂片近倒卵形，长 5.5 ~ 7.0 mm；

▲ 山兰花（萼片黄绿色）

唇盘上有2条肥厚纵褶片；蕊柱长4~5 mm。蒴果长圆形，长约1.5 cm。花期6—7月，果期8—9月。

生　境　生于林下、林缘、灌丛及沟谷等处，常聚集成片生长。

分　布　黑龙江尚志、虎林、饶河等地。吉林柳河、江源、靖宇、白山、通化、集安等地。辽宁清原、宽甸、桓仁、岫岩等地。甘肃、江西、台湾、湖南、四川、贵州、云南。朝鲜、俄罗斯（西伯利亚）。

采　制　春、秋季采挖假鳞茎，剪掉须根，去除泥土，洗净，晒干。

性味功效　味甘、辛，性寒。有解毒行瘀、杀虫消痈的功效。

主治用法　用于痈疽疮肿、瘰疬、无名肿毒等。水煎服。外用醋磨敷患处。

用　量　3~6 g。外用适量。

附　注　全草入药，有滋阴清肺、化痰止咳的功效。

◎参考文献◎

[1] 钱信忠.中国本草彩色图鉴（第二卷）[M].北京：人民卫生出版社，2003:282-283.
[2] 中国药材公司.中国中药资源志要[M].北京：科学出版社，1994:1553.

▲山兰花序

▲山兰花（萼片深黄色）

▲市场上的山兰假鳞茎

▲ 密花舌唇兰植株

舌唇兰属 *Platanthera* L. C. Rich.

密花舌唇兰 *Platanthera hologlottis* Maxim.

▲ 密花舌唇兰根

别　　名	狭叶舌唇兰　沼兰
药用部位	兰科密花舌唇兰的全草。

原 植 物　多年生草本。植株高 35 ~ 85 cm。根状茎匍匐，圆柱形，肉质。茎细长，直立，下部具大叶 4 ~ 6，向上渐小成苞片状。叶片线状披针形或宽线形。总状花序具多数密生的花，长 5 ~ 20 cm；花苞

▲ 密花舌唇兰花

▼ 密花舌唇兰花（侧）

▲ 密花舌唇兰花序

片披针形或线状披针形，长 10 ~ 15 mm；子房圆柱形；花白色，芳香；萼片先端钝，具 5 ~ 7 脉，中萼片直立，舟状，卵形或椭圆形，长 4 ~ 5 mm；侧萼片反折，偏斜，椭圆状卵形，长 5 ~ 7 mm；花瓣直立，长 4 ~ 5 mm，先端钝，具 5 脉，与中萼片靠合呈兜状；唇瓣舌形或舌状披针形，稍肉质，长 6 ~ 7 mm，先端圆钝；距下垂，长 1 ~ 2 cm；蕊柱短；花粉团倒卵形；退化雄蕊显著；蕊喙矮。花期 6—7 月，果期 8—9 月。

生　　境　生于山坡林下、草甸及山沟潮湿草地等处。

分　　布　黑龙江呼玛、黑河市区、孙吴、嫩江、伊春、萝北、集贤、虎林、鹤岗等地。吉林蛟河、珲春、敦化、抚松、长白、安图等地。辽宁桓仁。内蒙古额尔古纳、牙克石、鄂伦春旗、扎兰屯、科尔沁右翼前旗、宁城等地。河北、山东、江苏、安徽、浙江、江西、福建、湖南、广东、四川、云南。朝鲜、俄罗斯（西伯利亚）、日本。

采　　制　夏、秋季采挖全草，除去泥土，洗净，切段，晒干。

性味功效　有润肺止咳的功效。

用　　量　适量。

◎参考文献◎

［1］中国药材公司.中国中药资源志要 [M].北京：科学出版社，1994:1556.

▲ 密花舌唇兰果实

▲二叶舌唇兰花序

二叶舌唇兰 *Platanthera chlorantha* Cust ex Rchb.

别　　名　大叶长距兰　土白及

药用部位　兰科二叶舌唇兰的块茎。

原 植 物　多年生草本。植株高 30 ~ 50 cm。块茎卵状纺锤形，肉质，长 3 ~ 4 cm。茎直立。基部大叶片椭圆形或倒披针状椭圆形，长 10 ~ 20 cm。总状花序具花 12 ~ 32，长 13 ~ 23 cm；花苞片披针形；子房圆柱状，上部钩曲；花较大，绿白色或白色；中萼片直立，舟状，圆状心形，长 6 ~ 7 mm；侧萼片张开，斜卵形，长 7.5 ~ 8.0 mm；花瓣直立，偏斜，狭披针形，长 5 ~ 6 mm，与中萼片相靠合呈兜状；唇瓣向前伸，舌状，肉质，长 8 ~ 13 mm，先端钝；距棒状圆筒形，长 25 ~ 36 mm，水平或斜的向下伸展，稍微钩曲或弯曲；蕊柱粗；花粉团椭圆形；退化雄蕊显著；蕊喙宽；柱头 1 个。花期 6—7 月，果期 8—9 月。

生　　境　生于林下、林缘及灌丛中。

分　　布　黑龙江黑河、伊春、尚志等地。吉林长白、抚松、安图、通化、临江、珲春等地。辽宁西丰、本溪、清原、桓仁、宽甸、岫岩、鞍山市区、庄河等地。内蒙古牙克石、扎兰屯、扎赉特旗、克什克腾旗等地。河北、山西、陕西、甘肃、青海、四川、云南、西藏。欧洲至亚洲广布，从英格兰至朝鲜半岛。

采　　制　春、秋季采挖块茎，除去泥土，洗净，晒干。

▲二叶舌唇兰幼株

▲二叶舌唇兰块茎

▲二叶舌唇兰植株

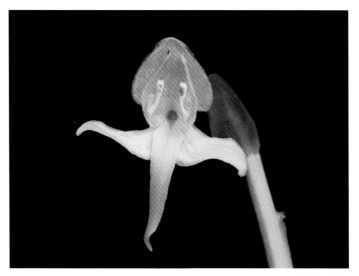

▲二叶舌唇兰花

性味功效 味苦，性平。有补肺生肌、化瘀止血的功效。

主治用法 用于肺痨咳嗽、吐血、衄血、创伤、痈肿及烫火伤等。水煎服。外用捣烂敷患处。

用　量 5～15 g。外用适量。

◎参考文献◎

［1］江苏新医学院.中药大辞典（上册）[M].上海：上海科学技术出版社，1977:85.

［2］中国药材公司.中国中药资源志要 [M].北京：科学出版社，1994:1556.

▲二叶舌唇兰花（侧）

▲ 东北舌唇兰花序　　　　　　　　　　　　　▲ 东北舌唇兰植株

东北舌唇兰 *Platanthera cornu-bovis* Nevski

| 别　　名 | 长白舌唇兰　长白长距兰　尾瓣舌唇兰 |

别　　名　长白舌唇兰　长白长距兰　尾瓣舌唇兰

药用部位　兰科东北舌唇兰的块茎及全草（入药称"尾瓣舌唇兰"）。

原 植 物　多年生草本。植株高 20 ～ 46 cm。块茎长圆状卵形，长 4 ～ 6 cm，基部粗 5 ～ 8 mm，肉质。茎细长，直立或近直立，在下部或近中部具大叶 1，叶片椭圆形至长椭圆形，长 5.5 ～ 10.0 cm。总状花序具 3 ～ 12 朵较疏生的花；花苞片披针形，长 1.0 ～ 2.5 cm；子房圆柱状纺锤形；花黄绿色或淡绿色；中萼片宽卵形，凹陷，长 5.0 ～ 6.5 mm；侧萼片反折，狭披针形至线状披针形，长 8 ～ 9 mm；花瓣长 7 ～ 8 mm，下部为斜卵形，不等侧，宽 3.0 ～ 3.2 mm；唇瓣下垂，舌状披针形，长 9 ～ 10 mm，先端钝；距圆筒状，细长，长 1.5 ～ 2.6 cm；花粉团椭圆形；退化雄蕊 2；蕊喙宽三角形。花期 7—8 月，果期 8—9 月。

生　　境　生于林下、林缘及亚高山草地上。

分　　布　吉林柳河、临江、长白、抚松、安图等地。辽宁清原。朝鲜、俄罗斯（西伯利亚中东部）、日本。

采　　制　春、秋季采挖块茎，除去泥土，洗净，晒干。夏、秋季采收全草，除去杂质，切段，洗净，鲜用或晒干。

性味功效　味甘，性平。有镇静解痉、益肾安神、利尿降压的功效。

主治用法　用于带下、崩漏、遗尿、肺热咳嗽等。水煎服。

用　　量　9 ～ 15 g。

▲ 东北舌唇兰果实

▲ 东北舌唇兰花

◎参考文献◎

[1] 朱有昌．东北药用植物 [M].哈尔滨：黑龙江科学技术出版社，1989:194-195.

[2] 钱信忠.中国本草彩色图鉴(第三卷)[M].北京：人民卫生出版社，2003:141-142.

[3] 中国药材公司.中国中药资源志要 [M].北京：科学出版社，1994:1556.

▼ 东北舌唇兰花（侧）

▼ 东北舌唇兰根

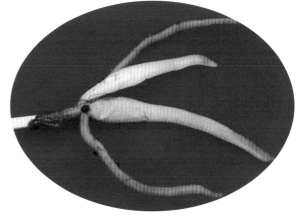

朱兰属 *Pogonia* Juss.

朱兰 *Pogonia japonica* Rchb. f.

药用部位　兰科朱兰的全草。

原植物　多年生草本。植株高 10 ～ 25 cm。根状茎直生，长 1 ～ 2 cm，具细长的、稍肉质的根。茎直立，纤细，在中部或中部以上具叶 1。叶稍肉质，通常近长圆形或长圆状披针形，长 3.5 ～ 9.0 cm。花苞片叶状，狭长圆形、线状披针形或披针形，长 1.5 ～ 4.0 cm；花单朵顶生，向上斜展，常紫红色或淡紫红色；萼片狭长圆状倒披针形，长 1.5 ～ 2.2 cm；花瓣与萼片相似；唇瓣近狭长圆形，长 1.4 ～ 2.0 cm，向基部略收狭，中部以上 3 裂；侧裂片顶端有不规则缺刻或流苏；中裂片舌状或倒卵形，边缘具流苏状齿缺；蕊柱细长，长 7 ～ 10 mm。蒴果长圆形，长 2.0 ～ 2.5 cm，宽 5 ～ 6 mm。花期 6—7 月，果期 8—9 月。

生境　生于湿草地、林间草地及林下等处。

分布　黑龙江伊春、嫩江、集贤、东宁、穆棱、绥芬河等地。吉林蛟河、安图、和龙、柳河、靖宇等地。内蒙古额尔古纳、牙克石、鄂伦春旗等地。山东、安徽、浙江、江西、福建、湖北、湖南、广西、四川、贵州。朝鲜、俄罗斯（西伯利亚中东部）、日本。

▲朱兰花（唇瓣条纹紫红色）

▼朱兰花（侧）

▲朱兰花（唇瓣条纹浅粉色）

▲朱兰果实

▲朱兰植株

▲朱兰花（背）

采　制　夏、秋季采收全草，除去杂质，切段，洗净，鲜用或晒干。

性味功效　味苦，性寒。有清热解毒、润肺止咳、消肿、止血的功效。

主治用法　用于肝炎、胆囊炎、毒蛇咬伤、痈疮肿毒。水煎服。外用捣烂敷患处。

用　量　适量。

◎参考文献◎

[1] 中国药材公司.中国中药资源志要[M].北京: 科学出版社，1994:1558.

绥草属 *Spiranthes* L. C. Rich.

绥草 *Spiranthes sinensis*（Pers.）Ames

别　　名　盘龙参 东北盘龙参

俗　　名　盘龙草 龙抱柱 扭劲草 猪鞭草 拧劲兰 扭扭兰

药用部位　兰科绥草的块根及全草（入药称"盘龙参"）。

原 植 物　多年生草本。植株高 13 ~ 30 cm。根数条，指状，肉质。茎较短，近基部生叶 2 ~ 5。叶片宽线形或宽线状披针形，长 3 ~ 10 cm，常宽 5 ~ 10 mm。花茎直立，长 10 ~ 25 cm；总状花序具多数密生的花，长 4 ~ 10 cm，呈螺旋状扭转；花苞片卵状披针形，先端长渐尖；花小，紫红色、粉红色或白色，在花序轴上呈螺旋状排生；萼片的下部靠合，中萼片狭长圆形，侧萼片偏斜，披针形，长 5 mm；花瓣斜菱状长圆形，先端钝；唇瓣宽长圆形，凹陷，长 4 mm，宽 2.5 mm，先端极钝，前半部上面具长硬毛且边缘具强烈皱波状啮齿，唇瓣基部凹陷呈浅囊状，囊内具 2 枚胼胝体。花期 7—8 月，果期 8—9 月。

生　　境　生于山坡林下、灌丛中、草地及河滩沼泽草甸中等处。

分　　布　黑龙江塔河、呼玛、黑河、齐齐哈尔、安达、哈尔滨、伊春、依兰、饶河、密山等地。吉林汪清、安图、抚松、长白、临江、和龙、敦化、珲春、通化、通榆、镇赉、长岭、前郭等地。辽宁凌源、北镇、彰武、康平、法库、铁岭、沈阳市区、鞍山市区、海城、本溪、丹东市区、宽甸、桓仁等地。内蒙古额尔古纳、根河、牙克石、鄂伦春旗、鄂温克旗、阿荣旗、科尔沁右翼前旗、扎赉特旗、阿鲁科尔沁旗、正蓝旗等地。全国绝大部分地区。朝鲜、俄罗斯（西伯利亚）、蒙古、日本、阿富汗、不丹、印度、缅甸、越南、泰国、菲律宾、马来西亚、澳大利亚。

采　　制　春、秋季采挖块根，除去泥土，洗净，鲜用或晒干。夏、秋季采收全草，除去杂质，切段，洗净，鲜用或晒干。

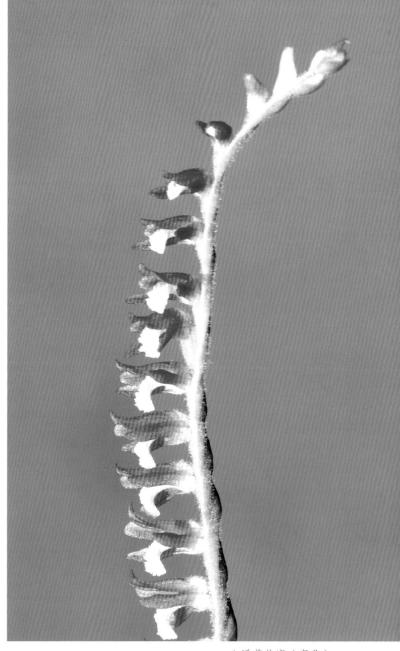

▲ 绥草花序（弯曲）

▲ 绥草花（侧）

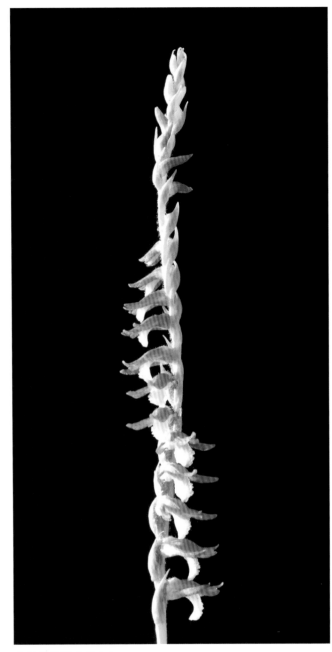

▲ 绶草花序（直立）

▲ 绶草花

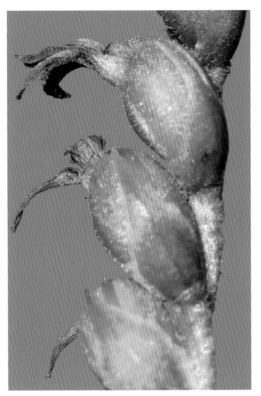

▲ 绶草果实

性味功效　味甘、淡，性平。有清热解毒、滋阴益气、润肺止咳的功效。

主治用法　用于病后体虚、阴虚内热、神经衰弱、咳嗽吐血、肺结核、咽喉肿痛、扁桃体炎、牙痛、指头炎、肺炎、肾炎、肝炎、头晕、腰酸、遗精、阳痿、带下、淋浊、疮疡痈肿、带状疱疹、小儿急惊风、糖尿病、毒蛇咬伤等。水煎服。外用捣烂敷患处。

用　　量　10 ～ 15 g（鲜品 25 ～ 50 g）。外用适量。

附　　方

（1）治肺结核咯血：盘龙参、瘦猪肉各 50 g，炖服。又方：盘龙参 30 g，水煎，日服 2 次。

（2）治毒蛇咬伤：盘龙参鲜根 1 ～ 3 株，水煎服；另用茎叶捣烂外敷伤口（伤口先经必要处理）周围。

（3）治虚热咳嗽：盘龙参 15 ～ 25 g，水煎服。

（4）治病后体虚：盘龙参 50 g，豇豆根 25 g，蒸猪肉 250 g，或仔鸡 1 只内服，每 3 d 一剂，连服 3 剂。

（5）治糖尿病：盘龙参根 50 g，猪胰 1 个，银杏 50 g，酌量加水煎服。

（6）治痈肿：盘龙参根洗净置瓶中，加水适量，麻油封浸待用。用时取根杵烂，敷患处，每日一换。

（7）治烫火伤：盘龙参 50 g，蚯蚓 5 条，白糖少量。共捣烂外敷，每日换药 1 次。

◎参考文献◎

[1] 江苏新医学院. 中药大辞典（下册）[M]. 上海：上海科学技术出版社，1977:2187-2188.

[2] 朱有昌. 东北药用植物 [M]. 哈尔滨：黑龙江科学技术出版社，1989:195-197.

[3] 《全国中草药汇编》编写组. 全国中草药汇编（上册）[M]. 北京：人民卫生出版社，1975:726.

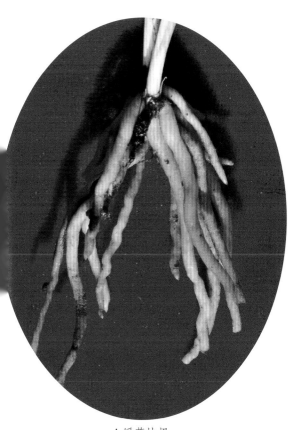

▲绶草块根

▲绶草植株

▲ 蜻蜓兰幼株（侧）

▼ 蜻蜓兰花（背）

蜻蜓兰属 *Tulotis* Raf.

蜻蜓兰 *Tulotis fuscescens*（L.）Czer

别　　名　竹叶兰　密花蜻蜓兰

药用部位　兰科蜻蜓兰的全草。

原 植 物　多年生草本。植株高 20～60 cm。根状茎指状，肉质，细长。茎直立，茎部具 1～2 枚筒状鞘，茎下部的 2～3 枚叶较大，大叶片倒卵形或椭圆形，直立伸展，长 6～15 cm。总状花序狭长，具多数密生的花；花苞片狭披针形，直立伸展；子房圆柱状纺锤形，扭转；花小，黄绿色；中萼片直立，凹陷呈舟状；侧萼片斜椭圆形，张开，较中萼片稍长而狭；花瓣直立，斜椭圆状披针形；唇瓣向前伸展，多少下垂，舌状披针形，肉质，长 4～5 mm，基部两侧各具 1 枚小的侧裂片，侧裂片三角状镰形，长达 1 mm，先端锐尖，中裂片舌状披针形，较侧裂片长，长 3～4 mm。花期 7—8 月，果期 8—9 月。

生　　境　生于林下、林缘、灌丛、草甸及草地等处。

▲蜻蜓兰幼株

分　　布　黑龙江黑河、伊春、虎林、尚志、阿城等地。吉林长白、抚松、安图、汪清、和龙、临江、靖宇、珲春、桦甸等地。辽宁西丰、清原、桓仁、宽甸、鞍山、本溪、凤城、丹东市区等地。内蒙古额尔古纳、根河、牙克石、鄂伦春旗、扎赉特旗等地。河北、山西、陕西、甘肃、青海、山东、河南、四川、云南。

▲蜻蜓兰花

▲蜻蜓兰根状茎

▲蜻蜓兰花序

▲蜻蜓兰果实

朝鲜、俄罗斯（西伯利亚）、日本。

采　　制　　夏、秋季采挖全草，除去泥土，洗净，晒干。

性味功效　　味甘，性温。有补肾益精、解毒消肿的功效。

主治用法　　用于病后虚弱、阳痿、遗精、疮疡痈肿、烧伤、肾虚腰痛等。水煎服。外用捣烂敷患处。

用　　量　　6～12 g（鲜品25～50 g）。外用适量。

◎参考文献◎

[1] 江苏新医学院.中药大辞典（下册）[M].上海：上海科学技术出版社，1977:2552.

[2] 钱信忠.中国本草彩色图鉴（第五卷）[M].北京：人民卫生出版社，2003:383-384.

[3] 中国药材公司.中国中药资源志要[M].北京：科学出版社，1994:1560.

▲蜻蜓兰植株

▲ 小花蜻蜓兰植株

▼ 小花蜻蜓兰花序

小花蜻蜓兰 *Tulotis ussuriensis*（Regel et Maack）Hara.

别　　名　乌苏里竹叶兰　乌苏里蜻蜓兰　半春莲
药用部位　兰科小花蜻蜓兰的根或全草。
原 植 物　多年生草本。植株高 20 ~ 55 cm。
根状茎指状，肉质。茎直立，基部具 1 ~ 2 枚
筒状鞘，下部的 2 ~ 3 枚叶较大，中部至上
部具一至几枚苞片状小叶。大叶片匙形或狭长
圆形，直立伸展，长 6 ~ 10 cm。总状花序具
10 ~ 20 朵较疏生的花，长 6 ~ 10 cm；花苞
片直立伸展；子房细圆柱形，扭转；花较小，
淡黄绿色；中萼片直立，凹陷呈舟状；侧萼片
张开或反折，先端钝，具 3 脉；花瓣直立，狭
长圆状披针形；唇瓣向前伸展，多少向下弯曲，
舌状披针形，肉质，基部两侧各具 1 枚近半圆
形的小侧裂片，中裂片舌状披针形或舌状，宽
约 1 mm；距纤细，细圆筒状，下垂。花期 7—
8 月，果期 8—9 月。

▲ 小花蜻蜓兰根

▲小花蜻蜓兰花

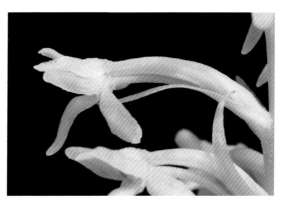

▲小花蜻蜓兰果实

▲小花蜻蜓兰花（侧）

生　　境　生于林下、林缘及灌丛等处。

分　　布　黑龙江嘉荫、尚志、五常、东宁、宁安等地。吉林长白、抚松、安图、汪清、和龙、临江、靖宇、珲春、桦甸等地。辽宁清原。河北、陕西、江苏、安徽、浙江、江西、福建、河南、湖北、湖南、广西、四川。朝鲜、俄罗斯（西伯利亚）、日本。

采　　制　春、秋季采挖根，除去泥土，洗净，晒干。夏、秋季采收全草，切段，洗净，晒干。

性味功效　根：味辛、苦，性凉。有解毒消肿的功效。全草：味甘，性平。有补肾壮阳的功效。

主治用法　根：用于鹅口疮、虚火牙痛、痈疖肿毒、跌打损伤。水煎服，外用鲜品捣烂敷患处。全草：用于肾虚、身体虚弱、咳嗽气喘。水煎服。

用　　量　15～25 g。外用适量。

附　　方

（1）治鹅口疮：小花蜻蜓兰根 15～25 g，水煎服。

（2）治无名肿毒、毒蛇咬伤：小花蜻蜓兰鲜根适量，捣烂外敷。

（3）治跌打损伤、骨折：小花蜻蜓兰鲜根 50～100 g，捣烂外敷。

◎参考文献◎

［1］江苏新医学院.中药大辞典（上册）[M].上海：上海科学技术出版社，1977:784.

［2］朱有昌.东北药用植物 [M].哈尔滨：黑龙江科学技术出版社，1989:197-198.

［3］钱信忠.中国本草彩色图鉴（第二卷）[M].北京：人民卫生出版社，2003:16-17.

主要参考文献

［1］中国科学院中国植物志编辑委员会．中国植物志（1～80卷）［M］．北京：科学出版社，2004．

［2］江苏新医学院．中药大辞典（上、下册）［M］．上海：上海科学技术出版社，1977．

［3］肖培根，连文琰．中药植物原色图鉴［M］．北京：中国农业出版社，1999．

［4］肖培根．新编中药志（1～3卷）［M］．北京：化学工业出版社，2002．

［5］朱有昌．东北药用植物［M］．哈尔滨：黑龙江科学技术出版社，1989．

［6］国家中医药管理局《中华本草》编委会．中华本草［M］．上海：上海科学技术出版社，1999．

［7］徐国钧，何宏贤，徐珞珊，等．中国药材学（上、下册）［M］．北京：中国医药科技出版社，1996．

［8］雷载权，张廷模．中华临床中药学（上、下卷）［M］．北京：人民卫生出版社，2002．

［9］国家药典委员会．中华人民共和国药典（2020年版一部）［M］．北京：化学工业出版社，2020．

［10］王强，徐国钧．道地药材图典［M］．福州：福建科学技术出版社，2003．

［11］徐国均，王强，余伯阳．抗肿瘤中草药彩色图谱［M］．福州：福建科学技术出版社，1997．

［12］《全国中草药汇编》编写组．全国中草药汇编［M］．北京：人民卫生出版社，1975．

［13］钱信忠．中国本草彩色图鉴［M］．北京：人民卫生出版社，2003．

［14］中国药材公司．中国中药资源志要［M］．北京：科学出版社，1994．

[15] 卯晓岚 . 中国大型真菌 [M] . 郑州：河南科学技术出版社，2002.

[16] 戴自成，图力古尔 . 中国东北野生食药用真菌图志 [M] . 北京：科学出版社，2006.

[17] 卯晓岚 . 中国经济真菌 [M] . 北京：科学出版社，1998.

[18] 《中国药物大全》编辑委员会 . 中国药物大全（中药卷）[M] . 北京：人民卫生出版社，
    1991.

[19] 李益生，宋起，华海清 . 现代养生保健中药辞典 [M] . 北京：人民卫生出版社，2004.

[20] 杨苍良 . 毒药本草 [M] . 北京：中国中医药出版社，2004.

[21] 严仲铠，李万林 . 中国长白山药用植物彩色图志 [M] . 北京：人民卫生出版社，1997.

[22] 张继有，严仲铠，李海日，等 . 长白山植物药志 [M] . 长春：吉林人民出版社，1982.

[23] 周繇 . 中国长白山植物资源志 [M] . 北京：中国林业出版社，2010.

[24] 周以良 . 黑龙江植物志 [M] . 哈尔滨：东北林业大学出版社，2002.

[25] 李书心 . 辽宁植物志 [M] . 沈阳：辽宁科学技术出版社，1988.

[26] 赵一之，赵利清，曹瑞 . 内蒙古植物志 [M] .3 版 . 呼和浩特：内蒙古人民出版社，2020.

[27] 傅立国，陈潭清，郎楷永 . 中国高等植物 [M] . 青岛：青岛出版社，2001.

[28] 具诚，高玮，王魁颐 . 吉林生物种类与分布 [M] . 长春：东北师范大学出版社，1997.

[29] 李建东，吴榜华，盛连喜 . 吉林植被 [M] . 长春：吉林科学技术出版社，2001.

[30] 中华人民共和国商业部土产废品局，中国科学院植物研究所 . 中国经济植物志（上、下册）[M] .
    北京：科学出版社，1960.

后　记

　　中国东北地区药用植物资源十分丰富，据初步统计，全区共有野生药用植物 2 000 余种。其中有疗效神奇的人参、具有双向调节作用的刺五加、补肾壮阳的草苁蓉、被康熙大帝钦封为"仙赐草"的库页红景天、被誉为"补药之王"的党参、治疗冠状动脉硬化的灵芝、治疗半身不遂的天麻等等，它们均在国内外享有较高的知名度。

　　尽管东北地区药用植物种类多、品相好、疗效佳，特别是长白山还享有中国"五大药库"之一的美誉，而且每年从事中药普查、分类鉴定、成分分析、组织培养、资源利用及新药研发等方面研究的教授、博士、硕士发表了大量权威论文和调查报告，出版了许多优秀著作，荣获了多项国家和省部级奖项，但迄今为止，还没有一部系统、全面、细致、科学地反映东北野生药用植物资源的大型彩色志书。每当想到此事，长期从事植物学研究工作的我内心焦灼万分。为了更好地介绍东北地区丰富的药用植物资源，为国内外研究本地区药用植物资源的专家、学者等提供重要的参考文献；同时让更多的药用植物资源得到更好的开发和利用，我尽可能利用一切可以利用的时间，平均每年深入野外考察和研究的时间在 170 天以上，只身一人在遮天蔽日的长白林海中穿行，在棕熊猖獗的大兴安岭密林中露营，在蜱虫嚣张的小兴安岭深处调研，在虎豹出没的完达山脉里拍摄，在蝮蛇觊觎的张广才岭岩石上记录，在悬崖陡峭的医巫闾山上攀登，在怪石嶙峋的燕山山脊上徒步，在险象环生的三江湿地中跋涉，在牛虻肆虐的呼伦贝尔草原考察，

在蚊子猖狂的科尔沁草地奔波……去采集每一份植物标本，拍摄每一张植物照片，收集每一组植物数据，掌握每一种植物用途，了解每一类植物分布，调查每一块植物样地……最大限度地解决以前资料记载存在的种种错误，特别是有关植物资源的种类、分布及利用方面存在的问题。

　　《中国东北药用植物资源图志》的编辑出版是一项十分浩大的工程，数十年来，我用自己的勤奋和真诚感动了所有帮助我的人，硬是靠双腿走遍了东北地区的每一个角落（仅长白山主峰就爬上了 164 次），拍摄植物照片 350 000 余张，为《中国东北药用植物资源图志》这部著作积累了大量的原始图像资料。为了出版本书，我每天的睡眠时间不足 5 小时，把所有的休息时间都用于查阅资料。在 2014 年末，中央电视台新闻频道《真诚沟通》栏目，以"当代李时珍"为标题报道了我的工作事迹，这是巨大的压力，但也成为我加快工作节奏、立志尽快出版《中国东北药用植物资源图志》的巨大动力。试想，若干年后，随着全球环境进一步恶化，少数植物濒临灭绝，绝大多数植物品相降低，植物的植株、花、果实及叶片残缺不全，科研价值和可观赏性就将大大降低。而我们有幸赶上了这么好的年代，有机会利用手中的照相机记录下这些美丽的植物，为之后研究中国东北药用植物资源的人们，提供更多真实、准确、清晰的照片，而不是枯燥的文字和干瘪的数据。

　　《中国东北药用植物资源图志》能够顺利出版，一方面，我要感谢著名医药学家肖培根院士和著名植物学家孙汉董院士的鼎力支持。他们给予了我无微不至的关心和帮助，积极为我的著作进行主审和作序，使我能够有集中精力专心编写植物研究学术著作的机会；感谢吉林省通化师范学院的历届领导和生命科学学院的全体师生，特别是感谢现任校长朱俊义教授，通过朱俊义教授的积极推荐，我在 2016 年获得了"长白山技能名师"的光荣称号，从而得到了吉林省政府 60 万元资金的资助，这对我的考察和研究工作是莫大的支持；本书也凝聚了我参与的科技部科技基础资源调查专项"东北禁伐林区野生经济植物资源调查"项目（项目号 2019FY100500）的科考和调研成果。另一方面，我要感谢黑龙江科学技术出版社的领导和编辑，他们具有远见卓识，不以追逐经济效益为目标，而以弘扬和传承中国传统医药文化为使命，以为中国东北地区野生药用植物资源的调查、研究、评价提供重要文献参考为依归，使《中国东北药用植物资源图志》的出版从理论上的可能最终变成现实。同时，我还要感谢王文采院士的鼎力推荐，让本书在 2020 年有幸获得了国家出版基金项目的资助。我在书中加入了 300 幅反映东北地质地貌及药用植物群落的 8 开大照片，通过强烈的视觉冲击力，为读者展现了黑土地壮丽的自然风光和丰富的中草药资源，使本书在保证理论性、科学性、知识性的前提下，更具有观赏性、收藏性及传承性。

　　但愿此书能够成为研究中国东北药用植物资源的一本标志性著作，成为开发黑土地中草药资源宝库的一把金钥匙，成为我孜孜以求并为之拼搏奋斗的学术研究的一份满意答卷，成为献给我热爱并甘愿为之牺牲一切的伟大祖国一份最好的礼物。在《中国东北药用植物资源图志》出版之际，我对所有帮助过我的领导、老师、同人以及单位表示深深的谢意！

周繇

2021年10月1日

出版者的话

中国是世界上植物种类最多的国家之一，具有丰富的药用植物资源，应用中草药历史悠久。而东北地区是我国北方生物多样性的重点保护区域，珍贵药用植物种类多，蕴藏量和产量大，是中国地道药材的重要产区。

据统计，除中药外，世界各国当前所使用的化学药物中，有1/3是由药用植物提供的。药用植物资源的开发和利用受到了越来越多的重视，人们对药用植物资源的需求量日益增大，更好地开展药用植物资源研究具有极为重要的意义。

我社1989年出版的《东北药用植物》（朱有昌主编）是一部重要的本草类中医文献，出版后产生了较大影响。为了适应时代的发展和要求，我们全力打造了由通化师范学院周繇教授编著的《中国东北药用植物资源图志》（全9册）这一超大型药用植物专著。

本书全面、系统地介绍了中国东北地区药用植物资源，具有极强的原创性、科学性、系统性和代表性。对于国内外研究东北地区药用植物的专家、学者和有关人员而言具有重要的参考价值，可以为东北地区野生药用植物的开发、利用、保护和规划提供第一手资料。

本书入选了"十三五"国家重点出版物出版规划，并得到了国家出版基金的大力资助，是体现国家意志、代表国家水平的精品力作。

本书的出版实现了多项创新。第一，采用了传统出版与数字出版结合的融合出版方式，在出版纸书的同时，同步建成了中国东北药用植物资源知识服务数字交互平台——"东北药用植物图库"（http://www.photoplant.cn/）。读者和用户可通过计算机或手机等移动设备终端访问平台，查阅有关药用植物资源的研究文献和图片资料。第二，将目录·索引部分从整部著作中抽出，独立成册，而且各分册独立编制页码，极大地方便了读者查阅和检索。第三，在版式设计上，强调科学性，注重艺术性，最大幅度地利用版面可视面积，以反映更多的植物形态特征和生态信息。

在本书即将付梓之际，我们向作者周繇教授表示由衷的祝贺和崇高的敬意！周繇教授数十年来为完成本书的编写付出了常人难以想象的辛劳和努力，真正无愧于"当代李时珍""当代徐霞客""植物学界的东北王"的称号。岁月如歌，歌者周繇！

本书邀请中国药用植物事业的主要奠基人和学科带头人、俄罗斯医学科学院外籍院士、中国工程院资深院士肖培根研究员主审，著名植物资源和植物化学家、中国科学院院士孙汉董研究员作序。著名中医内科专家、天津中医药大学名誉校长、中国中医科学院名誉院长、中国工程院院士张伯礼教授，著名植物分类学家、中国科学院资深院士王文采研究员，著名生态学和森林学家、中国工程院资深院士李文华研究员等对本书的出版给予了热情鼓励和鼎力支持。对此，我们深表敬意！

感谢为提高本书质量做出重要贡献的通化师范学院医药学院二级教授、中国植物学会药用植物及植物药专业委员会委员于俊林先生，全国劳动模范、第九届全国人大代表、享受国务院政府特殊津贴专家张玉江研究员，辽宁省锦州市林业草原保护中心张凤秋老师，以及从事基层农林业研究和服务的孙李光老师。他们认真审阅书稿、校对资料，提出了很多宝贵的修改意见和建议。

感谢东北林业大学郑宝江副教授、东北林业大学刘雪峰研究员、黑龙江省林业科学院伊春分院董上老师，他们分别对书中的维管束植物（蕨类植物、裸子植物、被子植物）、菌类、苔藓的拉丁名进行了审校。

感谢中国科学院植物研究所刘冰博士、中国医学科学院药用植物研究所刘海涛副研究员、中国科学院地理科学与资源研究所刘某承副研究员提供的支持和帮助。

感谢黑龙江中医药大学副校长杨炳友教授、黑龙江中医药大学药学院王振月教授、沈阳药科大学中药学院院长路金才教授、长春中医药大学中医药与生物工程研发中心主任张辉教授、内蒙古民族大学原副校长巴根那教授、黑龙江省山野菜资源保护与利用学会张文斗先生、东北林业大学《植物研究》常务副主编陈华峰老师。

感谢合作伙伴卓印堂的倾力配合，在时间紧、任务重的情况下，他们全力以赴，和我们一道攻坚克难、反复修改、精益求精，出色地完成了这一重大出版工程。

我们还要感谢一下自己。感谢我社的决策者做出了正确而重大的决策；感谢我社的编校团队排除万难，克服疫情、雪灾等的影响，高质量地完成了浩瀚而繁复的书稿编校工作。

历经5个寒暑，奋战了无数个日夜，几经修改，几经波折，终于完成这一鸿篇巨制。可以说，我们为之倾注了几乎全部的心血、热忱和努力！

中华民族伟大复兴的中国梦正在路上，谨以此书献给我们伟大的祖国，献给我们伟大的时代！

特别鸣谢

黑龙江茅兰沟国家级自然保护区
黑龙江扎龙国家级自然保护区
黑龙江兴凯湖国家级自然保护区
黑龙江丰林国家级自然保护区
黑龙江牡丹峰国家级自然保护区
黑龙江小北湖国家级自然保护区
黑龙江嫩江国家级自然保护区
黑龙江南瓮河国家级自然保护区
黑龙江五大连池国家级自然保护区
黑龙江双河国家级自然保护区
黑龙江珍宝岛湿地国家级自然保护区
黑龙江洪河湿地国家级自然保护区
黑龙江东方红湿地国家级自然保护区
黑龙江红星湿地国家级自然保护区
黑龙江呼中国家级自然保护区
黑龙江太平沟国家级自然保护区
黑龙江公别拉河国家级自然保护区
黑龙江黑瞎子岛国家级自然保护区
黑龙江乌裕尔河国家级自然保护区
黑龙江岭峰国家级自然保护区
黑龙江七星河国家级自然保护区
黑龙江饶河东北黑蜂国家级自然保护区
黑龙江凉水国家级自然保护区
黑龙江挠力河国家级自然保护区
黑龙江凤凰山国家级自然保护区
黑龙江乌伊岭国家级自然保护区
黑龙江碧水中华秋沙鸭国家级自然保护区
黑龙江三环泡国家级自然保护区
黑龙江新青白头鹤国家级自然保护区
黑龙江老爷岭东北虎国家级自然保护区
黑龙江大峡谷国家级自然保护区
黑龙江大佳河国家级自然保护区
黑龙江翠岗国家级自然保护区
黑龙江明水国家级自然保护区
黑龙江多布库尔国家级自然保护区
黑龙江大沾河国家级自然保护区
黑龙江绰纳河国家级自然保护区
黑龙江胜山国家级自然保护区
黑龙江穆棱东北红豆杉国家级自然保护区
黑龙江平顶山国家级自然保护区
黑龙江盘中国家级自然保护区
吉林长白山国家级自然保护区
吉林黄泥河国家级自然保护区
吉林龙湾国家级自然保护区
吉林哈尼国家级自然保护区
吉林向海国家级自然保护区
吉林莫莫格国家级自然保护区
吉林鸭绿江上游国家级自然保护区
吉林天佛指山国家级自然保护区
吉林珲春东北虎国家级自然保护区
吉林雁鸣湖国家级自然保护区
吉林查干湖国家级自然保护区
吉林靖宇国家级自然保护区
吉林石湖国家级自然保护区

吉林园池国家级自然保护区
吉林集安国家级自然保护区
吉林伊通火山群国家级自然保护区
吉林大布苏湖国家级自然保护区
吉林松花江三湖国家级自然保护区
吉林汪清国家级自然保护区
吉林波罗湖国家级自然保护区
吉林白山原麝国家级自然保护区
辽宁白石砬子国家级自然保护区
辽宁医巫闾山国家级自然保护区
辽宁仙人洞国家级自然保护区
辽宁老秃顶子国家级自然保护区
辽宁白狼山国家级自然保护区
辽宁丹东鸭绿江口湿地国家级自然保护区
辽宁青龙河国家级自然保护区
辽宁努鲁儿山国家级自然保护区
辽宁大黑山国家级自然保护区
辽宁辽河口国家级自然保护区
辽宁五花顶国家级自然保护区
辽宁楼子山国家级自然保护区
内蒙古额尔古纳国家级自然保护区
内蒙古汗马国家级自然保护区
内蒙古大青沟国家级自然保护区
内蒙古科尔沁国家级自然保护区
内蒙古白银敖包国家级自然保护区
内蒙古黑里河国家级自然保护区
内蒙古毕拉河国家级自然保护区
内蒙古罕山国家级自然保护区
内蒙古赛罕乌拉国家级自然保护区
内蒙古大黑山国家级自然保护区
内蒙古红花尔基樟子松林国家级自然保护区
内蒙古辉河国家级自然保护区
内蒙古呼伦湖国家级自然保护区
内蒙古大青山国家级自然保护区
内蒙古图牧吉国家级自然保护区
内蒙古乌拉盖国家级自然保护区
内蒙古高格斯台国家级自然保护区
内蒙古达里诺尔国家级自然保护区
内蒙古贺兰山国家级自然保护区
内蒙古乌兰坝国家级自然保护区
河北小五台山国家级自然保护区
河北雾灵山国家级自然保护区
河北茅荆坝国家级自然保护区
河北塞罕坝国家级自然保护区
河南小秦岭国家级自然保护区
河南云台山国家级自然保护区
河南宝天曼国家级自然保护区
山东昆嵛山国家级自然保护区
山西历山国家级自然保护区
山西蟒河国家级自然保护区
宁夏贺兰山国家级自然保护区
宁夏六盘山国家级自然保护区
陕西化龙山国家级自然保护区
甘肃祁连山国家级自然保护区